恢复性城市

促进心理健康和福祉的
城市设计

[美]珍妮·罗（Jenny Roe） 著
[美]蕾拉·麦凯（Layla McCay）

田歌川 译

RESTORATIVE
CITIES

URBAN DESIGN FOR MENTAL
HEALTH AND WELLBEING

陕西新华出版
陕西人民出版社

图书在版编目（CIP）数据

恢复性城市：促进心理健康和福祉的城市设计／（美）珍妮·罗（Jenny Roe），（美）蕾拉·麦凯（Layla McCay）著；田歌川译. —西安：陕西人民出版社，2025.7 —ISBN 978-7-224-15499-3

Ⅰ．TU984

中国国家版本馆 CIP 数据核字第 2024VV1281 号

著作权合同登记号　　图字：25-2025-035

Copyright © Jenny Roe and Layla McCay, 2021. This translation of Restorative Cities is published by arrangement with Bloomsbury Publishing Plc.
Original illustrations copyright © Spring Braccia-Beck, 2021
Cover illustration and design © Spring Braccia-Beck, 2021
Illustrations by Spring Braccia-Beck
All rights reserved.

出 品 人：赵小峰
总 策 划：关　宁
策划编辑：李　妍
责任编辑：李　妍　张阿敏
整体设计：杨亚强

恢复性城市：促进心理健康和福祉的城市设计
HUIFUXING CHENGSHI：CUJIN XINLI JIANKANG HE FUZHI DE CHENGSHI SHEJI

作　　者	［美］珍妮·罗　［美］蕾拉·麦凯
译　　者	田歌川
出版发行	陕西人民出版社
	（西安市北大街 147 号　邮编：710003）
印　　刷	陕西龙山海天艺术印务有限公司
开　　本	787 毫米×1092 毫米　1/16
印　　张	20.75
字　　数	263 千字
版　　次	2025 年 7 月第 1 版
印　　次	2025 年 7 月第 1 次印刷
书　　号	ISBN 978-7-224-15499-3
定　　价	79.00 元

如有印装质量问题，请与本社联系调换。电话：029-87205094

1. 墙面绿化
2. 屋顶绿化 + 空中花园
3. 线形公园
4. 行道树
5. 绿化带
6. 绿化空间座椅
7. 口袋公园

绿色城市：社区尺度

1. 庭院绿化
2. 大型城市中心公园
3. 屋顶绿化
4. 墙面绿化
5. 大型公园
6. 共享运动场地
7. 绿化带
8. 口袋公园
9. 线形公园

绿色城市：城市尺度

1. 水墙
2. 屋顶雨水花园
3. 可持续的街道排水系统
4. 干湿混合型水景
5. 街边水带
6. 雨水蓄水池
7. 植物排水沟
8. 天然水景
9. 线形公园

蓝色城市：社区尺度

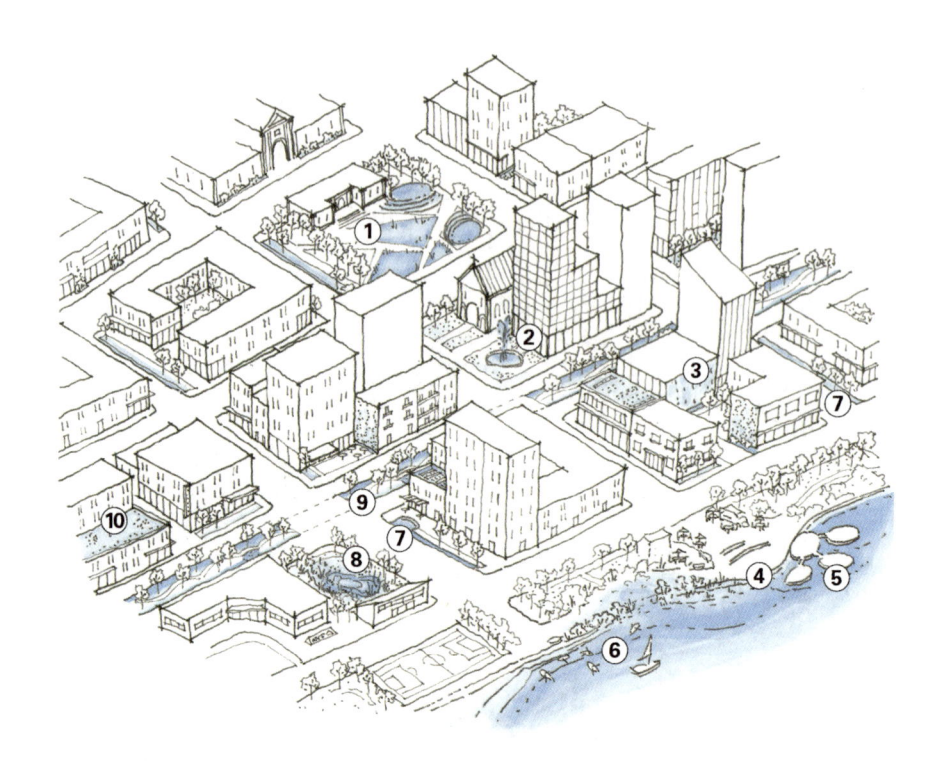

1. 干湿混合型水景广场
2. 水景
3. 水墙
4. 城市滨水区
5. 滨水公园演出
6. 获取水上活动
7. 街边水带
8. 蓄水池
9. 使用可持续街道排水系统的线形公园
10. 雨水花园

蓝色城市：城市尺度

1. 壁画 👁
2. 面包店 🔔 👃
3. 水幕墙 👂
4. 多种立面 👁
5. 线形公园 👁 🔔 ✋ 👂 ⊙
6. 屋顶花园 👂
7. 交通管制减速带 👁 🔔 ✋
8. 精致店面 👁
9. 食品市场 👁 🔔 ✋ 👅
10. 社区花园 🔔 ✋ 👅
11. 感官花园 👁 🔔 👂
12. 潺潺流水 ✋ 👂
13. 有纹理的小路 ✋

感官

👁 视觉
👂 声觉
👅 味觉
🔔 嗅觉
✋ 触觉
⊙ 气氛

感官城市：社区尺度

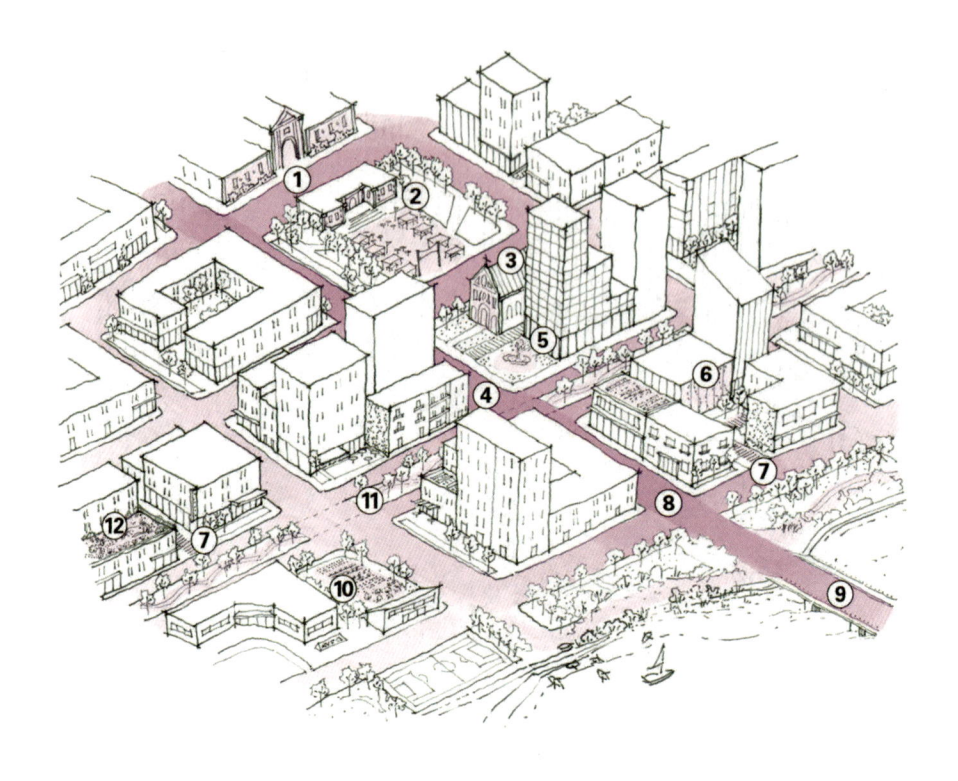

1. 有视觉吸引力的建筑 👁
2. 食品市场+美食节 👂👁👅👃🌸
3. 教堂的钟声 👂
4. 有助于路线识别的色彩组织
5. 水景 👂👁
6. 水幕墙 👂👁
7. 有纹理的人行道 ✋
8. 连接市中心和滨水区的主干道 🌸
9. 桥梁照明 👁🌸
10. 社区花园 ✋👅👃
11. 线形花园 ✋👁👃👂🌸
12. 感官花园 ✋👁👃

感官

👁 视觉
👂 声觉
👅 味觉
👃 嗅觉
✋ 触觉
🌸 气氛

感官城市：城市尺度

1. 社区中心
2. 精致店面
3. 住房的公共空间
4. 住房的半公半私空间（门廊+阳台）
5. 公共屋顶花园
6. 促进社交互动的座椅
7. 社区花园
8. 相互连通的步道

睦邻城市：社区尺度

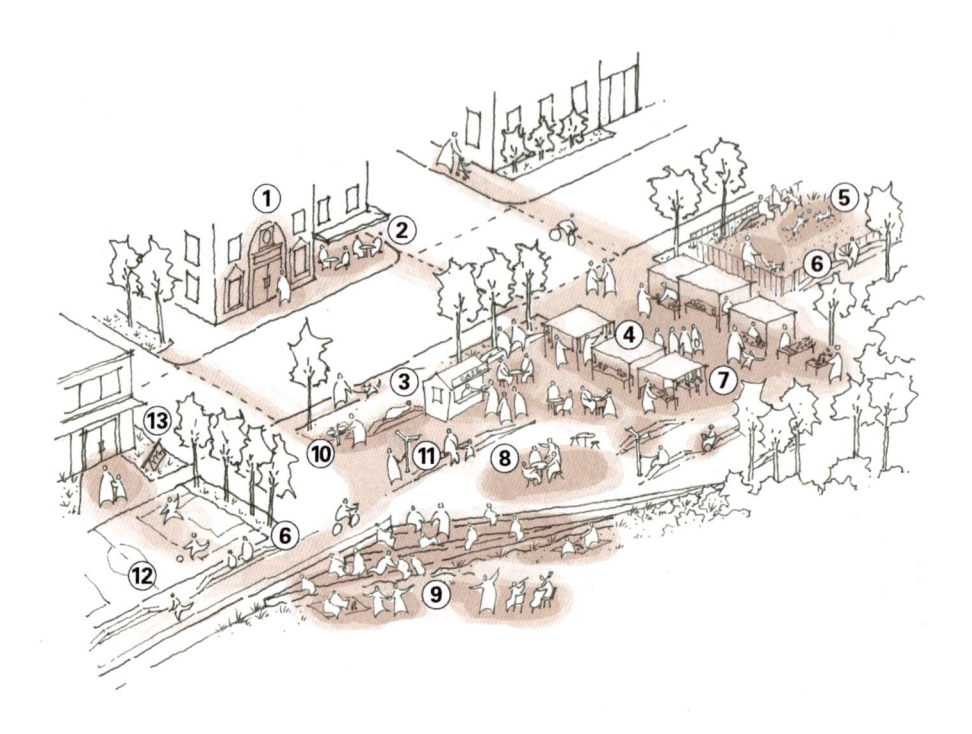

1. 礼拜场所
2. 社区咖啡店
3. 快闪咖啡店
4. 灵活的节日庆典空间
5. 遛狗公园
6. 用来社交或沉思的长椅
7. 农贸市场
8. 用来社交或就餐的座位
9. 聚集空间
10. 公共设施：饮用水
11. 公共设施：充电桩
12. 共享运动场地
13. 学校

睦邻城市：城市特征

1. 地铁
2. 步行 + 骑行小径
3. 安全的十字路口
4. 共享汽车
5. 开放的活力空间
6. 运动路线
7. 公交车站：候车亭 + 座椅
8. 共享单车
9. 非机动车道

活力城市：社区尺度

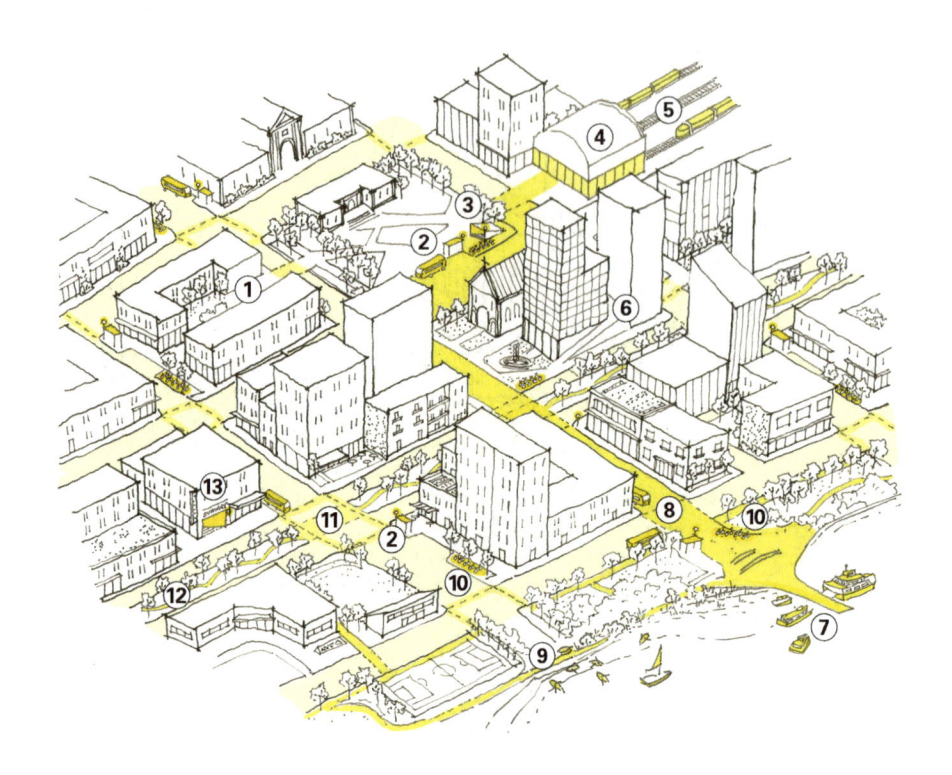

1. 穿过街区的步行街
2. 公交车站：候车亭 + 座椅
3. 地铁出入口
4. 多式联运交通枢纽
5. 区域连接
6. 建筑活力环
7. 水上运输：轮渡、水上出租车
8. 连接交通枢纽和水路的干道
9. 骑行小径，滨水连接 + 滨水活动
10. 共享单车
11. 安全的十字路口
12. 绿化带和骑行小径
13. 地铁出入口

活力城市：城市尺度

1. 数字游戏设施
2. 壁画
3. 空地迷宫
4. 乒乓球桌
5. 休闲的绿化空间
6. 面向居民的屋顶游戏空间
7. 互动艺术
8. 桌上游戏
9. 活力游戏赛道
10. 游乐场

可玩城市：社区尺度

1. 咖啡社交区
2. 用于游戏 + 休闲的地形起伏
3. 慢速游戏：地掷球场
4. 滑板公园
5. 用于社交或沉思的长椅
6. 活力游戏赛道
7. 互动艺术
8. 喷泉游戏
9. 滨水游戏
10. 户外运动场

可玩城市：城市特征

1. 导航地标
2. 小型静修空间
3. 无障碍公共卫生设施
4. 混合年龄、混合收入的住房
5. 多样化群体的共享空间
6. 幼托 + 养老院
7. 精心设计、间距规律的照明设备，以增加安全感
8. 社区间的无障碍步道
9. 视觉提升标识
10. 无障碍坡道
11. 自行车安全设施
12. 共享单车
13. 公交车站：候车亭 + 座位
14. 公共空间设施，饮水机、充电站、座椅
15. 功能细分的公园 / 公共空间
16. 定时控制、照明良好、有路缘分隔的安全路口

包容性城市：社区尺度

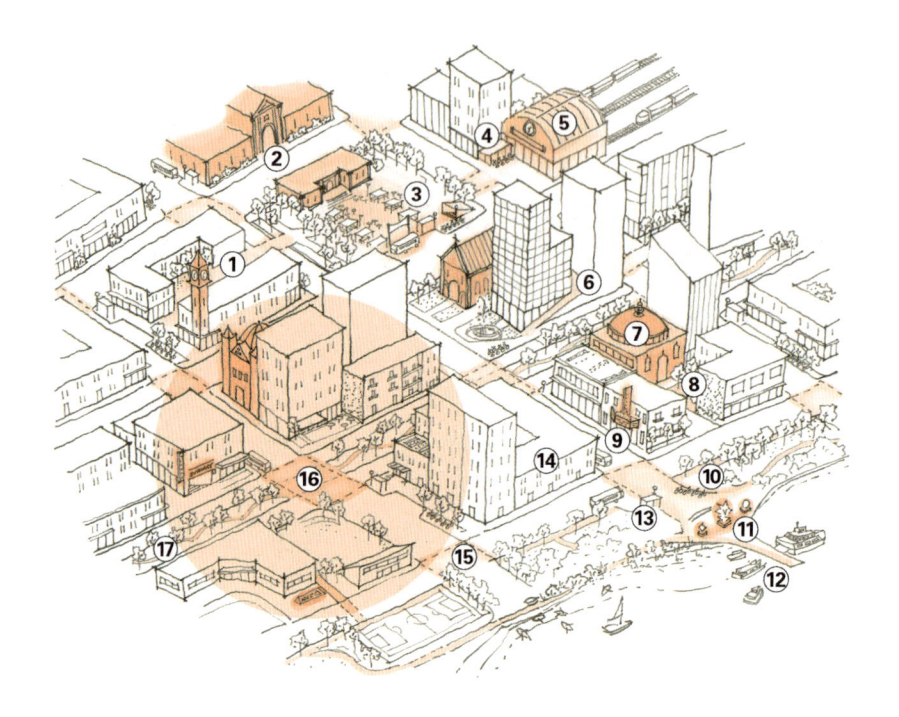

1. 混合用途的人行道连接
2. 地标建筑：市政机构
3. 多元文化市场
4. 自行车设施
5. 多模式交通枢纽
6. 无障碍坡道
7. 地标建筑：多信仰宗教场所
8. 口袋公园 + 小型静休空间
9. 地标建筑：剧院和娱乐场所
10. 自行车安全设施
11. 公共艺术
12. 无障碍的蓝色 + 绿色空间
13. 连接社区的无障碍交通设施
14. 空置办公楼改造的无家可归者住所
15. 安全的路口
16. 混合功能的紧凑型代际生活
17. 连接社区的无障碍步道

包容性城市：城市尺度

恢复性城市：社区尺度

恢复性城市：城市尺度

献给爱丽丝·罗和罗莎琳德·坎皮恩

前　言

多年来，利用城市环境来促进身体健康和预防伤害一直是城市规划和设计的核心目标。新冠肺炎疫情之后，城市规划和设计对心理健康的影响更是受到了前所未有的关注。在全球普遍认识到了心理健康与城市环境的密切联系的背景之下，这本《恢复性城市：促进心理健康和福祉的城市设计》的出版显得恰逢其时且极为必要。

在新冠肺炎疫情期间，许多旨在保护人民和社区的政策，尤其是保持社交距离的政策，对我们的生活方式产生了深远的影响。这种影响与城市设计中的心理健康原则直接相关。尽管全球有许多人遭受到了身体疾病的打击，但对更多人而言，这场疫情的影响主要表现在心理层面——程度不同但普遍存在的不确定感、焦虑和失落感。人们失去了亲人、生计、安全感以及对未来的规划，最为重要的是失去了与世界自由互动的机会。这些影响引发并加剧了心理健康问题，并且可能持续数年。

在新冠肺炎疫情期间，大多数城市政策、规划和设计措施的主要目标都是减少病毒的传播。尽管针对公共领域的政策变化是为了保护人们免受感染，但其副作用却是对人们心理健康的普遍影响。由于商业、办公、娱乐、文化、体育和教育设施的关闭或限制，以及对身体接触的限制，人们参与社交、游戏和体育等对心理健康有益的活动的机会大大减少。保持社交距离的地面标记和封闭道路等措施，改变了人们的互动方式。当戴着口罩的人们彼此保持距离并迅速离开时，公共场所的愉悦气氛被剥夺了，而在街上的人们将注意力几乎都放在保持安全距离上时，紧张的气氛也随之加剧。不过，保持安全距离的措施也为人们使用公共空间提供了新的方式。

这种变化在繁华的城市中表现得尤为明显，也颇具启示性。疫情改变了全球范围内城市通勤的原有节奏，重塑了人们在城市中的生活方式。数百万人突然被限制在家庭和社区之中，而这些地方过去只是他们日常工作和休闲的起点。在隔离期间的有限空间中，家庭和社区变得更加重要，人们开始更深刻地认识到日常环境对健康和感受的影响。

城市规划师和设计师面临的新挑战在于：如何在降低病毒传播风险的同时维护公众心理健康，实现保持距离但不隔绝。在这个困难时期，如何让人们安全地接触到有助于心理健康的环境和活动，同时又不增加接触病毒的风险？政策制定者、规划师、设计师和社区成员都认识到，虽然需要采取措施来帮助人们保持社交距离，但如果要使人们达到"心盛"（flourishing）状态，还需要让他们接触绿色和蓝色的自然空间；需要感官刺激；需要享受自由而有意义的社交联系；需要能够安全地步行、骑行和玩耍；需要感受到融入城市生活，人们多样的身份、特征和需求都能得到公正的反映、尊重和支持。而许多满足这些需求的规划和设计方法都反映了本书所阐述的恢复性城市的支柱原则，这并非巧合。随着疫情的发展，维持那些已经产生的积极变化——主要是临时变化（包括政策、行为和公平性方面的变化，如减少道路上的车辆）——对于促进未来的公共心理健康至关重要。

关于城市设计如何支持和促进心理健康和幸福感的科学研究已经进行多年，并仍在迅速发展，但在实践和政策支持方面还不完善，受到了诸如意识不足、羞于谈论、资金短缺以及缺乏有影响力的倡导者等因素的制约。然而新冠肺炎疫情的发生让研究者有机会提炼出城市环境对人们最有影响的要素，从而推动了促进心理健康的城市规划和设计的发展，打破了停滞多年的局面。

新冠肺炎疫情期间的限制措施带来了一个显著影响，即人们被吸引到附近的公园、河边等地，以获得自然对心理健康和福祉的积极影响。人们亲近自然的需求急剧增加，凸显了自然环境的重要性，强化了人们对其可达性、数量和质量的关注，这对城市居民来说尤其重要。一些公园和游乐场因为过于受欢迎而不得不采取限流措施，以防过度拥挤。与此同时，一些私人绿地和花园成为特权和不平等的象征。因此，公园在维护社会公平性方面的作用也变得更加重要。世界各地正在采取更公平的应对方法，运用空间规划策略而非关闭现有公园，将新的、适应性的公园式空间扩展到城市的街道和其他公共空间。从长远来看，新冠肺炎疫情可能会催生更多对住宅阳台或花园的需求，以及更多对社区公园、花园、绿地和其他绿化空间的接触需求。同时也有望增加人们对城市范围内公平使用高质量公共空间的关注。

另一个显著影响是基础设施的变革步伐明显加快，这使许多政府关于社交距离的规定得以实施。多年来，城市规划专家一直在哀叹城市中的大量空间被机动车占据，损害了行人和骑行者的权益，使街道丧失活力。尽管越来越多的证据表明，无车化可以给人们带来包括心理健康在内的诸多益处，但对许多城市来说，在没有强大的变革催化的情况下，每一寸道路的无车化都是一场艰难的斗争。随着行人和骑行者的不断增加，信号灯路口和公交站点越来越拥挤，这对于规划师和设计师们来说无疑是一个难题：在公共场所保持安全距离既是必要的也是困难的，毕竟在只有1.5米宽的人行道上，一个人在超过另一个的时候，不可能保持2米以上的安全距离。新冠肺炎疫情激发了对个人空间的新需求，迫使人们寻求解决方案。世界各地的城市迅速响应，建设了以人为中心的户外步行和娱乐街道。一些城市规划的短期策略迅速实施：拓宽人行道，增加自行车道，以及在全球各地迅速出现的步行街和交通稳静化街道。在巴黎和纽约等城市，一些策略已经带来了永久性的改变。这证明了：只要有决心，总是可能改变的。

事实证明这种观念具有开拓性，疫情使人们意识到经济韧性等城市韧性取决于能否充分灵活地利用城市资源。由于许多教育、办公、体育、文化和娱乐设施都位于通风不良的室内空间，人们被迫创造性地思考如何充分利用每一寸户外街道和公共空间。让空间能被多样化和全天候使用（包括临时的供暖和制冷、遮阳和遮雨）的灵活的、可移动的设施投资，已成为引人注目的战略投资。疫情推动了"战术城市主义"（tactical urbanism）的发展，战术城市主义主张在投资永久性基础设施之前，先对临时空间设计对健康和福祉的促进效果进行测试。战术城市主义和社区参与的共同设计，能够促进社会资本和人权的发展。无论是重新设计街道以适应步行和骑行，还是创造艺术、游戏、表演、餐饮和社交空间，甚至是开辟户外教学、工作会议空间，都是鼓励社区参与的有效方式。

随着户外设施的不断变化，传统的城市规划方法已经无法适应现状。许多城市都精心设计了市中心和其他吸引人群聚集的区域。这些人员密集且充满活力的地方往往是城市明信片上的特色，令人印象深刻的城市景观不仅吸引人，更能在某种程度上定义城市及其居民的身份。它们令人惊叹且充满活力和可能性，并证明了人作为城市的一员而做出的投资和牺牲是值得的。这些牺牲往往表现为在居住问题上的妥协。在新冠肺炎疫情之前，许多例子表明只要房价合理、交通便利，就足以吸引新的居民选择某个社区。这个现象还依赖于通往市中心的公共交通。然而，随着居家办公趋势的日益增长，以及人们对城市中心热门地区聚集的安全性和社交距离的担忧，人们离开自己社区的意愿正在减弱，更倾向于在离家不远的地方寻找满足需求的场所。疫情无意中加剧了人们对"15分钟城市"或"20分钟城市"的向往，也增加了对当地社区空间和设施的投资，以促进人们的心理健康和福祉。

虽然城市常被形象地描述为"大熔炉"，但这次疫情却揭示了一些不同的内涵。新冠肺炎疫情让我们对城市居民的不同生活方式和不同需求有了新的认识，暴露了许多不平等现象。那些生活贫困、居住在拥挤的住房中、从事面向公众的关键工作、依赖便利和定期的公共交通的人群，感染病毒的风险更大；不懂当地主流语言的人有时无法接收到公共安全信息；老年人和某些疾病患者面临孤独问题，但他们不得不待在家中被特殊照顾；儿童也具有社交和游戏需求，但往往难以得到满足；聋哑人因戴口罩而面临交流障碍；视障人士因需要保持社交距离而产生导航寻路障碍。新冠疫情以及同时在许多国家进行的"黑人的命也是命"（Black Lives Matter）运动，让人们意识到城市中许多人的需求并未被当前的设计和规划所满足，这对他们的心理健康有着负面影响。

然而，疫情的特殊情况也推动了社区参与，促进了多元化和包容性的城市设计、志愿服务、公平合作、空间平等。人们在疫情期间通过临时的"快闪"等策略来测试过去在政治上无法实现的想法。例如，纽约和巴黎的行人专用道，以及波哥大将周日骑行路线扩展到周内等。

新冠肺炎疫情可能带来了不确定性、焦虑和损失，但同时也带来了洞察、灵感和动力。对于城市规划者、设计师、公共健康专业人员，以及其他以不同方式经历过这场疫情的人来说，这预示着一个过渡时期的开始。许多人在远离曾经视为理所当然的便利设施和日常生活后，开始反思自己最珍视的是什么，错过了什么，以及什么在新冠肺炎疫情前觉得有价值，现在却不那么重要了。人们正在重新评估他们的城市，并呼吁满足他们和所在社区的需求。一些悲观者将目光投向农村，宣称城市已经"死亡"，但更多的人则锁定不断发展的城市，期待融入未来。

随着人们对场所与健康之间关系的日益重视，我们有能力克服各种传统障碍，使城市设计具备无限潜力，创造出能促进心理健康和福祉的恢复性城市。恢复性城市的需求和必要性已经显现，本书将帮助读者实现这一目标。

致　谢

　　本书的出版离不开许多人的贡献，在此对他们的帮助表示衷心的感谢。感谢弗吉尼亚大学建筑学院院长办公室的大力支持，他们慷慨地资助了本书的插图创作；感谢插画师斯普林·布拉西亚贝克将我们的想法巧妙地转化为视觉图像；感谢摄影助理玛德琳·史密斯的出色工作；感谢城市设计和心理健康中心的研究员们为跨主题的思考做出的重要贡献；感谢爱丽丝·罗（纳菲尔德家庭司法观察站的研究员）对所有章节和插图的深入评论；感谢所有慷慨允许我们使用其珍贵照片收藏的人们。感谢我们的文字编辑斯蒂芬·史密斯从退休状态中回来编辑原稿；感谢布鲁斯伯里出版社（Bloomsbury）编辑团队的詹姆斯·汤普森和亚历山大·海菲尔德。

目 录

01
恢复性城市主义导论
Introduction to restorative usbanism
001

02
绿色城市
The green city
021

03
蓝色城市
The blue city
049

04
感官城市
The sensory city
073

05
睦邻城市
The neighbourly city
103

06
活力城市
The active city
131

07
可玩城市
The playable city
159

08
包容性城市
The inclusive city
187

09
恢复性城市
The restorative city
221

参考文献
238

索　引
271

插图说明
299

01

恢复性城市主义导论
Introduction to restorative usbanism

为什么实行恢复性城市主义？

你觉得你的邻居怎么样？如果你有数百万个邻居呢？这已经成为许多生活在城市里的人所面临的现实。在全球范围内，大城市的人口急剧增长，尤其是在亚洲。预计到2050年，全球69%的城市人口将与数百万邻居一起生活、工作和娱乐。此外，城市居民的压力不断增加，抑郁症和其他心理疾病的发病率也在上升。城市中社交网络（包括社交媒体的兴起）和社会支持系统的变化加剧了人们的孤立和孤独。而新冠肺炎疫情的传播又影响了世界各地人们的互动方式和对城市公共开放空间的使用。面对城市发展中出现的重大问题，我们不禁要问：我们能够与数百万邻居一起生活得多"好"？人类将如何成功地集体生存和蓬勃发展呢？

2050年的城市要成功应对大规模城市化的挑战，就需要人们对政治、经济和社会结构的深思熟虑。而其中一个基本内容是关注大城市中的人们所面临的心理健康挑战，以及他们对有助于提升心理幸福感的基础设施日益增长的需求。这就需要我们深入思考如何进行城市设计，本书将提出有史以来首个通过城市设计来应对以上挑战的框架模式，即"恢复性城市主义"（restorative urbanism）。

这些挑战并不是 21 世纪才出现的。回顾历史，富有远见卓识的建筑师和规划者们也曾精心构思过"乌托邦式"的总体规划，以解决至今仍然困扰城市设计师们的类似"宜居性"的问题。然而这些愿景却很少能像预期的那样实现。在 20 世纪，埃比尼泽·霍华德（Ebenezer Howard）提出了"花园城市"（garden city）的概念，作为新社会的乌托邦规划，"花园城市"的目的是解决伦敦贫民窟拥挤过度、鼠患严重的问题。在其影响下，伦敦周边的乡郊出现了一些新型城镇（包括 20 世纪 20 年代的韦林花园城和如今重启的艾贝斯费特花园城）。但这些新型城镇被批评为"没有灵魂的郊区"和"文化荒漠"，缺乏场所感或"灵魂"（Gillibrand, 2015）。20 世纪20年代，瑞士建筑师勒·柯布西耶（Le Corbusier）提出了另一个规划，即"光辉城市"（Radiant City，法语 Ville Radieuse）：一座由玻璃立面的塔楼组成的城市，通过高架桥相连，塔楼周围有广阔的绿地。意大利建筑师安东尼奥·圣埃利亚（Antonio Sant'Elia）也提出了类似的多层城市设想，为弗里兹·朗（Fritz Lang）1927 年发行的电影《大都会》（*Metropolis*）提供了灵感，这部电影描绘了一座拥有高架人行道、电梯和单轨列车的未来城市。尽管这些理念对英国和美国的战后公共高层建筑有所启发，（很大程度上来说）如今中国和新加坡（图 1.1）的现代主义建筑也是受此影响，但这些乌托邦式的愿景从未真正实现。这些拥有葱郁空中花园的未来"垂直城市"将创造出一个怎样的世界？将如何使人们聚集在一起并拥有归属感呢？它们会在前人失败的地方取得成功吗？一些人质疑这些设计能否支持城市所需的社会和经济结构。丹麦城市设计师扬·盖尔（Jan Gehl）评论道："人们对如何描绘未来的城市感到非常困惑。每当建筑师和梦想家试图

图1.1 新加坡市中豪亚（Oasia）酒店，重现的高层"光辉城市"（图片来源：K. Kopter）（左图）

图1.2 城市的恢复性生态单元使人亲近自然并有助于心理健康（图片来源：Jenny Roe）（上图）

绘制一个画面时，最终往往会得到一个你绝对不想走近的设计。"（Kunzig, 2019:85）。

本书认为，未来的健康城市不需要如此激进——或未来主义——的愿景。相比之下，本书提出了一种更为"安静"的方法，将心理健康、福祉和生活质量置于城市规划和城市设计的首位，即"恢复性城市主义"。它建立在对恢复性环境的研究以及支持城市设计能够促进心理健康的有力科学证据之上。恢复性城市主义的特征包括高连接度的城市、有效的导向系统、符合审美的城市形态、满足人们日常活动的多功能活力街区，以及具有生态自然特色的城市核心（图1.2）。恢复性城市主义同样重视更加微观的特征——城市生活中的"插曲"时刻，例如体验一个充满活力的多元文化市场或在咖啡馆中与咖啡师进行即兴的社交互动。本章提出了恢复性城市的框架，描述了有助于实现恢复性城市的关键理论（包括健康本源学和恢复性环境理论），并定义了心理和社会健康的核心关键词。然而，我们首先需要明白为什么要在城市设计中优先考虑心理健康问题。

促进心理健康的城市新范式？

4　　无论在发达国家还是在发展中国家，心理健康的问题都在与日俱增。焦虑症、抑郁症和创伤后应激障碍等疾病的发病率不断上升，自然和人为灾害、政治冲突，以及人权侵犯造成的暴力和创伤也加剧了这些心理健康的问题（Patel et al., 2018）。全球主要卫生机构对此均有充分的记录。在全球范围内，抑郁症是导致残疾的主要原因之一（Vos et al., 2015）；平均四分之一的人会在一生中的某个阶段遇到心理健康问题（WHO, 2001），尽管目前在数据方面还存在很大差距，特别是在中低收入国家。心理疾病给社会带来了巨大的经济成本，预计到 2030 年，心理疾病带来的全球经济负担将达到 16 万亿美元（约 116 万亿人民币）（Patel et al., 2018），这主要源于成年人的心理健康问题对工作的影响。与此同时，对心理健康障碍的生物学基础研究和新药的研发均停滞不前（Bulleck & Carey, 2013）。世界各地的人们获得合适的精神病治疗的条件往往不足（Patel et al., 2018）。虽然城市居民具有医疗健康方面的优势，尤其是对富人来说（Dye, 2008），但城市生活也会增加人们患严重心理健康障碍（从抑郁症到精神分裂症）的风险（Lederbogen et al., 2011）。据说，这主要是由日益拥挤的城市中越来越严重的社会压力和暴力、犯罪问题所导致的。

5　　面对如此严重的心理健康问题，解决问题的基础设施却严重不足，因而需要有利于心理健康的城市设计新范式。我们所提出的"恢复性城市主义"正是一种致力促进心理健康的新型城市主义，探讨了城市设计如何在快速发展的世界中促进人们的"心盛"。在建立新模式前，下文首先定义了构成"全面健康"（wellness）和心理健康的关键因素。

什么是心理健康？

心理健康十分复杂，与个人的最佳体验和身体机能相关（Ryan & Deci, 2001）。心理健康 [与心理幸福感（psychological wellbeing）和心盛（flourishing）的定义不同] 是一个整体和多维的概念，它是由享乐型幸福感（hedonic wellbeing，如快乐、享受）、实现型幸福感（eudaimonic wellbeing，如目的、意义、实现）和社会幸福感（social wellbeing，如健康的人际关系、与他人的联系）三个核心部分组成。世界卫生组织（WHO）将心理健康定义为一种幸福（wellbeing，此处或译作"完备"）的状态，在这种状态下，每个人都能认识到自己的潜力，能够应对正常的生活压力，高效工作，并为社区做贡献（WHO, 2004）。这涉及我们身体机能的质量、情绪的状态、社会关系的质量、兴趣爱好的多样性，以及对生活的满意和快乐程度（见专栏1）。

患有心理疾病的人通常会在思想、情绪、行为和与他人的关系方面遇到一些问题。这些症状十分痛苦，会损害他们的身体机能，使他们无法达到世界卫生组织定义的心理健康标准。心理疾病或障碍包括精神分裂症、抑郁症、焦虑症、痴呆和与药物滥用相关的障碍。

与身体健康一样，心理健康也并非二元：心理疾病和心理健康不是完全对立的，而是一个体系里的两个维度（Keyes, 2002）。一个人可能被诊断患有心理障碍，但仍然能够发挥自己的潜能，应对正常的生活压力，富有成效地工作，并为社区做出贡献（通常需要药物或心理支持），而未被确诊为有心理健康问题的人可能做不到这些。因此，没有心理疾病并不一定就是心理健康，反之亦然。心理疾病和心理健康是两个不同但相关的维度（Keyes, 2002）。

凯斯认为（Keyes, 2007），专注于"解决"心理健康问题是一种被误导的方法，仅靠它无法维持一个"心盛"的社会。他认为抑郁症的临床诊断只是冰山一角；促进人们的"心盛"对心理幸福同样重要（Keyes, 2019）。我们认为，这需要我们在设计城市时采用一种真正"有益健康"的方法，关注有助于幸福的物质和社会属性，以及治疗特定的心理疾病。随着一些国家（例如不丹、新西兰、冰岛）不再以财富和经济增长（国内生产总值，Gross Domestic Product，简称 GDP）衡量社会进步，而是转向以国民幸福指数（Gross National Happiness，简称 GNH）衡量社会进步，一种新的面向心理健康的城市主义逐渐兴起。

本书中描述的心理健康是既没有心理疾病，又能够达到"心盛"的状态，两者相互兼容。

> **专栏❶ 心理健康的定义**
>
> **心理健康（mental health）**：世界卫生组织指出，心理健康是一种个人"能够发挥自身潜能，应对正常的生活压力，富有成效地工作，并为自己的社区做出贡献"的状态（WHO, 2004）。从这个角度来看，心理健康同时包括没有"心理疾病"和拥有"心理幸福感"两个方面。
>
> **心理疾病或障碍（mental illness or disorder）**：指有着异常的想法、观念、情绪、行为以及与他人的关系，导致痛苦，并可能影响人的"心盛"程度和身体机能。常见的心理障碍包括抑郁症、焦虑症、创伤后应激障碍（Post-Traumatic stress Disorder，简称 PTSD）、痴呆、注意缺陷多动障碍（Attention-deficit hyperactivity disorder，简称 ADHD）和药物滥用。不太常见但往往较为严重的心理障碍包括精神分裂、自闭症和双相情感障碍。《精神疾病诊断和统计手册》（American Psychiatric Association, 2013）和《国际疾病分类》（WHO, 2017）对不同类型的心理障碍进行了定义。

> **心理幸福感（psychological wellbeing）**：包括多种情绪（情感）和思想（认知）成分（Seligman, 2011），具体有：
>
> 享乐型幸福感（hedonic wellbeing）：快乐，享受
>
> 实现型幸福感（eudaimonic wellbeing）：目的，意义，实现
>
> 自我实现（self-actualization）：造诣，乐观，智慧
>
> 心理韧性（resilience）：应对能力，适应性问题解决能力和情绪调控能力
>
> 社会幸福感（social wellbeing）：健康的人际关系
>
> 为完善以上框架，我们还将健康的认知功能（如注意力、工作记忆）纳入考量。
>
> **心盛（flourishing）**：包括了高水准的心理幸福感的所有组成部分。在生活中找到成就感，完成有意义和有价值的目标，并在更深层次上与他人建立联系，塞利格曼将其定义为过着"美好的生活"（Seligman, 2011）。

什么是社会心理健康？

社交接触和互动是影响个人及其社群的心理幸福感的关键因素。而社会孤立在一定程度上会导致死亡率的增加以及身心健康水平的降低（Laugeson et al., 2018; Richard et al., 2017）。孤独和缺乏社会归属感也是自杀的关键风险因素（Joiner, 2005）。社会幸福感指认同自身是社会的一部分，相信自己是社会的重要成员。城市设计在影响社会心理健康方面的作用是一个新兴且有趣的研究领域。有证据表明城市设计有助于促进社会资本的积累，增强社会凝聚力（定义见专栏2）。但目前对此仍有争议，尤其是关于社区密度方面。在城市中亲近自然有助于更高程度的社会幸福感和促进社会资本的积累，但大型公园和城市绿地也可能成为社区之间的边界，加剧帮派暴力和"区域战争"（见"绿色城市"一章）。这些经验证据体现出的结果是混合的，后续会在书中的每一章中分别谈及。

> **专栏❷ 社会健康的定义**
>
> **社会幸福感（social wellbeing）**：社会幸福感的维度包括社会融合感（感觉自己是社会的一部分）、社会贡献感（相信自己是社会中的重要成员）、社会一致性（理解周围的世界）、社会实现感（对社会的未来充满希望）和社会接受度（对周围的人感觉良好）（Keyes, 1998）。
>
> **社会资本（social capital）**：指个人能够利用自己的关系来实现某些特定目标的程度（主要是通过社会关系中的互惠）。社会资本往往更依赖于牢固的关系，因此可能不会那么"易变"。
>
> **社会凝聚力（social cohesion）**：描述社会群体相互联系、和谐相处的总体程度，多适用于群体而非个人。

心理健康的系统方法

心理健康问题较为复杂，需要从系统思维角度出发，对公共健康采取综合方法，要认识到整体中的大量相互影响的单项（或变量）（Rutter et al., 2017）。公共健康的系统方法认为，复杂的健康问题无法通过单一的干预方法来解决，需重塑系统内相互作用的多种因素。就心理健康而言，需要提供良好的心理健康关怀，消除贫困和不平等，改善教育，反对暴力和歧视，以及实施社会处方（即利用志愿服务和社区服务等非临床服务）（Patel et al., 2018）。采用系统化的方法还应认识到城市设计对心理健康的重要影响，但人们常常忽视了建成环境（built environment）的作用。

建成环境对重塑心理健康至关重要。这些复杂的系统影响因素包括提供安全健康的住房；减少接触环境压力源，例如空气污染（这会损耗认知资源）；增加"绿色运动"（即在绿地进行体育活动）的机会以降低抑郁症的发病率。这些因素在系统中是相互作用的。抑郁症的病因有很多，单纯增加社区的绿地数量可能不会立刻减少抗抑郁药物的处方率（Helbich et al., 2018），但与其他因素进行复杂的相互作用后，也许会有助于抑郁症的缓解。例如，增加绿地数量会提升社区的宜步行性，进而增加社交互动的机会。我们认为心理健康和环境之间的关系在系统中是密不可分的，然而这种关系却往往被忽视。心理健康和环境虽然不是线性相关，却在这个广泛、复杂、动态的系统中发挥着重要作用。

心理健康与城市品质之间的联系已得到充分证明。糟糕的住房、低品质的社区、犯罪和噪音都会导致社会压力，是造成心理健康问题的已知风险因素。社会－环境关系中有这些造成压力的因素，也有健康本源（salutogenic，有益健康）的因素，即能够促进健康的活动，减轻人们的压力，帮助建立具有恢复性的物质、社会和文化环境。该思想源于安东诺夫斯基（Antonovsky, 1979）的健康本源学，重视促进健康而不仅仅是预防疾病。健康本源学提出了以下问题：人们如何在生活压力下保持健康？与导致疾病的因素相比，哪些因素促进了健康？该方法并不关注生理缺陷，而是以资源为导向，思考个人和社区的哪些能力和资源对健康有益（Lindström & Eriksson, 2005）。健康本源（有益健康）的因素是恢复性城市主义的核心，包括任何有助于增进社会网络和心理健康的有利因素，如公园、广场和花园，创造性的场所营造，互动艺术装置，宜步行的街道和小径，以及供儿童、青少年和老年人游乐的设施。

恢复性城市主义

恢复性城市主义是一个将心理健康、福祉和生活质量作为城市规划和设计核心的新兴理念。它基于恢复性环境的理论和实证研究，这些研究表明，一些特定场所能够帮助人们从心理疲劳、抑郁、压力和焦虑中恢复。恢复性城市主义强调在城市规划中融入健康和公平的理念，而新冠肺炎疫情的发生则加深了全球对此议题的关注。

世界卫生组织号召"将健康和健康公平性置于（城市）治理和规划的核心"（WHO, 2016）。30年来，世界卫生组织在全球1000多个城市设立了健康城市计划，促进了全面、系统的健康政策和计划的实施（WHO, 2014）。该计划取得了重大进展（特别是在推进老龄健康型城市和儿童友好型城市的治理和设计方面），但它很少关注全年龄段人群的心理健康情况。如今，随着全球对心理健康的关注（Patel et al., 2018），以及考虑到公共开放空间在新冠肺炎疫情期间所体现出的作用，世界各地的城市都在采取更广泛的策略。联合国制定了一个可持续发展目标（UN, 2016b），即"到2030年建设包容、安全、有风险抵御能力和可持续的城市及人类居住区"（可持续发展目标11），涉及道路安全、公共交通、空气质量以及增加安全、包容的绿色场所和公共场所。2016年，第三次联合国住房和城市可持续发展大会（简称"人居三"会议）通过了一项新的城市宣言，将健康纳入了更美好、更可持续的未来愿景（UN, 2017）。联合国《2030年可持续发展议程》旨在"确保健康的生活，促进各年龄段所有人的福祉"（UN, 2016a）。联合国的可持续发展目标和《新城市议程》的目标都是为公平、包容和可持续的城市发展制定全球标准。世界卫生组织积极地响应和支持这些目标，并发布了将健康纳入全球城市规划和治理的实用指南（UN-Habitat & WHO, 2020）。

这些世界性的政策驱动因素为注重心理健康的新型"恢复性"城市主义提供了支持。同样重要的是，我们要认识到恢复性城市主义的模式是在一个更大的系统内运行的，它与其他城市理论框架相重叠，包括"再生城市"（促进地球健康的低碳和资源节约型城市）和"韧性城市"（通过可持续和包容性的增长来适应和抵御未来的冲击，例如自然灾害或人为灾害，从而有助于心理健康）。

什么是恢复性环境？

恢复性环境是指任何有助于我们调节情绪、缓解精神疲劳、减轻压力以及应对日常生活挑战的场所。恢复被定义为从心理、生理或社会资源的耗竭状态中恢复的过程（Hartig，2007）。目前关于恢复性环境的文献中主要有两种理论，分别是注意力恢复理论（简称 ART 理论，Kaplan & Kaplan，1989）和压力减轻理论（简称 SRT 理论，Ulrich，1983）。ART 理论关注环境对认知需求的影响，而 SRT 理论关注环境对情绪幸福感和生理压力恢复的影响。

在 ART 理论模型中，瑞秋·卡普兰和史蒂芬·卡普兰（卡普兰夫妇）认为，自然环境所固有的丰富且迷人的刺激（例如树叶的图案和树枝的形状）很容易吸引人们的注意力（非自主性注意力），帮助人们克服精神疲劳。这些极其"柔和"的魅力使周围环境足够有趣，从而能够吸引人的注意力，却又给人留下安静反思的空间和余地。相比之下，人造的城市环境（例如拥挤、充满噪音的城市街道）虽然能够更加强烈地抓住人们的注意力（自主性注意力），却不能给人留下反思的余地，反而会消耗人们的精神力和认知力来接受外界的刺激。

自然环境被认为是通过创造远离感来促进恢复，因为它创造了一种远离世俗需求的感觉，无论是在心理上还是在实际距离上。此外，自然环境的广阔性也很重要，大自然能够创造一个"足够丰富且连贯的环境，构成另一个完整的世界"(Kaplan, 1995:173)。同时，自然环境还具备包容性，能够支持、鼓励或促使人们的目标与行为的良好契合。

ART 理论模型提出了恢复性体验的四个连续阶段（Kaplan & Kaplan, 1989:196-197）：第一，清除头脑中的杂念；第二，恢复自主性注意力；第三，步入沉思或"认知的平静"；第四，进入更深层次的恢复状态，这包括反思生活、优先的事情、可能性、行动和目标。这种反思过程被认为是"在环境质量和所需时间方面要求最高的过程"（Kaplan & Kaplan, 1989:197）。数百项研究表明，具有这些关键恢复属性（即迷人性、远离感、广阔性和包容性）的环境更有助于认知和情感的恢复。因接触自然环境而得到恢复的证据尤其有力，而其他环境里（如咖啡馆、图书馆、美术馆、博物馆、水族馆和历史城区等）的恢复例证数量则相当有限（Staats, 2012）。

第二种 SRT 理论（Ulrich, 1983; Ulrich et al., 1991）认为，人们对环境的直接反应是基于情感和审美的，会触发身体的应激反应。情感反应是由环境的视觉刺激引起的（"喜恶"），包括即时的"喜欢－厌恶"和随之产生的应激的生理变化（心率、血压和皮质醇等应激激素）。环境的特性——包括场景的复杂性和场景中的焦点——以及"喜恶"，都会促进这种反应。

大多数关于恢复性环境的研究都集中在个体层面的心理恢复上（如个体认知、压力和情绪的恢复）。最近，有观点提出，一个人的恢复可能会影响到其他人，即环境带来的益处会影响到直接受益者以外的人（Hartig et al., 2013），让人们与另一个对他们来说重要的人重新建立关系（例如，增加信任感或欣赏感），这种情况被称为"双人恢复"（dyad restoratian）。如果益处在群体内传播，则被称为"集体恢复"（collective restoration）

（Hartig et al., 2013）。这是因为恢复性环境有助于恢复人们的注意力，使人们更加关注周围的人。它带来的益处可能会影响到对我们"重要的人"（即朋友、家人或同事），也可能通过与陌生人偶遇引起集体恢复，例如咖啡馆里的愉快互动、在公园散步或共同庆祝节日。你还可能不止一次遇到同样的人，例如在同一个咖啡师那里买咖啡。布劳和芬格曼（Blau & Fingerman, 2009）将参与这些社交接触的人称为"重要的陌生人"，肯定他们对社会幸福感起到的重要作用。布劳和芬格曼还认为，社交质量受社交场所质量的影响。例如，当行走于破旧的街区时，人们可能会目光闪躲；但在宜人的城市公园散步时，人们可能会看向对方，甚至打招呼。后者被定义为"存在空间"（being spaces，即鼓励社交联系的友好、安全的空间）。哈蒂格等人（Hartig et al., 2013）提出，受环境影响的积极情绪传播（"群体性幸福感"）能够增加社会关系资源，促进人们对周围人的同理心。尽管目前除了在度假的时候，其他集体性恢复或者偶遇的作用还有待实践考证（Hartig et al., 2013）。了解这些社交接触帮助高危人群（如老年人和年轻人）对抗孤独感的原理，有助于在一年中人们最容易感到孤独的时候（如法定假日、生病时）进行提前或重点干预。

健康不平等是一种不公正现象，它破坏了社会的繁荣。在全球范围内，种族隔离、住房条件差、教育落后和福利缺失加剧了健康不平等的状况，最终造成（以美国为例）社会中最贫穷者的寿命实际上在缩短。我们认为恢复性城市主义有助于解决健康不平等问题，一些场所似乎更能促进健康和社会公平。例如，拥有大量娱乐设施和城市绿化设施的场所能够缩小贫富之间的心理福祉差距。一项针对欧洲34个国家进行的调查研究发现，相比于较少使用娱乐和绿化设施的人，经常使用娱乐和绿化设施的人的社会经济不平等感减少了40%（Mitchell et al., 2015）。这与其他研究的发现一致，即绿化区域对极度贫困的人的健康有更积极的影响。米切尔（Mitchell，2013）和同事们使用"平等源"（equigenesis）一词描述有助于健康公平的环境。虽然很少有研究体现出环境对促进平等的影响，但场所的某些属性（如公园的可达性）相较于其他属性而言似乎更有助于促进健康，并且对低收入群体的健康效益与高收入群体相当甚至更大。因而恢复性框架的一个核心问题在于，哪些场所能够使人们更"平等"地实现心理健康？场所的哪些特征能够促进平等？

恢复性城市的框架

本书从宏观角度（如交通基础设施）和微观角度（如公交车上、广场上和咖啡馆中的日常情景活动）来探讨恢复性城市。恢复性城市的框架（图1.3）融合了"包容性城市"（或上述"促进平等"的城市）的概念以及其他六种概念：绿色城市（将自然融入城市核心）、蓝色城市（最大限度地利用

图1.3 恢复性城市的框架

水环境来促进福祉)、感官城市(沉浸于五感之中)、睦邻城市(鼓励社会凝聚力)、活力城市(通过城市活动性促进认知和情绪幸福感),以及可玩城市(鼓励全年龄段人群的创造和游乐)。

置科学于实践当中

本书中有关"恢复性城市"的每个组成部分的理论和思想均基于最新的科学研究,这些研究涵盖了心理学、公共卫生、地理学、人类学以及城市规划等多个学科领域。我们通过最新的系统综述,归纳了各主题中最具说服力的现有研究成果,同时提供了特定环境方法对心理健康疗效的明确证据。在有趣的新兴领域(例如可玩城市),我们进行了批判性的文献检索,形成独特的思想,确立了促进心理健康的城市设计的新理论和新方法。在通过证据推动心理健康实践时,区分循证实践(简称 EBP)和知证实践(简称 EIP)至关重要。前者应用了高水平的论证(如系统综述)和随机对照试验(简称 RCT)中的有力证据,而后者在结合临床知识时缺乏可靠证据。

尽管这些科学证据主要源于西方国家,但我们已整合了全球各地的研究,旨在指导城市形态结构和社会结构的建设,使其不仅适用于高收入国家,也符合中低收入国家的需求。通过引用全球各地的案例,我们力求将这些理念应用于更广泛的全球环境中。

本书面向城市设计师、规划师、建筑师、景观设计师和公共卫生专业人员,同时也适合游乐场设计师、艺术家、社区组织,以及所有有兴趣了解如何通过艺术、文化历史或社会干预措施来营造促进福祉的场所的人士。每章会首先介绍特定主题的理论框架,随后通过经验证据展示该主题(如城市绿地)与心理健康之间的关系,最后提供在社区层面(较小规模)和城市层面

（较大规模）的设计指南。本书并不是一本"规范"书，我们所提出的想法不是规定性的，而是希望为特定场所、特定背景提供广泛的可能性，支持在对当地进行设计时，具有表达和创造的自由性。

本书起始于探索自然系统和心理健康之间的关系。在第 2 章中，我们介绍了"绿色城市"，探讨城市绿地如何有助于提升普通人的心理幸福感，以及如何有助于缓解精神分裂症和多动症等严重的心理疾病。

在第 3 章中，我们谈到了"蓝色空间"和城市水环境在心理健康方面的作用，包括工程水体（如水岸、运河、城市喷泉）和自然系统（如河流、湖泊、池塘）。尽管对"蓝色健康"的研究焦点主要集中在沿海地区（特别是英国），但我们同样考量了内陆地区与可持续城市水系统（如雨水花园、绿色屋顶、植物排水沟）的潜力，这些系统既对提升人们的心理幸福感有益，也对建设韧性城市基础设施有所助益。

第 4 章详细探讨了城市环境的感官特征，即城市环境中涉及嗅觉、听觉、味觉和触觉的特征，以及这些特征如何赋予场所活力并影响人们在特定场所产生的社会（和情绪）反应。目前，丰富的城市感官特征对心理健康的积极影响尚未受到广泛重视。然而，本书强调在城市设计中注重"感官"体验对于促进福祉的重要性。此外，本章还探讨了针对敏感感官需求者的设计考量，包括自闭症和痴呆患者。

第 5 章探讨了如何在社区中与他人相处和生活，及其对我们的福祉和恢复性健康的关键作用。本章详细讨论了不同组成的城市邻里如何接纳多样性，促进社区参与，强化社区精神、社会资本和社会凝聚力。同时，我们也研究了一些新兴的社会城市模式，特别是代际共享（在住房和社会照护方面），并分析了城市设计措施如何为无家可归者或老年人等弱势群体提供支持，使他们更好地融入城市生活。

接下来的第 6 章聚焦"活力城市"，详细阐述了增加体育活动机会的城市设计如何对身心健康产生积极影响。在明确这些益处后，我们旨在利用这些数据推动"活力设计"的战略转型，将心理和社会健康提升至与身体健康同等重要的层面。

第 7 章展开了"可玩城市"的构想，提倡将游乐活动——适合所有年龄层，包括各类城市游戏——作为构建一个更紧密相连、社会凝聚力更强的城市的核心。这是一种以人为本的新型城市的设计理念，旨在营造富有趣味的城市互动，不断带来惊喜，激发创新思维，培育好奇心，增强公众的参与感，从而促进所有年龄群体的心理健康和福祉。

第 8 章从包容性角度出发，深入探讨了框架中相关的恢复性设计。重点关注如何增强多样性，使城市能够超越分歧，将不同背景的人凝聚在"包容性城市"之中。面对日益加剧的社会两极分化和不平等现象，我们寄希望于通过城市设计来缩小差距，推动心理健康的普遍平等。这需要构建多元文化的城市环境，同时确保人们能够平等地获取医疗保健服务，使用娱乐设施，并自由出入繁华的商业街和热闹的街市。

在整本书中，我们为上述每个主题——或称为城市的"篇章"——建立了例证比较数据库，并在最后一章中完整展示了"恢复性城市"的宏伟愿景。第 9 章全面剖析了恢复性城市的概念，并详细阐述了能够促进心理和社会幸福感的系统性体系。

我们希望这本书能够激发读者的想象力和创造力，为未来城市提供以人为本的设计思路。希望它能激励你、你的社区、市长和建成环境的管理者，从心理福祉和生活质量的角度出发，运用创造性和社会性的想象力推动城市发展。恢复性城市主义采取的是一种叠加模式，它以不同的"篇章"或"插曲"为基础，可能包含一些对现有模式具有挑战且风险较高的探索（如"可玩城市"的构想），旨在构建一个有益于心理健康的强大城市核心。我们坚信，恢复性城市是建立在坚实的科学证据之上的，并能在不同地区和背景下得到实现。鉴于本章开头提到的心理疾病日益增加的情况，我们确实需要对城市采取或多或少的"插曲"式的干预。

02

绿色城市
The green city

重 点

■ 科学研究发现，接触自然环境（绿化空间）有助于减轻抑郁和压力，提高认知能力，缓解焦虑症、精神分裂症、多动症和痴呆。

■ 儿童时期多接触大自然能够降低成年后出现心理健康问题的风险。

■ 绿化空间对心理健康的影响取决于绿化空间的数量、可达性、类型、自然景观、感官质量、生物多样性、使用模式和接触量。

■ 绿色城市的体验和参与不平等会影响民众的心理健康。绿色城市的设计应侧重于最大限度地提高整个城市绿化空间的数量、质量和可达性，尤其需要考虑到儿童、青少年、老年人和边缘化群体。

关键概念的定义

城市绿化空间（Urban green space）： 城市绿化空间尚无公认的定义。本书使用这个术语来描述任何包含植被的城市场所，如公共公园、私人和社区花园、街道上的树木或绿化带、城市林地、融入城市建筑结构的绿化墙面和屋顶、有绿化的运动场、包含草/树的儿童游乐区等。

偶发接触自然（Incidental nature exposure）： 在社区、家里或工作场所无意识地接触自然或绿化空间（例如，通过附近的窗户或在通勤途中欣赏自然景观）。

有意接触自然（Intentional nature exposure）： 有意识地游览公园或选择在自然环境中散步，与自然环境进行积极的互动。

量效关系（Dose-response relationship）： 绿化空间的接触量（包括频率和持续时间）与由此产生的健康结果之间的关系。

什么是绿色城市？

几个世纪以来，绿化空间和健康之间一直存在着内在联系。两者的联系在 19 世纪就引起了决策者和规划者的特别关注，到了 19 世纪末和 20 世纪初，为健康和福祉而设计的城市绿化空间在全球范围内日益受到青睐，特别是在欧洲和北美国家。事实上，福祉已成为推动一些世界上最受欢迎的公园创建的关键因素，诸如伦敦的海德公园和纽约的中央公园，它们的建设均充分考虑了提升市民福祉的需求。20 世纪初的先锋城市规划师帕特里克·格迪斯（Patrick Geddes）和埃比尼泽·霍华德认为，促进健康和福祉的绿化空间是社区规划的核心。20 世纪 30 年代的"花园城市"运动就体现了这一思想。这些位于伦敦城市绿带（greenbelt）的新城镇使得世界各地纷纷效仿。花园城市作为改善伦敦过度拥挤的贫民窟的方案，其指导原则是将自然融入城市的中心，且在城市外围设置保护性的绿带。尽管取得了这些发展，但通过绿色城市主义来改善心理健康的做法还是在随后的几十年里逐渐淡出了人们的视野，被其他城市规划方案和公共健康议题所淹没。

然而，在过去 30 年中，众多研究陆续揭示了城市绿化对健康的正面影响，使得绿色城市的理念再次兴起。资深的城市规划师们越来越清楚地认识到，将自然引入城市有益于人们的身心健康。一些研究发现，城市绿化空间与死亡人数的减少密切相关（Rojas-Rueda et al., 2019）。虽然目前对城市绿化空间与特定疾病（包括心理健康）之间关联的研究还比较少，但相关证据仍在逐步累积。本章将通过阐述相关理论研究和科学证据，详细介绍心理健康与城市绿化空间之间的联系，并通过实例具体展示城市绿化空间对公共健康、休闲娱乐和环境政策产生的积极影响。

理论研究

无论是偶然地接触城市绿化空间（如透过窗户看到），还是有意地接触（如在公园中散步），亲近自然环境都有可能影响我们的心理健康和福祉。这取决于接触类型、接触频率和持续时间（图2.1），并与其他个人、家庭和社会因素相互影响，共同作用于心理健康和福祉。城市绿化空间可以通过不同的途径引发心理和生理反应，对心理和社会健康带来积极影响。

城市绿色环境从以下四种关键途径对心理健康产生积极影响，其中有两种是直接影响，两种是间接影响。

第一种关键途径是自然体验本身对心理健康的直接影响。目前，有三种主流理论阐述了大自然对心理健康的促进机制。第一种是注意力恢复理论（简称ART理论），它认为人们对自然的反应主要是一种认知反应，是由自然柔和的刺激——如光线穿过树冠产生的光影——来引起我们非自主的注意。自然环境的"迷人性"在于它能唤起人们的好奇心，是心理恢复过程中的重要环境因素。它使人们关注多样的自然环境，让人们有时间进行反思，而无须刻意集中注意力。这与大自然的其他三个属性有关，即远离感、广阔性（一个完整的"另一个"世界的感觉）和包容性（满足人们的意图和目标）。第二种是压力减轻理论（简称SRT理论），认为人们对自然的反应主要是一种情绪反应，而情绪反应又能引起副交感神经系统的反应，从而减缓压力，带来平静（环境心理恢复过程详见第1章）。第三种是亲生命性假说（biophilia hypothesis）（Wilson, 1984），该假说从生物学的角度出发，认为人类天生具有与所有生命系统建立联系的心理倾向，以及一种与自然世界紧密相连的先天需求。与充满压力的城市环境相比，自然环境为人们

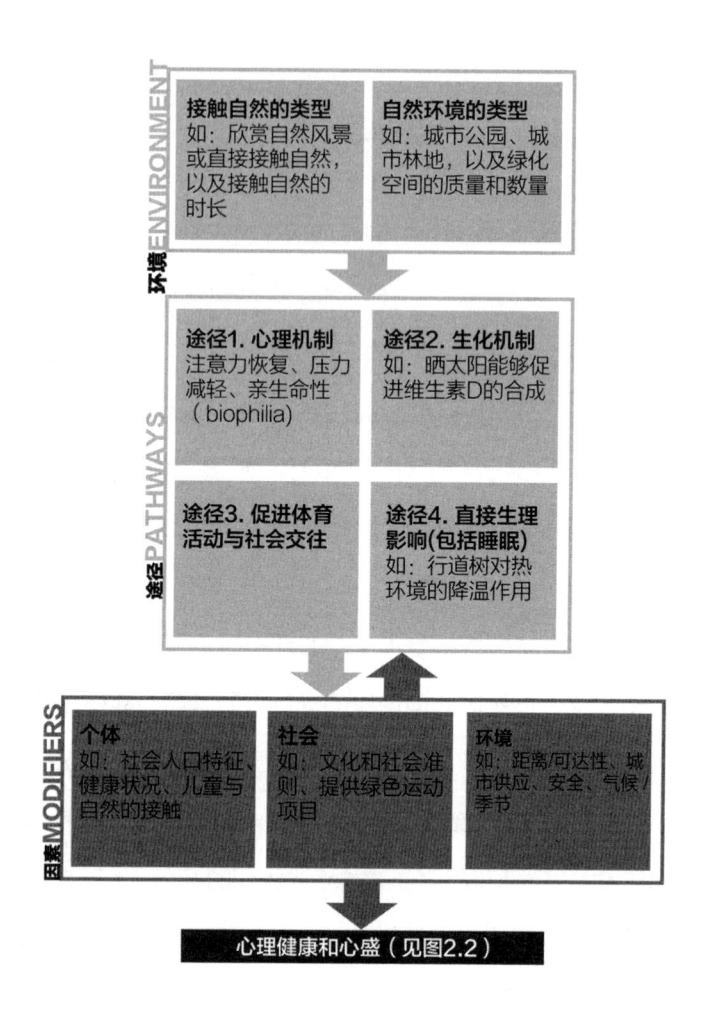

```
环境 ENVIRONMENT
┌─────────────────┬─────────────────┐
│ 接触自然的类型  │ 自然环境的类型  │
│ 如：欣赏自然风景│ 如：城市公园、城│
│ 或直接接触自然，│ 市林地，以及绿化│
│ 以及接触自然的  │ 空间的质量和数量│
│ 时长            │                 │
└─────────────────┴─────────────────┘

途径 PATHWAYS
┌─────────────────┬─────────────────┐
│ 途径1. 心理机制 │ 途径2. 生化机制 │
│ 注意力恢复、压力│ 如：晒太阳能够促│
│ 减轻、亲生命性  │ 进维生素D的合成 │
│ （biophilia）   │                 │
├─────────────────┼─────────────────┤
│ 途径3. 促进体育 │ 途径4. 直接生理 │
│ 活动与社会交往  │ 影响（包括睡眠）│
│                 │ 如：行道树对热  │
│                 │ 环境的降温作用  │
└─────────────────┴─────────────────┘

因素 MODIFIERS
┌──────────┬──────────┬──────────┐
│ 个体     │ 社会     │ 环境     │
│ 如：社会人│ 如：文化和│ 如：距离/│
│ 口特征、  │ 社会准则、│ 可达性、城│
│ 健康状况、│ 提供绿色运│ 市供应、安│
│ 儿童与    │ 动项目    │ 全、气候/ │
│ 自然的接触│          │ 季节     │
└──────────┴──────────┴──────────┘

        心理健康和心盛（见图2.2）
```

图 2.1 绿化空间对心理健康和福祉的影响

提供了更加轻松舒缓的氛围。基于这一理念，城市绿化的热潮在全球范围内掀起，包括构建亲生命性的城市网络，鼓励世界各地的城市在景观设计和建筑设计中效仿自然。

第二种关键途径是自然通过生化机制影响心理健康。在户外晒太阳能够改善认知功能（尤其是对于老年人），补充维生素 D（Gill，2005）。研究指出，自然环境中的各种细菌可能有利于免疫调节并减少炎症（Rook，2013）。植物释放的杀菌素（具有抗菌特性的挥发性有机化合物）可能在人们接触绿色空间的过程中有利于身体健康。（Li et al., 2009; Tsunetsugu et al., 2010）。

第三种关键途径是通过提供有利于心理健康和福祉的活动环境间接影响心理健康。例如，城市绿化的设施和空间促进了即兴或有组织的社交活动（见本书"包容性城市"和"睦邻城市"章节），也促进了体育活动，如散步、慢跑和骑自行车（见"活力城市"章节），同时还增加了游玩的机会（见"可玩城市"章节）。

第四种途径是通过调节物理环境、提供生理健康益处来影响心理健康。例如，城市中的植被通过降低地表辐射温度（surface radiating temperature，简称SRT）可以减少人的热应激（Salmond et al., 2016）。植被通过吸收噪音可以改善人的睡眠质量，降低患认知障碍、高血压和心血管疾病以及2型糖尿病的风险（De Ridder et al., 2004; Sarkar, Webster & Gallagher, 2018b; Wolch, Byrne & Newell, 2014）。植被还可以作为天然过滤器来吸收环境中的颗粒物（如$PM_{2.5}$），改善空气质量，从而有助于呼吸系统的健康（Irga, Burchett & Torpy, 2015），进一步促使人们增加有助于心理健康的出行行为。

以上途径很多都已经过了实证探索。在下一节中，我们将通过科学证据展示城市绿化对心理健康的正面影响。

对心理健康的影响

进入21世纪，论证城市绿化空间与健康之间关联的论文数量激增。这些文章大多来源于欧洲和北美，同时也有越来越多的论文来源于中国、韩国和日本。系统综述（使用严格方法的综合研究结果）有力证明了城市绿化对健康的益处，其中包括对体育活动益处的研究（Bowler et al., 2010; Lachowycz & Jones, 2011; Twohig-Bennett & Jones, 2018; van den Berg et al., 2015），以及两项关于心理健康益处的系统综述（Gascon et al., 2015; Houlder et al., 2018）。

接触城市绿化空间有助于减少心理健康障碍，有效缓解特定疾病症状（Roe, 2016）。关于城市绿化对心理健康的积极影响，多数有力的证据来源于社区层面的人口健康研究。然而，针对全市或全国范围的研究数量较少，且多为横向研究（即描述同一时段发生的事情），无法推断因果关系（Gascon et al., 2015）。只有少数纵向研究反映了随着时间的推移，增加对城市绿化空间的接触或改善其可达性所产生的影响（WHO, 2016）。使用纵向数据，并结合高质量的研究设计，能够为论证城市绿化与心理健康的因果关系提供更有力的证据。然而，大型研究的数据主要依赖于常用的心理量表（如情绪量表）进行多重自我报告评级，但这些量表存在自我报告偏差的风险（即无论是有意还是无意，会因为人们渴求社会的认可而造成数据不准确）。近期有研究采用了客观的健康指标，如使用抗抑郁处方作为抑郁症患病率的指标，以及使用心血管疾病和生理压力的生物指标。下文介绍了绿色城市对人们心理健康的促进作用，其总结见图2.2。

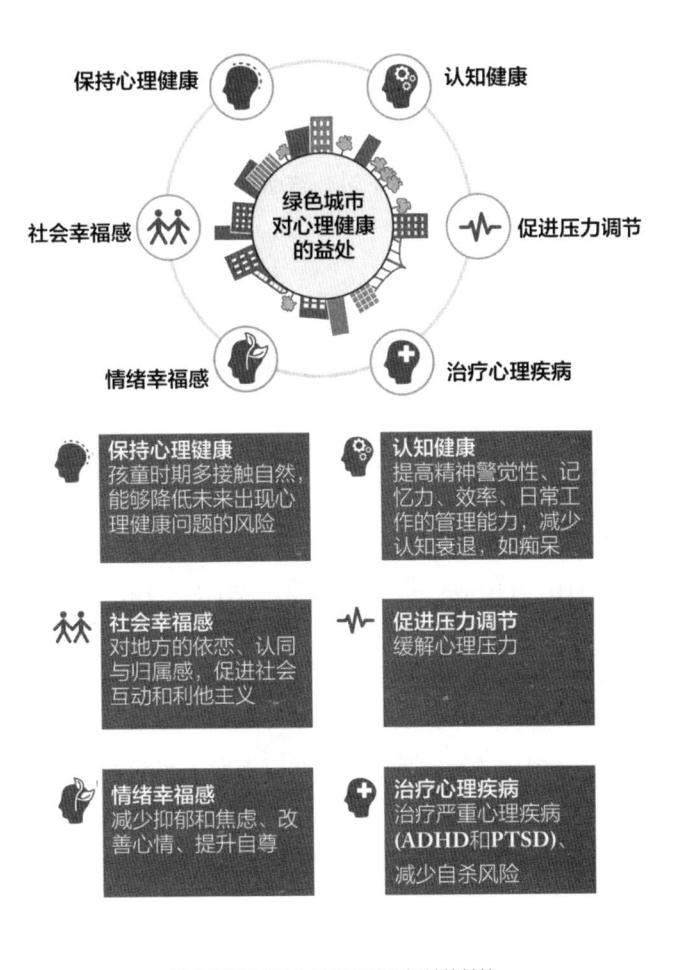

图 2.2 绿色城市对心理健康和福祉的益处

绿色城市对心理健康的益处始于孩童时期

研究表明,在良好的绿化环境中成长的儿童在成年后不太可能出现严重的心理健康问题。一项丹麦的研究绘制了一幅地图,展现了近 100 万丹麦人住宅周围的绿地面积,结果发现生活在绿地面积较大地区的儿童日后患上心理障碍(包括精神分裂症)的可能性要低 55%(Engemann et al., 2019)。儿童从出生到 10 岁,接触绿化空间的时间越长,患病风险就越低。因此,为儿童成长提供绿化空间是城市规划的一个重要事项。此外，荷兰的一项研究发现，自杀风险存在很大的地域差异，当地绿化空间越多，自杀风险越低（Helbich et al., 2018）。不过，这两项研究仍需要在国际背景下得到论证。

绿色城市有助于减少抑郁和改善情绪

许多大规模的人口健康研究表明，接触绿化程度较高的居住环境可以防止抑郁，促进心理福祉（Alcock et al., 2014; Beyer et al., 2014; de Vries et al., 2016; Groenewegen et al., 2018; Nutsford, Pearson & Kingham, 2013; Taylor et al., 2015; Triguero-Mas et al., 2017）。这些横向研究是在高收入国家进行的，结果一致表明，城市居住区中的绿地数量越多，人们患抑郁症的概率越低。一些学者发现了两者关系的距离指标，例如，距家1千米内的充足绿化能够降低4%的患病率，距家3千米内的充足绿化能够降低2%的患病率（Maas et al., 2009）。一项针对英国十个城市的全国性研究发现，当地绿化空间越多，居民患严重抑郁症的概率越低（Sarkar, Webster & Gallacher, 2018a）。这种益处对于60岁以下的人群、妇女，以及生活在较贫穷社区和更紧凑社区（即城市密度更高）的人群更加明显。另一项在荷兰的全国性研究表明，绿化空间数量与抗抑郁处方率呈负相关（Helbich et al., 2018）。这是第一个表明绿化空间数量和处方率之间量效关系的研究。该研究确定了一个潜在的临界阈值，即住宅区需要有28%（或更多）的绿地率，才能产生心理健康方面的益处。尽管这些发现仍需进一步验证和测试，但它们对城镇绿化研究产生了有趣的影响。

通过智能手机实时收集城市绿化空间中人们的心理健康数据是一个新颖

且有趣的发展，被称为"移动健康"。在英国的一项研究中（Bakolis et al., 2018），智能手机应用程序被用作生态瞬时评估的工具，在一周的时间里捕捉到了100人的位置、与自然环境的接触程度以及他们的瞬时主观幸福感。研究结果显示，户外活动、观赏树木、聆听鸟鸣以及其他与自然环境的接触都与较高水平的主观心理幸福感有关。值得注意的是，这种积极影响在初次评估之后能够持续至少2.5小时，并且对于易冲动者的影响更为显著（这类人群往往更容易出现心理健康问题）。

小型准实验研究（在自然场景而非实验室环境中进行的研究）表明，接触绿化空间对抑郁症相关症状有积极影响。思维反刍（Rumination，指人反复关注负面情绪）易使人抑郁，但可以通过接触绿化环境来缓解。在绿色环境中步行90分钟可以减少自述的思维反刍和与之相关的大脑皮层活动，而在其他城市环境中步行相同的时间却毫无作用（Bratman et al., 2015）。这是"绿色健康"研究领域中常见的研究方法（即对比自然环境和城市"灰色"环境的步行效果）。

绿色城市有助于缓解应激障碍（包括创伤后应激障碍）

接触自然对于缓解应激障碍的积极作用仍在进一步的验证之中，目前的研究重点是探究自然环境疗法的有效性。专家学者们对从城市花园到荒野郊外的一系列环境进行了研究，特别关注了人与自然的直接互动。丹麦的一项研究发现，自然环境疗法（即每周进行9小时的个人和群体强化干预）与认知行为疗法（Cognitive Behavioral Therapy，简称CBT）同样适用于治疗应激障碍（Stigsdotter et al., 2018）。进一步的研究已经发现自然环境疗法对退伍军人的创伤后应激障碍（PTSD）具有缓解作用（Roe, 2016）。

这些研究均表明，与自然接触的活动对于缓解创伤后应激障碍和抑郁具有显著成效。然而，目前尚缺乏对退伍军人的长期跟踪研究，也未通过严格的实验对不同背景下的其他创伤后应激障碍患者进行深入探究。

一些最具说服力的研究通过测量生理生物标志物（即可以在体内测量的压力指标），有力证实了接触城市绿化空间可以缓解压力的观点。这些压力指标包括唾液皮质醇、淀粉酶、端粒长度和心脏代谢健康（Kondo et al., 2018），以及生理负荷指标（指压力对身体累积"损耗"的定量测量）（Ergorov et al., 2017）。近年来，日本涌现出大量的研究，比如较为流行的森林浴（Shinrin yoku），即"感受森林的气息"（Hansen et al., 2017；Tsunetsugu et al., 2010）。森林浴的参与者在教练的指导下，在森林中慢慢行走或者坐着，有意识地注意大自然。这个过程对免疫系统（增加人体自然杀伤细胞的数量）、心血管健康（降低高血压）、呼吸系统（减少过敏和呼吸系统疾病）和心理幸福感（改善情绪、压力、抑郁和焦虑）都有益处。该疗法适用于广泛的群体，其结果受性别和年龄的影响，但目前研究样本较小（只有8—120名参与者），且多数研究对象是大学生。同时，西方国家尚缺乏这类关于人与自然有意识的互动的研究。

绿色城市有助于缓解精神分裂症和其他精神疾病

在繁忙、嘈杂的城市街道上穿行会对精神病患者产生不利影响，增加他们的焦虑和偏执程度。相比之下，在城市绿化空间中行走能够促进精神分裂症和其他精神病患者的心理机能和幸福感（Roe & Aspinall, 2011a）。此外，行走在充满历史韵味的城市街道上，也能增加人们的幸福感。这说明，在经过精心选择的城市环境中（如富有特色的建筑立面）漫步，可以有效提高心理疾病患者的心理幸福感。社区的美化和植被也有助于改善精神分裂症患者的健康状况，包括提升其认知功能和促进步行活动（Roe, 2016）。

儿童和年轻人的注意力缺陷多动障碍（简称 ADHD）与行为问题：研究证明，城市绿化空间对注意力缺陷多动障碍等心理健康问题具有积极影响。来自美国伊利诺伊大学的研究小组证实，与在"硬质"景观中玩耍相比，孩子们在"绿色"环境中玩耍时，多动症症状的严重程度会有所减轻（Taylor & Kuo, 2011）。该研究小组进一步探索了大自然对多动症儿童的"药剂"作用，对比了在城市公园和植被稀少的环境中分别散步 20 分钟后的不同影响。结果显示，在公园散步后的儿童多动症患者表现更佳，专注度也更高。因而作者指出，定期"服用"大自然可以作为一种安全、经济且易得的多动症治疗方法。与此同时，一些欧洲的研究指出，相较于城市或学校室内环境，林地环境更有利于改善患有多动症和行为障碍的儿童的情绪幸福和认知功能（Roeand Aspinall, 2011b; van den Berg & van den Berg, 2011）。

自闭症谱系障碍（Autism Spectrum Disorder，简称 ASD）：在拥有更多绿化空间（以树冠覆盖率衡量）和更低道路密度的社区，儿童患自闭症的风险可能会更低（Wu & Jackson, 2017）。一项美国的横向研究比较了正常发育儿童与自闭症谱系障碍儿童，探讨了绿化空间和"灰色"空间（例如柏油路面等不透水表面）对他们的焦虑程度的影响。研究结果显示，尽管接近绿化空间对健康成长的儿童无显著影响，但却可能减少自闭症儿童焦虑的风险（Larson et al., 2018）。这表明绿化空间对自闭症儿童具有更加复杂的影响。尽管目前的研究证据有限，但接触自然环境仍可能对患有自闭症谱系障碍的儿童有益。

总而言之，自然环境有助于缓解特定心理健康障碍的症状。有研究表明，对于有严重心理健康问题的患者而言，其接触自然所获得的益处比心理健康状况良好的人更为显著（Roe & Aspinall, 2011a）。然而，目前关于这一领域的研究证据仍显不足，大多数研究都是样本数量较小的定性研究，只有少数随机对照试验（Randomized Controlled Trials，简称RCTs）。这些实验设计和数据都无法再现，且缺乏针对城市（甚至国际）范围的关注。因此，我们必须深入推进这一领域的研究，以获得更为坚实有力的证据，从而指导心理健康康复策略的制定和实施。

绿色城市有助于认知健康

多项研究表明，自然环境与注意力之间存在积极的正向关系（详见Ohly et al., 2016）。接触大自然有助于改善工作记忆（高达20%）、执行功能和自我调节能力（Berman et al., 2012; Berto, 2005; Kaplan & Berman, 2010），并能够改善情绪（Berman et al., 2012）。几项使用功能性磁共振成像扫描和脑电图的研究表明，大自然对大脑活动的影响非常明显。磁共振成像扫描显示，观看缺乏自然景观的城市场景时，大脑中影响"战斗或逃跑"的杏仁核中血流汇集，表明大脑将该城市环境视为敌对环境（Kim et al., 2010）。反之，自然场景会激活脑岛和前扣带回，这是大脑中影响同理心和利他主义的区域。数个移动的脑电图研究确定了不同城市环境下的神经特征，相比于繁忙嘈杂的街道，在城市绿地中行走能够激活大脑皮层中的不同区域，增加 α 活动（放松状态），减少 β 活动（注意力需求）（Neale et al., 2019）。且各个年龄段的人都能体验到这些益处。

接触大自然似乎对儿童的认知功能（Wells, 2000）、冲动性（Taylor,

Kuo & Sullivan, 2002)、记忆力和学习注意力（Dadvand et al., 2015）都有积极影响。户外自然教室或"自然学校"也有助于改善儿童（Hamilton, 2017）和青少年（Fägerstam & Blom, 2013）的认知回忆，丰富语言使用（Waite, Evans & Rogers, 2013），激发思考和更有创造性的团队合作（Waite & Davis, 2007），以及改善青少年学生的校园违纪行为（Roe & Aspinall, 2011b）（对儿童行为的更多影响见下文）。能够产生这些影响的环境措施包括通过改善学校和社区附近的城市绿化，进而减少污染（噪声和空气）和热应激。

英国苏格兰的一项纵向研究表明，在儿童时期多接触公园设施，有助于减缓成年后的认知衰老（Cherrie et al., 2018）。这是一个重要的发现，说明小时候多接触大自然对成年后的认知功能会产生长期影响。这进而表明在人的一生中，尤其是在儿童时期，需要良好和公平的公园设施供应。

尽管证据有限，但研究表明，基于自然的治疗对痴呆患者的情绪和社会健康有益（系统综述详见Lakhani et al., 2019）。目前证据主要来自养老院，其中约半数老年人患有不同程度的痴呆症或认知障碍，而自然环境有助于改善情绪和缓解焦虑。此外，城市绿地和花园可能也有利于认知障碍患者的照料者的心理健康，因为照料者本身也面临较大的心理健康风险。但迄今为止，还没有证据表明城市绿化空间对居住在社区里的痴呆患者的病情有所改善。

绿色城市有助于提升社会凝聚力

本书在"睦邻城市"章节中，详尽阐述了社会参与对心理健康与福祉的积极影响，而社交接触被认为是城市绿化空间促进心理健康的一种可能途径。在绿化空间中，人们或是即兴展开社交活动，如遛狗时与邻里闲谈，或是在当地公园参与有组织的社交和体育活动，如野餐或球类比赛。这些活动都有助于心理健康。尽管如此，城市绿化空间与社会幸福感之间的关系仍显复杂，且相关证据尚显有限。荷兰的两项研究揭示了街景绿化与社会凝聚力之间的内在联系（de Vries et al., 2013），以及绿地数量与孤独感知和社会支持之间的关联（Maas et al., 2009）。此外，还有研究指出，绿化空间与主观压力和社会幸福感之间存在关联（Ward Thompson, Aspinall & Roe, 2014）。尽管目前尚未明确这些要素之间有直接联系，但这一系列研究均表明，社会凝聚力可能是连接城市绿化空间与健康之间的关键桥梁（见图2.1）。

该领域尚未就（即兴或其他）社交接触对心理恢复的影响进行直接研究，也没有研究个体恢复后对双人（成对）或集体传播的受益情况（Hartig et al., 2013）。绿化设施能够增强地方依恋感，加强社区意识。伊朗的一项研究通过计算亲密朋友的数量，判断出青少年在绿化空间中度过的时间与社交接触之间存在直接关系（Dadvand et al., 2019）。其他研究表明，街区公园显著增加了社区内的社交互动（Roe & Ward Thompson, 2011）。在一个因海平面上升而遭遇水灾的社区，城市绿化空间改善了其社会网络，从而提高了这个"处于危险之中"的社区的恢复潜力（Marin et al., 2015）。在日益两极分化的社区中，城市公园和广场能够增强公民的自豪感，任何人都可以在此相聚以及开展辩论和宣传等活动。亲近大自然也有助于促进慷慨的、利他的行为（详见 Goldy & Piff, 2019）。这些研究说明了城市绿化空间可以作为"公民承诺"的场所，为集体利益服务（Amin, 2006:1020）。然而，很少有证据表明城市绿化空间中的社交互动对社会健康具有保护作用。

影响因素

1. 人口和社会经济因素：自然环境对健康的作用受年龄、性别、种族、收入、教育和文化等因素的影响。许多研究表明，接触绿化空间有益于特定人群的心理健康，包括女性（Roe et al., 2013）、少数民族（Roe, Aspinall & Ward Thompson, 2016）、少数民族儿童（McEachan et al., 2018）和老年人（Pun, Manjourides & Suh, 2018）。这是因为他们相较于其他工作年龄的人，在社区环境中停留的时间更长。然而，研究结果并非完全一致，我们不能简单地将绿化空间对特定群体产生的心理健康益处一概而论。一些研究发现，在英国，种族和民族身份可能削弱了绿化空间对健康结果的积极影响（McEachan et al., 2018; Roe et al., 2016），而其他研究则否认了这种作用（Roberts et al., 2019）。此外，人们对城市绿化空间的感知也是一个重要的调节变量，这可能与某些群体对公园的利用率不足有关，例如美国的西班牙裔人口（Das, Fan & French, 2017）。因此，我们必须继续探索如何使边缘化群体更好地享有城市绿化空间，并在未来的研究中充分考虑潜在的人口结构变化因素。

2. 文化因素：一般而言，城市绿化空间及其对心理健康的益处是从西方视角出发的概念。了解不同社会文化价值观、传统和观念是如何影响绿化空间的含义、用途和益处的（结合不同的心理健康概念），对于制定具有文化敏感性的设计和政策方针至关重要，且对低收入、中等收入和高收入国家都适用。目前非洲、中东和亚洲鲜有对该主题的研究（du Toit et al., 2018; Lindley et al., 2018），其政策制定者缺乏城市设计、娱乐和健康政策的相关地方依据。一些研究表明，地方环境差异对绿色-健康非常重要。在蒙古乌兰巴托市，绿色空间与心理健康毫无关联，而贫困和安全问题（例如犯罪率）则在更大程度上影响着健康结果（Shagdarsuren, Nakamura & McCay, 2017）。其他研究虽然没有明确探讨健康问题，但土耳其（Özgüner, 2011）和埃塞俄比亚（Girma, Terefe & Pauleit, 2019）的研究发现人们在绿化空间的感知和使用方面存在明显的文化差异。因此，有必要认识到不同文化背景对绿色-健康关系的影响，同时也是对这项研究的国际化推动。

3. 健康公平：有证据表明，自然环境有助于缩小贫富之间的健康不平等。对于生活在贫困社区的居民来说，绿化空间与心理健康之间的关联性似乎更强（White et al., 2019）。然而，贫困街区的城市公园往往数量少、质量差、维护不善且利用率不高（CABE, 2010）。城市的绅士化进一步扩大了健康不平等。纽约高线公园是一个经常被引用的"生态绅士化"案例，它对贫困社区进行了绿化，但并没有使公共空间平等化，而是通过提高房地产的价格，迫使低收入居民离开。倘若没有为低收入居民提供某种形式的住房保护，"绅士化"则无法避免。巴黎和柏林等城市对这个过程进行了更有效的管理。例如20世纪80年代巴黎的公园运动，其规模巨大，对穷人社区和富人社区都产生了影响。然而，绅士化的论点不能用来否定景观城市主义或贫困社区的复兴，因为包容性的规划典范已经存在，例如柏林的格莱斯德雷克公园（Gleisdreieck Park，曾经是铁路场站），既有社区存在，又有租金控制，为规划设计提供了另一种可能。

总之，尽管证据越来越多，但人们尚不清楚绿化空间的哪些特征（如可达性、使用模式、美感和生物多样性）对心理健康有益，也不清楚不同的环境因素如何影响心理健康。在中低收入国家（例如亚洲和非洲的一些国家）推进这项研究尤为紧迫，因为它们快速的城市化开发对开放空间造成了压力。

绿色城市的设计方法

有益于心理健康和福祉的绿色城市设计应考虑以下 8 个关键特征。但需要注意的是，正如第 1 章中所提到的，这些因素在一个更大的整体中与其他因素相互依存，共同发挥作用。

1. 空间数量： 附近绿化空间的数量是影响心理健康结果的最关键因素（系统综述详见 Houlden et al., 2018）。然而，尚不清楚究竟"多少"绿化空间（即绿化覆盖率）会对心理健康产生影响。目前研究发现，较多的绿化空间面积（43% 及以上，Roe et al., 2013）和较少的绿化空间面积（28% 以上，Helbich et al., 2018）都会对心理健康产生影响。还有研究发现，人们对绿化空间数量的个人感知对主观幸福感影响很大（Ward Thompson, Aspinall & Roe, 2014）。因此，城市和当地社区需要探究适合当地的"足够"与"不足"。

2. 可达性： 在新冠肺炎疫情期间，许多城市限制人员流动，采取"居家"隔离措施，这凸显了社区中绿化空间的重要性。客观上来说，可达性可以通过从家到最近的公共绿地之间的距离（直线距离），以邮政编码区域（例如 100 米、500 米和 1 千米）或主观评价（例如到达绿化空间所需的时间）等方式来测量。几项研究发现，这些测量指标与心理健康结果之间存在关联（Bos et al., 2016; Houlden et al., 2018; Triguero-Mas et al., 2015），但关联性不强。因而不同国家制定和实施了不同的标准［例如自然英格兰（Natural England）发布的《自然绿化空间可达性标准》（Accessible Natural Greenspace Standard，简称 ANGSt）］。城市应当建设新的绿化空间，同时改善现有绿化空间的可达性和质量，最好在离家5—10分钟的步行距离以内（或300米以内）提供绿化空间。

3. 类型：无论是行道树、城市公园、口袋公园，还是城市森林或其他城市自然环境，各种类型的绿化空间都有利于心理健康。例如，瑞典的一项纵向研究将居民住宅周围的绿地划分为五种类型，并发现"宁静"（即安静、能听到鸟鸣等自然声）的自然环境最有利于促进女性心理健康（Van den Bosch et al., 2015）。仅有一项研究确定了特定土地覆盖类型与心理健康之间的关系：在澳大利亚，树木覆盖（至少30%）与其他形式的城市绿化（如草地）相比，造成的心理困扰较少（Astell-Burt & Feng, 2019），这表明复杂的植被类型更有助于心理健康。对绿化空间类型的研究尚处于起步阶段，需要进一步深入调研。目前来看，城市树木可能是有利于心理健康的首选类型。

4. 视觉：在城市中增加与自然的视觉接触对心理健康结果具有重要影响。例如从住宅或工作场所看到的窗外自然景观（如内部庭院或林荫大道景观）（Gilchrist, Brown & Montarzino, 2015; Pretty et al., 2005; Vemuri et al., 2011），但我们尚未得知视觉接触是如何影响心理健康的（Houlden et al., 2018）。随机对照试验（简称RCTs）是研究因果关系的极好方法。美国费城的一项随机对照试验发现，与凌乱或整洁的非绿化空地相比，看到（被栅栏隔开的）"绿色"空地更有助于改善心理健康，缓解抑郁和价值缺失感（South et al., 2018）。这项研究表明，简单地观察大自然——而非置身（或活动）于其中——对心理健康也很重要。这类研究还需要对不同文化背景、不同群体进行测试，尤其是对老年人和有认知或身体障碍的行动不便群体，这类群体往往会在家里度过更多时间。视觉接触自然对被隔离者的心理健康也有重要作用，例如新冠肺炎疫情期间的自我或居家隔离者、住在疗养院或医院的康复患者。

5. 质量感知：并非所有的绿化空间都能带来同样的健康效益。个人对绿化空间的质量、美感和人身安全等方面的感知，与绿化空间的管理和"整洁"（或"维护"）程度紧密相关，是绿化空间使用模式的决定性因素，进而对心理健康结果产生作用。此外，这也与公园使用的不平等有关，低收入社区的绿化空间往往质量较差，且可能伴随着犯罪或其他反社会行为（Groff & McCord, 2012）。卡洛朱里和克罗尼克（Calogiuri & Chroni, 2014）在一篇综述中指出，绿化空间的感知质量（包括安全性和美感）对于促进体育活动至关重要。因此，在建设或改造城市绿化空间之前，需要充分了解不同社区、不同社会和文化背景的人们对绿化空间质量的感知差异。

6. 生物多样性：生物多样性丰富的城市绿化空间有利于提高心理幸福感。英国的一项针对12个城市公园的研究发现，对于不同年龄、性别或种族的人而言，生物多样性（即动植物的物种丰富度）都能影响其心理幸福感（Wood et al., 2018）。有证据表明，树冠是有助于生物多样性的重要因素（Astell-Burt & Feng, 2019），这为树木胜过其他类型绿化的论点提供了支撑。尽管这些发现还有待进一步研究考证，但城市规划仍应增加城市绿地的生物多样性，从而改善人们的心理健康，甚至促进地球的健康。

7. 气候和季节性：气候和季节性（如炎热、寒冷、降雨、降雪）对绿化空间使用模式的影响尚不清楚，但应通过提供遮蔽、在冬季提供户外供暖（红外加热器）、夏季提供降温喷雾系统来保障绿化空间的全年使用（见第3章）。

8. 增加绿化空间使用时间：研究表明，每周在自然环境中度过至少两小时的人比不接触自然的人更有幸福感（White et al., 2019）。这项研究还发现，户外活动总时长的分配方式（无论是单次长时间活动还是多次短时间活动）并不会影响结果，但每周接触自然的总"剂量"越大，益处就越显著

（对心理健康的益处可达约 5 小时）。尽管这些研究还需进一步验证，但基于现有证据，城市应当积极采取措施，鼓励居民增加对绿化空间的使用时间（例如推广有导游的徒步项目或实施"绿色处方"的健康政策）。

心理健康问题的"绿色处方"

鉴于"绿色健康"的有力证据，一些医生、政策制定者和服务提供者对"绿色处方"产生了兴趣，以帮助抑郁症和焦虑症等心理障碍的患者缓解症状。在"新型护理模式"和"社会处方"的背景和趋势下，这些措施正在英国、美国和日本等国家取得进展。通过"社会处方"，患者能够获得当地社区的支持并参与社区活动，包括非医疗与医疗干预的共同作用。这些类型的治疗方案有利于许多影响心理健康的因素，例如社交互动，以及在"绿色处方"的背景下，能够缓解压力和改善情绪的自然互动。英国的"绿色处方"项目显著提高了人们的主观幸福感，其中包括"绿色运动"项目（在绿化空间中散步）、自然技能、创意艺术和植树活动。该领域的研究证据越来越多，我们需要认识到如何最大限度地利用和坚持这些方案，并且及时了解有效的使用情况、使用内容和使用对象。

绿色城市案例

法国巴黎的"清凉岛"（Paris's Isles of Coolness）

尽管巴黎的公园和绿化空间占地比例只有 9.5%，在欧洲城市中属于较低水平（相比之下，伦敦为 33%，维也纳为 45%），但在城市公园建设方面，巴黎则走在创新的前沿。从1867年的肖蒙山丘公园（Parc de Buttes Chaumont），到20世纪80年代的密特朗伟大工程（Mitterrand's grand projets）中的新型公园项目［包括拉维莱特公园（Parc de la Villette）、雪铁龙公园（Parc Andre Citroen）、贝西公园（Parc du Bercy）和由废弃高架铁轨改造而成的3米宽"高线"绿荫步道（Le Promenade Plantée）］，再到如今的可持续、环境友好型的韧性城市愿景。巴黎在贫困地区建设了高质量的公共公园［如贝尔维尔公园（Parc de Belleville）、乔治－布拉森公园（Parc Georges-Brassens）］，这些公园的成功一定程度上归功于公众参与式设计以及当地社区的合作，他们积极保护当地公园并为之感到自豪。

这一愿景持续至今，其前卫的方案使巴黎成为韧性城市的典范。为了解决巴黎的热岛效应，一项名为"清凉岛"（Ilots de Fraicheur）的创新项目计划将一些城市中的混凝土和柏油路地段改造成清凉的绿化空间，以缓解炎炎夏日的高温压力。其中包括"绿洲计划"中对40个校园的大规模绿化（图2.3）。首批"清凉岛"于2018年开放，分布在F站前区（第十三区）、塞纳河畔（新桥和兑换桥之间）以及里昂火车站。最终该方案将使这些岛屿连接起来，并通过智能手机应用程序使居民方便地找到附近的"清凉岛"。与此同时，巴黎还将把车行道改造成绿色的林荫大道，将通过新种植20万棵树和改造约200万平方米的绿色屋顶来实现这一计划。然而令人惊讶的是，与其他欧洲城市相比，鲜少有来自巴黎的研究表明这类计划对健康的益处。

俄罗斯莫斯科的克里姆斯卡亚堤岸（Krymskaya Embankment）

2010年，俄罗斯成为2018年国际足联世界杯的主办国，推动了莫斯科的城市复兴计划。同年，谢尔盖·索比亚宁（Sergei Sobjain）被任命为莫斯科市长，他与美国城市设计师合作（包括纽约高线公园的设计团队迪

图2.3 法国巴黎的校园绿洲项目（图片来源：Ville de Paris）（左图）
图2.4 俄罗斯莫斯科的河堤（图片来源：artin Knöll）（上图）

勒·斯卡菲狄欧与伦佛洛建筑事务所），把莫斯科河上的废弃河堤建设为四季皆宜的线形公园（见图2.4）。该公园沿河延伸1千米，有喷泉广场、现代主义艺术馆、一系列艺术家设计的文化馆（咖啡馆、自行车租赁、工艺品和创意商店）、四季宜人的"绿色小丘"（夏季用于散步和休息，冬季可以滑雪橇或滑雪）、硬质铺装的"小丘"（用于自行车、滑板、跑酷等运动），以及创意十足的夜间照明。该公园还与莫斯科河沿岸的一条8千米长的绿色步行、骑行路线相连，串联起了普希金斯卡亚（Pushkinskaya）、安德烈耶夫斯卡亚（Andreevskaya）和沃罗比约夫斯卡亚堤岸（Vorobyovskaya embankments）。克里姆斯卡亚河堤是近十年来改变莫斯科的许多新型城市设计措施之一，除此之外还有扎里亚季耶公园（Zaryadye Park），作为莫斯科50年来首座新建的公共公园，由约5万平方米的废弃场地改建而成，再现了俄罗斯的区域性景观类型（草原、森林、湿地和苔原）。这些发展体现了人们对莫斯科公共空间角色的思考和转变，采用了一种"柔和"的新型城市主义，与典型的苏联建筑形成鲜明对比。在莫斯科工作的乌克兰建筑师安娜·卡米珊（Anna Kamyshan）表示："这其实并不容易，因为在扎里亚德公园建成之前，人们甚至没有公共空间的概念。"（Zacks，2018）尽管这些新型公共"绿色"空间是否有助于俄罗斯公共生活的民主化还有待观察，但就目前而言，它们的确提升了城市居民日常生活的质量。

绿色城市的设计原则
（一般性原则）

- 最大限度地利用城市绿化空间，包括直接接触（如去公园）和间接接触（如通勤途径或视觉接触）。
- 最大限度地利用住宅附近的绿化空间。
- 最大化地实现绿化空间的可达性。
- 最大限度地为儿童、青少年和老年人提供服务。

社区尺度（见图2.5）

综合：

- 前廊和前花园
- 屋顶和墙面绿化
- 行道树
- 步道和自行车道（如河岸、绿色城市步道）
- 口袋公园（距家步行5分钟范围内）
- 较大的城市公园（距家步行15分钟范围内）
- 通往自然环境（如森林）的便捷交通

恢复性城市：促进心理健康和福祉的城市设计

1. 墙面绿化
2. 屋顶绿化 + 空中花园
3. 线形公园
4. 行道树
5. 绿化带
6. 绿化空间座椅
7. 口袋公园

图 2.5 绿色城市：社区尺度

02 绿色城市

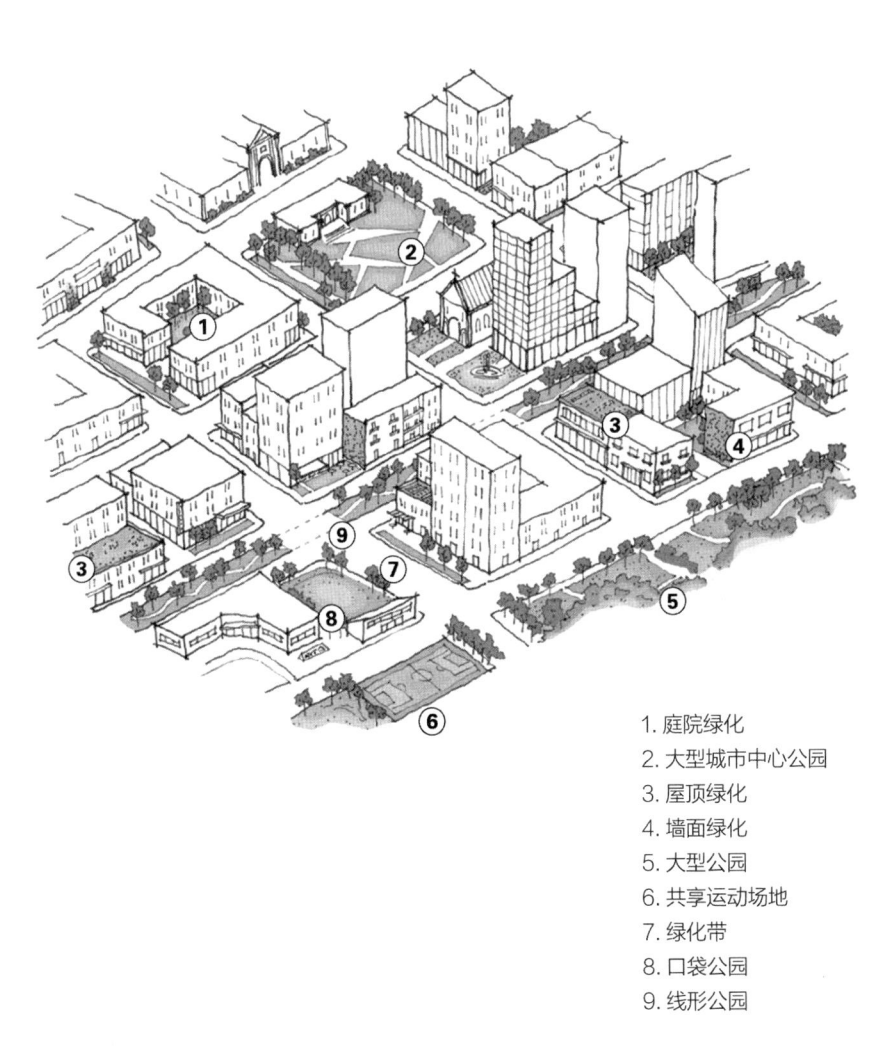

1. 庭院绿化
2. 大型城市中心公园
3. 屋顶绿化
4. 墙面绿化
5. 大型公园
6. 共享运动场地
7. 绿化带
8. 口袋公园
9. 线形公园

图 2.6 绿色城市：城市尺度

047

城市尺度（见图 2.6）

综合：

- 有自然景观的中庭/庭院
- 工作场所的景观视野
- 屋顶和墙面绿化
- 行道树
- 工作场所附近的"新鲜空气"广场/口袋公园
- 通达的适宜步行和骑行的通勤路线

绿化空间可达性

- 连接口袋公园与绿色街道，在城市中打造一系列相连的绿化空间。
- 向公众开放大学等校园休闲运动场地。
- 使用照明设施（最好是太阳能）保障公园和运动场所夜间的开放和步行安全。
- 选择适合多种天气的绿化空间设施保障冬暖夏凉。
- 为行动不便者、老人和儿童提供充足的座位和（维护完善的）公共厕所。
- 在公园里提供户外娱乐活动设施（如瑜伽、太极、越野行走）。
- 可使用手机应用软件发现社区和城市的绿化空间资源。

03

蓝色城市
The blue city

重　点

- 科学证据表明，接触城市水环境（蓝色空间）有助于心理健康，包括提升主观幸福感、降低抑郁风险和缓解压力。
- 最常被研究的蓝色空间类型是海岸。
- "蓝色护理"——利用蓝色空间进行治疗干预——有助于治疗创伤后应激障碍等心理健康障碍，并增进社会关系。
- 亲近水环境对儿童和老年人的情绪幸福更加重要。
- 尽管科学研究证据有限，但知证实践（EIP）将在现有证据的基础上探索增加城市蓝色空间的途径。
- 水景是城市景观中最重要的美学特征之一，但水景工程造价高昂。更环保的"软性工程"水景管理方案（植物排水沟、护坡、蓄水池、芦苇床）能够节约成本、方便管理并促进健康。
- 城市水景的维护是促进心理幸福感的关键因素。

关键概念的定义

蓝色空间（blue space）：蓝色空间是以水为主——无论是自然还是人造——的户外环境，使人们可以或近（在水中、水面或附近）或远/虚拟（看到、听到或以其他方式）地感觉到水（Grellier et al., 2017）。蓝色空间包括海岸、河流、湖泊，以及运河和城市喷泉等工程水体。

蓝色护理（blue care）：利用蓝色空间进行的基于自然的治疗性干预。

热岛效应（heat-island effect）：指由于人类活动以及城市地表与自然地表吸收、保持热量的不同，而造成城市地区的温度高于周围地区的现象。

什么是蓝色城市？

众所周知，水是一种重要的意象，诗人和艺术家们都描述过对流水的直观感受，无论是海洋、河流还是喷泉，都蕴含着独特的魅力和奇迹。人们在水中玩耍、游泳。当水流过各种地势、地形和地面时，我们为它的流动和变化所着迷。从古埃及、意大利和希腊的水疗，到 19 世纪用于治疗中暑和抑郁等一系列疾病的海水浴，水的疗愈功能已经被应用了几个世纪。呼吸海边的新鲜空气和欣赏海景是疗愈的关键，有利于人们休息和恢复活力。沿海和内陆的水疗中心在世界各地如雨后春笋般涌现。在鼎盛时期，仅美国就有 200 多个"水疗"设施（进一步了解几个世纪以来的水疗措施，详见 Foley et al., 2019）。如今水疗仍被用于治疗身体损伤和缓解疼痛，但"蓝色护理"在心理幸福感和身体健康方面的应用似乎被遗忘了，直到最近才有几个欧洲研究小组对"蓝色健康"（接近海岸、河流和运河对健康的益处）进行了探索。本章探讨了从沿海到内陆城市的各种地理环境中，城市蓝色空间对心理健康的益处，以及有助于管理洪水和促进韧性城市的可持续发展战略，如"水敏感城市设计"（Water Sensitive Urban Design，简称 WSUD）。"城市蓝色空间"是指任何促进人与水互动的环境，这些互动包括沿着河边小径行走，感受城市喷泉的生机，以及看向窗外，甚至包括通过虚拟现实进行的视觉接触。

"绿色健康"（见第 2 章）研究领域表明了接触城市绿化空间对心理健康有诸多益处，包括缓解压力和心理疲劳。与相对成熟的"绿色健康"研究领域相比，有关蓝色空间对心理幸福感具有促进作用的科学研究还处于发展初期。城市蓝色空间通常是伴随绿化空间的混合景观，因而很大程度上被认为是绿化空间的一部分。尽管存在明显的重叠——两者相互作用下产生了与绿化空间相似的身体、心理和社会健康益处——但蓝色空间带来了另一种不同的感官体验，其益处和结果也有所不同（Haeffner et al., 2017）。

蓝色空间为体育活动提供了机会（如游泳、划艇、帆船），也提供了不同的多感官体验，包括听觉（快速流动的水，平静、静止的水）、与不同类型动植物（鱼类、蜻蜓）的视觉接触、触觉（如将手指或脚趾浸入水中或全身浸泡）和嗅觉（宜人与否的水体气味）等方面。到目前为止，接触蓝色空间与绿化空间的复杂性和细微差异并不明晰，不同水体类型和状态（冻结、流动、咆哮、细流、静止、停滞等），以及沿海与内陆水景体验的不同影响也尚未得知。但能够确认的是，接触蓝色空间会产生与绿化空间相似的心理健康结果。例如，沿着市中心的水滨散步能够缓解压力（Roe et al., 2019），在虚拟现实中观看海洋图像能够减轻看牙时的痛苦（Tanja-Dijkstra et al., 2018）。在本章中，我们将阐释水环境产生积极影响的原因，并引用世界各地的研究来说明接触水环境如何有利于心理幸福感。尽管研究有其局限，但我们仍希望能为水环境的相关政策制定提供参考，能够鼓励人们更多地接触水环境，从而有益于心理健康。

理论研究

蓝色空间可以通过三种关键途径对心理健康产生积极影响（图 3.1）。

第一种途径是水体对心理健康的直接影响。接触蓝色空间带来心理健康益处的机制与通过绿化空间亲近自然产生益处的方式类似（见第 2 章）。据推测，与水环境的接触增强了绿化空间理论中的注意力恢复、压力减轻和亲生命性的影响（见第 2 章）。这种影响可能与水环境更加具有丰富的生物多样性有关，是恢复性体验的一个预测因素（Wood et al., 2018）。人们与动态的水景（如澎湃的浪花、磅礴的瀑布）互动时所产生的迷人性、好奇心和参与感（恢复体验的三个重要触发因素，见第 1 章），比静态的绿化景观更高。

第二种途径是水与身体的直接接触，比如使用冷水缓解热岛效应以减少炎热气候中的热应激反应。极端高温对心理健康有不利影响，会使人行动不便、精力不足、情绪烦躁或无精打采。热应激可能会严重影响认知任

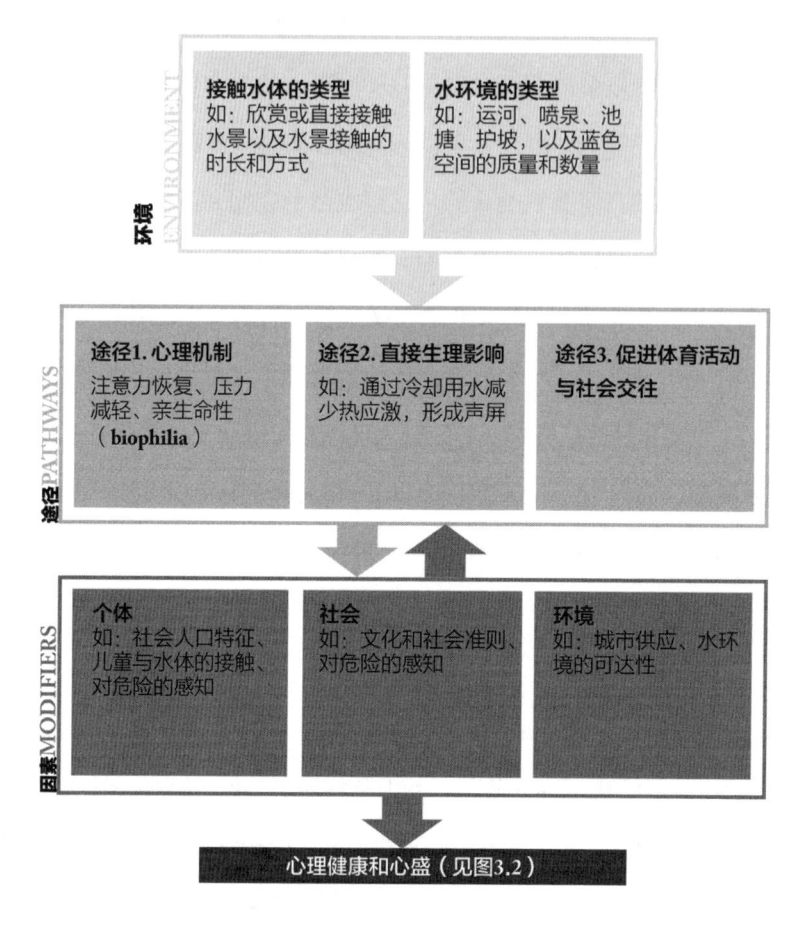

```
环境 ENVIRONMENT
┌─────────────────────┬─────────────────────┐
│ 接触水体的类型      │ 水环境的类型        │
│ 如：欣赏或直接接触  │ 如：运河、喷泉、池  │
│ 水景以及水景接触的  │ 塘、护坡，以及蓝色  │
│ 时长和方式          │ 空间的质量和数量    │
└─────────────────────┴─────────────────────┘

途径 PATHWAYS
┌──────────────┬──────────────┬──────────────┐
│ 途径1.心理机制│ 途径2.直接生理│ 途径3.促进体育│
│ 注意力恢复、压│ 影响         │ 活动与社会交往│
│ 力减轻、亲生命│ 如：通过冷却用│              │
│ 性（biophilia）│ 水减少热应激， │              │
│              │ 形成声屏     │              │
└──────────────┴──────────────┴──────────────┘

因素 MODIFIERS
┌──────────────┬──────────────┬──────────────┐
│ 个体         │ 社会         │ 环境         │
│ 如：社会人口特│ 如：文化和社会│ 如：城市供应、│
│ 征、儿童与水体│ 准则、对危险的│ 水环境的可达性│
│ 的接触、对危险│ 感知         │              │
│ 的感知       │              │              │
└──────────────┴──────────────┴──────────────┘

┌─────────────────────────────────┐
│ 心理健康和心盛（见图3.2）       │
└─────────────────────────────────┘
```

图3.1 蓝色空间对心理健康和福祉的影响

务（如工作记忆），降低工作效率（Hancock & Vasmatzidis, 2003）。睡眠也会受到影响（Okamoto-Mizuno & Mizuno, 2012），反过来又会造成认知困难，这对老年人来说尤为严重。心理疾病患者更有可能死于热应激（Bouchama et al., 2007），包括自杀（Page, Hajat & Kovats, 2007）。极端高温有可能加剧暴力和冲突，温度每上升一个标准差，人际和群体间的冲突将增加约4%—10%（Hsiang, Burke & Miguel, 2013）。而水体的降温功能有助于减轻热应激。

第三种途径是通过提供支持心理健康和福祉的活动环境来间接影响心理健康。例如，城市蓝色空间中的即兴或有组织的社交活动（见"睦邻城市"和"包容性城市"章节）、体育活动（如游泳、划艇、沿河散步，见"活力城市"章节）和游玩（见"可玩城市"章节）。值得注意的是，蓝色空间为更剧烈的运动（游泳、划艇等）提供了更大的活动空间，人们也可以沿着水体或越过桥梁走得更远，从而增加体育活动的强度。

一些有限的证据表明，人们在一生中的不同阶段对蓝色空间的体验各不相同。儿童时期与水体的接触可能会影响蓝色空间对成年后健康的作用。与水体直接接触后会对蓝色空间产生更强烈的记忆，强烈（或快乐）的记忆又反过来影响成年后接触水体的恢复性体验。虽然水上游戏有利于儿童提高创造力，促进儿童发展，但父母往往因担忧安全问题（例如无防护措施的水岸）而不允许儿童进行此类活动。研究发现有孩子的家庭对蓝色空间的使用率较低（Haeffner et al., 2017）。皮特（Pitt, 2019）认为父母的"恐水症"使他们对蓝色环境中的孩子更加小心警惕。尽管安全第一，但父母在权衡相关风险时，也需要更好地了解水体接触对儿童发展和情绪幸福的益处。

水环境似乎对老年人有明显的疗愈效果（Finlay et al., 2015）。研究表明，进入蓝色空间会使老年人产生与过去记忆的象征性联系，有助于增强日后的心理幸福感（Coleman & Kerns, 2015）。水环境已经被证明有助于老年人在衰老过程中形成当下与未来的自我意识。老年人与水体间接接触（通过想象或二次接触）和欣赏波涛起伏的海浪有助于他们应对日常生活中的挑战，这些挑战包括失去和悲伤等。通过这种方式，蓝色空间成为能够帮助老年人独立应对生活的资源。由此说明，童年时期接触蓝色空间和对蓝色空间的记忆可能对日后生活的幸福感非常重要。

总之，地球的健康和人们的情绪健康是密切相关的。为保持心理健康，人们需要与生态环境和谐共处（Capaldi, Dopko & Zelenski, 2014）。需要认识到城市环境恶化对心理健康结果的消极影响，这对协调城市发展和心理健康至关重要。

对心理健康的影响

有关蓝色城市对心理健康和福祉的影响的科学研究还处于发展初期。健康往往作为衡量蓝色城市项目的结果，但不是促进城市变革的关键驱动因素。有关蓝色空间和健康间关系的科学研究至关重要，同时有证据表明，蓝色空间有很大可能可以作为改善心理健康的资源，促进人们的情绪健康，增强人们抵御热应激和气候变化的韧性。加斯科等人（Gascon et al., 2015）对蓝色空间的健康益处进行了首次（也是迄今为止唯一一次）系统综述，确定了36项定量研究，其中仅有12项研究了居住在蓝色空间附近或接触蓝色空间对心理健康的潜在益处。大部分符合系统综述严格要求的研究都来自欧洲或澳大利亚沿海地区，而探讨蓝色空间与特定心理健康问题之间关联的研究少之又少。此外，还有对城市淡水蓝色空间进行的问题范围综述（Völker & Kistemann, 2011），以及一项关于"蓝色护理"干预措施的系统综述，重点关注蓝色空间干预治疗的益处（Britton et al., 2020）。研究结果总结如下（图3.2）。

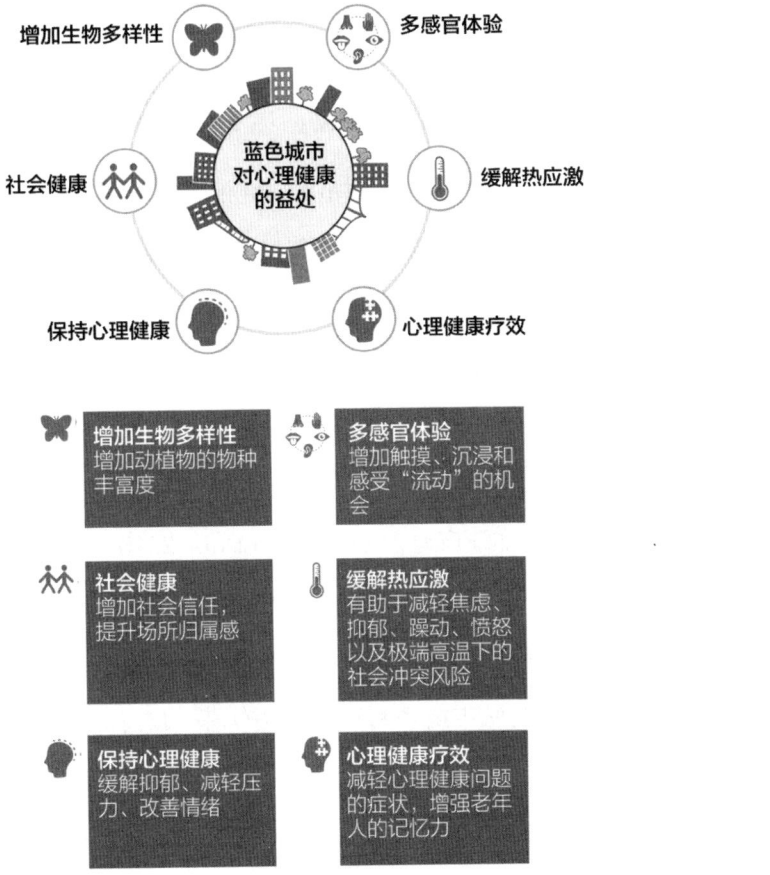

图 3.2 蓝色空间对心理健康和福祉的益处

蓝色城市可能有助于降低抑郁风险和改善情绪

少有研究发现抑郁症与城市蓝色空间之间的关系。加斯康等人（Gascon et al., 2015）的综述中只有四项研究确定了蓝色空间与降低抑郁风险之间的关联（Alcock et al., 2015; Triguero-Mas et al., 2015; White et al., 2013a, 2013b），另有一项研究（Gascon et al., 2018）显示了与绿色空间之间的关联，与蓝色空间无关。在这篇综述之后，中国香港的一项在老年人中进行的研究发现，有意去蓝色空间娱乐有助于降低抑郁风险，同时能够提升主观幸福感（Garrett et al., 2019a）。相比之下，仅观看蓝色空间与改善抑郁没有关联（尽管作者确实发现了与蓝色空间的视觉接触和总体健康改善有关）。与中国香港的研究相反，爱尔兰的一项针对老年人的研究发现，与海景的视觉接触与降低抑郁症的发病率有关，其相关度比与沿海蓝色空间进行物理接触的相关度更高（Dempsey et al., 2018）。研究发现，在新西兰，与离家 15 千米缓冲区内的蓝色空间（海洋和淡水）进行视觉接触有助于减少成年人和青少年的心理困扰（Nutsford et al., 2016）。总的来说，这些研究表明年龄和文化因素都有可能影响蓝色空间对健康的作用。

在情绪方面，加斯康等人（Gascon et al., 2015）的几项研究确定了不同年龄和环境下，与蓝色空间接触后的情绪（包括幸福感）改善状况。借助智能手机应用程序发现，成年人在沿海地区以及淡水、湿地和河流两岸，都比在其他类型的城市或乡村环境中更快乐（MacKerron & Mourato, 2013）。对于 11—16 岁的青少年，更多地接触水体（海洋、湖泊、河流、溪流）有助于促进情绪幸福感（Huynh et al., 2013）。根据家长们填报的信息，对于 7—10 岁的儿童，在海滩上度过的时间长短与情绪问题的减少和亲社会行为的增加有关（Amoly et al., 2014）。接触城市滨水区有助于改善情绪，包括增加快乐感和让人充满活力（Roe et al., 2019）。

蓝色城市有助于减轻压力

目前很少有研究关注到人们在城市蓝色空间中的实时压力反应。罗等人（Roe et al., 2019）通过心率变化（心跳每拍间隔的变化）和感知压力水平的变化发现，沿着佛罗里达州西棕榈滩市中心的滨水区散步一小段，能够缓解压力。此外，通过临时城市设计方法增加沿海滨散步的舒适度，可以显著减轻自我感知的压力水平，并降低心率变化测量出的生理压力水平。这种干预直接增加了参与者对城市的远离感和对蓝色环境的迷恋度（通过海洋的历史影像实现），并通过提供遮阳和座位提高了滨水区的舒适度。这个独特的实验表明，通过相对简单和低成本的干预措施，就可以改善人们在蓝色环境中的实时压力反应。

蓝色城市有助于社会健康

迄今为止，只有两项研究探究了水环境与社会健康之间的关系。其中一项研究发现水环境可以提高社会幸福感（以社会支持作为衡量标准），但结果尚不确定（Triguero-Mas et al., 2015）。另一项针对沿海滨水区的研究发现，与无遮蔽、空荡的路段相比，沿着有座位、树荫和更多互动可能的市中心滨水区行走，社会幸福感指数（包括社会信任和归属感）会显著提升（Roe et al., 2019）。尽管目前的证据非常有限，但河道和水路可以为社交联系提供宝贵的场所，无论是即兴的活动（交谈、遛狗），还是有组织的体育活动（赛艇、划船），抑或是娱乐活动（驳船节、驳船音乐活动），都可以在这些环境中开展。任何鼓励人们接近水环境的活动（例如通过与城市的工业遗产相连接）都有可能增加社会联系和凝聚力（参见下文的谢菲尔德的例子）。

影响因素

水景是城市景观中最重要的美学特征之一（Kaplan & Kaplan, 1989），但并非所有的蓝色空间都同样"蓝"或对健康有益。如果蓝色空间得不到良好的维护，其恢复健康的潜力就会降低。如果变成一摊死水（有异味）或被严重污染，那么就会对健康产生负面影响。例如，在某些气候条件下，死水池是蚊子的繁殖地，增加了黄热病、疟疾、西尼罗河病毒和寨卡病毒等蚊虫传播疾病的风险。

水质的差异——感官上的颜色和清澈程度——意味着并非所有的蓝色空间都具有治疗作用。沉浸式的水上活动需要更好的水质，在美感方面也会有更好的体验。当水质受到污染，变得浑浊不堪，呈现出棕色或黄色时，它的恢复潜力就会降低（Smith, Croker & McFarlane, 1995）。

水和绿地一样，在治愈性之外还会引发不确定和负面的联想，比如危险的洪水和令人恐惧的溺水（Pitt, 2018）。对于生活在具有海平面上升和洪水风险地区的人们来说，这一点尤为明显。因此，如果我们对水的印象与某些负面的场景、联想或记忆联系在一起，那么我们与水的关系可能是"不健康的"。

蓝色城市的设计方法

近期出现了一种新的蓝色城市设计趋势——将城市滨水区和河道作为重要的市政和经济动脉，使其在促进心理健康方面发挥作用，但这种作用并没有得到充分承认或利用。蓝色城市设计的优势之一是：它能够带来即时的审美改善和恢复性，不需要像绿化空间那么久的成长期。当然，高昂的工程结构开发和维护成本是蓝色城市的一个缺点。鉴于城市的蓝色空间开发可能会导致绅士化和房价上涨（见"包容性城市"章节），确保蓝色空间区域的使用包容性和租金控制对保护弱势群体来说至关重要。

与其他恢复性城市的特征相比，蓝色空间的城市规划和设计更受地理环境现状的限制。

沿海城市

关于蓝色城市对心理健康益处的研究，主要集中在沿海地区。居住在距离海岸 1 千米以内的人，甚至居住在 5 千米以内的人，其身心往往更加健康（Garrett et al., 2019a）。接触海岸的频率、持续时间和活动强度也是可能影响的因素（Garrett et al., 2019b）。这表明，改善城市滨水区的可达性，优化沿海城镇，提供通往海岸的便捷交通，都可能对心理健康有益。然而，那些生活在内陆国家或地区的人们该怎么办呢？

内陆河道

河流、湖泊、运河甚至城市喷泉对心理健康的益处并没有得到广泛宣传。多年来，许多城市忽略了河流沿岸的发展。河流沿岸曾是经济活动的中心，但许多城市的河流沿岸在后工业时代似乎被忽视、遗忘和毁坏了。20世纪 80 年代，随着城市更新中"蓝色"设计的兴起，城市开始关注河流，以激发经济活力和城镇的再生。西班牙毕尔巴鄂、瓦伦西亚和韩国首尔就是沿着各自的河流进行改造的几个城市（详见下文首尔的案例）。如今，城市中拥有滨河景观或处于邻水地段的住房房价相当高，这反过来又导致了新的不平等问题。在下文和"包容性城市"一章中，我们将进一步探讨如何确保内陆城市河道的复兴为所有居民带来社会和健康效益。

治愈性蓝色空间的设计

盖斯勒提出的治愈性景观的概念，是指"结合物理和建筑环境、社会条件以及人类感知而产生的，有利于治疗的氛围"（Gesler, 1996：96）。在此基础之上，过去 20 年中出现了"治愈性蓝色空间"的概念。相关研究主要集中在历史上的疗愈场所，如希腊的埃皮达鲁斯（Gesler, 1993）、法国的卢尔德（Gesler, 1996）或圣井（Foley, 2010）和圣泉（Burmil, Daniel & Hetherington, 1999）。目前对"蓝色护理"治疗干预措施的研究发展缓慢，样本较少且更倾向于采用定性方法。因而相关科学证据增长缓慢，健康和娱乐政策也相应地进展迟缓。布里顿等人（Britton et al., 2020）综合了 33 项研究成果，研究了"蓝色护理"的干预措施（包括海滩活动、游泳、帆船、钓鱼、赛艇等）。研究条件由户外教育者和医疗保健工作人员提供，调查对象为有特定心理健康问题（包括创伤后应激障碍、成瘾、抑郁和认知障碍）的人、残疾人和伤员。大多数干预措施是在沿海地区和发达国家（欧洲、美国、加拿大、澳大利亚）进行的。总体而言，研究发现，蓝色空间在短期内会对心理健康和社会幸福感产生积极影响，但研究结果并不一致且存在矛盾。作者认为这是因为这些研究在设计和方法上存在差异。由于大多数研究都涉及群体促进，因而在实验中将社会动态与环境变量（例如灰色建筑环境和蓝色环境）区分开来是这类研究的一个挑战。贝尔等人的研究（Bell et al., 2015）体现了蓝色空间和健康结果相互作用的复杂性，强调了人们参与、体验、回忆和解读沿海环境的多种微妙方式，以及在人生不同阶段提供不同恢复性体验的范围。

蓝色空间、热应激和心理健康

城市中的热岛效应和气温上升，使越来越多的人遭受日益严重的热应激反应。预计到 2050 年，世界各地的城市气温将上升 2℃，这可能会对人际关系产生很大影响。用水给城市降温是城市设计师们用来缓解这类问题的传统方法。例如，14 世纪格拉纳达的阿尔汗布拉宫（Alhambra）的花园中就设有水池和喷泉，通过水的蒸发来给西班牙夏季干燥炎热的空气降温。如今，新型"耐热城市"采用了类似的策略，通过水池、喷泉、洒水装置和喷雾系统来为室外空间降温（图 3.3）。作为世界"火炉"城市之一，中国重庆在公交车站安装了喷雾器，用冷却水来给空气降温，为候车乘客带来清凉（Oldfield,

图 3.3 中国上海世博园的冷却水喷雾器（图片来源：Jiapeng Sheng）

2018）。水还是重庆一些新项目设计的核心，例如凤鸣山公园（由玛莎·施瓦茨于 2014 年设计），利用各种水元素，如水渠、水池、溪流和水汽来辅助降温。在中国的其他地方还建设有干湿地混合的公园（Jing, 2019）。

蓝色空间的可持续发展和经济驱动力

蓝色城市设计的复兴在很大程度上是由可持续发展和经济驱动力推动的，而不是对健康结果的关注。例如，巴塞罗那的贝索斯（Besos）河畔再生项目的主要目的是增加栖息地的生物多样性，但也间接地促进了游客的健康和福祉。研究人员收集了近 1000 名公园用户的体育活动数据，开发并应用了一种蓝色活动工具（Blue Active Tool），用于评估由此产生的变化对健康和相关经济效益的影响（Vert et al., 2019）。结果显示，城市滨河活动能够减少 11.1 个伤残调整寿命年（Disability Adjusted Life Years，简称 DALYs）。伤残调整寿命年是流行病学家用来量化疾病负担的一项指标，表示因疾病、残疾或过早死亡而损失的年数。这种健康收益能转化为每年减少 2340 万欧元的健康相关经济成本。在河畔骑行和散步最能带来健康以及与健康相关的经济效益。河畔活动的益处还包括降低死亡风险。虽然暂未发现与慢性疾病有明确的关联，但研究表明其有利于缓解痴呆。在全球范围内，河畔复兴的趋势持续增强，展现出勃勃生机与无限潜力。例如，洛杉矶的城市河畔再生项目将改造约 17.7 千米（河流总长约 77 千米）的河畔，涉及城市的一些最贫穷社区。该项目有望促进这些社区的经济复苏，改变居民的交通方式（骑自行车、步行），但同时也可能会导致绅士化、被迫迁徙和无家可归等社会问题的出现。

包容性蓝色环境

分配不公平的城市蓝色空间会对人的心理健康造成影响（见"包容性城市"章节）。首先，国家之间和国家内部（例如种族、民族、年龄）在"健康的"水资源分布和获取方面，都存在社会空间上的不平等（Foley et al., 2019）。气候变暖、干旱和不当的人类活动导致世界上的一些水体正在干涸甚至消失，使大片地区的水资源出现安全隐患，贫困加剧，鸟类和鱼类丧失栖息地，环境退化甚至还引起人们的生态焦虑或心理不适，即"乡痛症"（solistalgia）。

在城市内部，蓝色空间的使用也具有不平等性，一些人被排除在城市的蓝色空间之外。例如在美国佛罗里达州、弗吉尼亚州和康涅狄格州等地，非裔美国人在历史上曾因种族隔离政策而无法自由前往沿海地区；种族主义的住房政策使许多非裔美国人社区集中在城市内部，进一步增加了他们进入沿海地区的障碍（Connolly, 2014）。如今这些政策虽然已不复存在，但由于距离、交通和种族歧视等多种原因，黑人和西班牙裔美国人利用水环境的频率仍低于美国白人（Leeworthy, 2001; Wolch & Zhang, 2004）。伦敦的一项研究发现，由于文化规范和性别限制，黑人和少数群体背景的年轻女性往往无法像同种族的男性那样享受户外活动，尤其在户外活动的机会（包括水上环境）方面差异尤为明显（CABE, 2010；见"包容性城市"章节）。

蓝色空间的使用也受到经济条件的限制。许多蓝色空间是私有的，或仅有少数人拥有使用特权，例如游艇码头、私人海滩和游泳池。正如上文所述，水环境周围的房价高昂，将社会中的弱势群体排除在外。

目前，对于种族、文化规范及社会经济等因素如何影响蓝色空间使用公平性的研究仍然较为有限。为了更深入地了解蓝色空间对健康的影响，我们需要进一步研究其与居民特征和心理健康结果之间的关联性。此外，还需要探讨文化差异如何影响不同类型居民对水环境的感知、获取和使用。

蓝色城市案例

英国布拉德福德的全民水环境

布拉德福德是一个多元文化的城市。它为全年龄、性别、社会阶层和种族的居民设计了一座拥有英国最大水景的公园，并试图通过这个雄心勃勃的项目促进城市更新。到目前为止，对该公园的成功已经有了一个定性评估（Barker, Manning & Sirriyeh, 2014），但尚未对健康和福祉结果，以及包容性促进方面做量化的评价。定性报告显示，黑人和少数群体（Black and minority ethnic，简称 BME）的女孩因行动限制而无法参观该公园。布拉德福德水景公园将多姿多彩的水景引入城市中心（从黎明时的低空水雾到黄昏下的水下灯光秀），为居民（那些没有自家花园，也没有汽车可以轻松到达沿海或内陆水域的居民）提供了与水互动的机会（图3.4）。然而，在

图 3.4 英国布拉德福德水上公园的每日循环水景和灯光秀（图片来源：Born in Bradford）

这个严重贫穷的地区建立水上公园花费了 2400 万英镑，这一点遭到了人们的批评。健康效益和健康经济分析（如同巴塞罗那河公园）有助于证实在贫穷、多文化的城市进行这类投资的合理性，进而解决公平问题，并彰显包容性城市设置水环境的益处。

英国谢菲尔德的蓝色城市优化

英国北部谢菲尔德市的成功案例表明，蓝色空间可以与工程供水系统有效融合，从而推动城市优化和发展。大约 50 年前，谢菲尔德因钢铁业倒闭而经历城市衰退，1990 年在城外建造的大型购物中心进一步加剧了市中心的衰落。一项名为"城市之心"（The Heart of the City, 2004-2016）的城市更新项目将一系列喷泉与广场和花园相结合，重振城市中心，促进经济活动，让人们在城市中行走时拥有更快乐、更享受的体验。该设计利用了城市在钢铁制造方面的优势，建造了一系列象征谢菲尔德工业记忆的水景。在

图 3.5 英国谢菲尔德市谢福广场（Sheaf Square）上的不锈钢雕塑和瀑布（图片来源：Jan Woudstra）

城市的火车站前，打造以水景为主题的空间，通过线性的水幕墙遮挡了周围交通的喧嚣声，为初来乍到的人们营造出热情与难忘的体验。水一直流入市中心，穿过和平花园（Peace Gardens）、冬季花园（Winter Gardens）和千禧广场（Millennium Square）。其健康益处还有待量化研究。

丹麦米泽尔法特、日德兰半岛和其他地区利用雨水管理系统促进健康

在一个名为"气候跃变"（Climate Jump）的重大气候项目中，舒尔茨和格拉索夫工作室（Schulze+Grassov）设计了一条顶级的城市水道，利用明沟收集丹麦街道上的雨水（见图 3.6）。该系统增加了街道在极端降水期间处理和储存大量雨水的能力。水道沿线种植的植物（多年生植物和草坪）与座椅相结合，为街道增添了一些"柔软"的层次。这个设计改变了街道氛围，吸引人们驻留，帮助人们尽情享受水环境和开展社交活动。不同于传统的硬质排水基础设施，这种新的下水道设计方式使水资源被用于提高城镇生

图3.6 丹麦米泽尔法特的水道（图片来源：Schulze + Grassov）（左图）
图3.7 韩国首尔的清溪川公园（图片来源：Sunggun Park）（右图）

活质量，并使社区变得更具发展潜力。

舒尔茨和格拉索夫工作室正在推进新型街道类型，包括将软、硬工程系统相结合的雨水收集系统，用于雨水的收集、转移、渗透、净化和储存。还包括雨水花园和满足街道的"移动性需求金字塔"（mobility pyramids）——在高降雨量时期充当生物湿地和池塘，在其他时期（干旱少雨）则成为人们休息、表演和游玩的场所。

韩国首尔清溪川公园（Cheonggyecheon River Park）

清溪川公园项目（2005年）是一项颇为困难的溪流恢复项目，它将一条交通堵塞的高架高速路改造成一条生态丰富、全长约5.8千米的线形公园（图3.7）。在20世纪50年代，该溪流通过混凝土涵洞流经城市（和其他许多城市的溪流一样）。恢复项目促进了当地的生物多样性和经济发展。由于该项目需要从汉江大量抽水，而非利用自然恢复和再生水，招致了人们对该项目的批评，认为它很难持续下去并且会使当地商贩失去市场。虽然有这些批评的声音（Marshall，2016），但该项目确实增强了城市活力，缓解了热岛效应，提高了市中心的生活质量，并使原本工业化的景象更加人性化。清溪川公园也因此成为其他城市地下河道修复的典范，包括为洛杉矶河的修复项目提供参考。但其对健康的益处还有待量化研究。

蓝色城市的设计原则
（一般性原则）

· 保证住宅能看到水景，以及公众去往滨水区和其他水环境的可达性，尤其是住宅附近的水环境。

· 使所有儿童都能在家附近进行安全的水上游戏。

· 允许在水畔散步/骑行/社交，以及参加水上运动（如皮划艇、划桨）。

· 考虑将公园与水景结合，在天气干燥少雨时为体育或社交活动提供支持，在多雨时能收集雨水防洪防汛。

· 控制蓝色城市优化区域的租金。

· 将社会与健康分析和经济分析相结合，有助于减轻对蓝色空间使用公平性的担忧，并有助于确保健康收益（或损失）。

社区尺度（见图 3.8）

· 儿童和青少年能进行水上游戏。

· 水景旁设置了具有吸引力的植物和座椅。

1. 水墙
2. 屋顶雨水花园
3. 可持续的街道排水系统
4. 干湿混合型水景
5. 街边水带
6. 雨水蓄水池
7. 植物排水沟
8. 天然水景
9. 线形公园

图 3.8 蓝色城市：社区尺度

· 与城市水道和绿带相互连接的步道。

· 干湿混合型公园——在天气干燥少雨时能进行体育或社交活动，在多雨时能成为蓄水池。

· 支持冷却水 / 地表水管理的气候适应系统，例如雨水花园；将街道改造成迷你水道的雨水排水系统（植物排水沟、排水明沟）；雨水滞留池；用于

03 蓝色城市

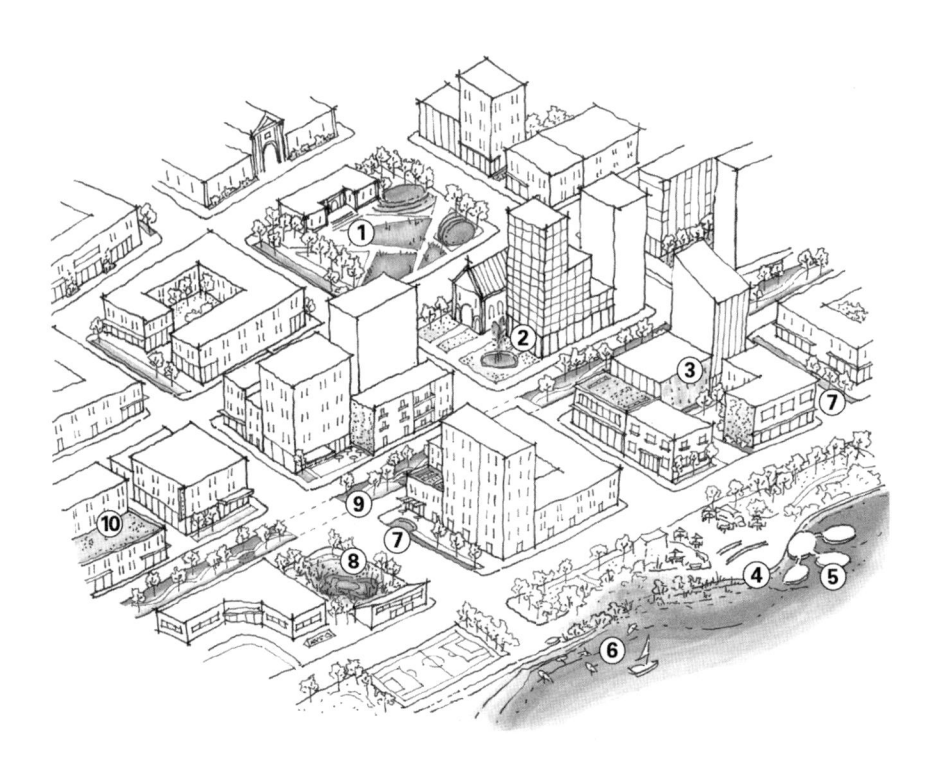

1. 干湿混合型水景广场
2. 水景
3. 水墙
4. 城市滨水区
5. 滨水公园演出
6. 获取水上活动
7. 街边水带
8. 蓄水池
9. 使用可持续街道排水系统的线形公园
10. 雨水花园

图 3.9 蓝色城市：城市尺度

灌溉的灰水循环系统。

城市尺度（见图 3.9）

- 能减轻噪音污染的喷泉。
- 水循环功能的城市水幕墙（冰 / 气 / 雾墙）。
- 河畔公园。

- 灵活的滨水空间，为市场、节日和其他活动提供便利。
- 与城市绿道相连的滨水步道。
- 有利于调节气候和节能的"海绵"城市设计，如干湿混合型公园。
- 城市消暑设计，如街道和公园的降温洒水／喷雾器。
- 物种丰富并可供娱乐的浮岛。

04

感官城市
The sensory city

重 点

- 越来越多的科学证据表明,在城市规划和设计中,可以充分利用感官体验来对心理健康和福祉产生积极的影响。
- 减少令人不愉快的噪音有助于心理健康,尤其有助于改善睡眠质量。同时,还可以设计悦耳的声景或者静音仓。
- 视觉复杂性可能是缓解抑郁的城市设计的关键。
- 嗅觉可以用来唤起人们的场所感和归属感。
- 确保每个社区都能获得可负担的、美味的、健康的食物环境,这有助于减少肥胖、缓解抑郁和遵循药物治疗方案,缩小心理健康问题患者和正常人之间的预期寿命差距。
- 推广在某些国家和文化中流行的食物,有助于人们汲取营养和积累社会资本。
- 规划师和设计师应该进行有益于健康的感官设计,避免不愉快的感官体验。

关键概念的定义

感觉/感官体验（sensation）：通过身体感官从周围环境接收信息的过程，包括视觉、嗅觉、味觉、触觉和听觉。

感知（perception）：一种捕捉、组织和诠释所接收到的感官信息的无意识过程，用以理解周围环境。

认知（cognition）：大脑将感知与已有知识和经验结合处理，并以此形成意见、想法、信念和判断的有意识过程。

有益健康的声景/气味景观（salutogenic soundscape/smellscape）：有益于健康和福祉的声音或气味环境，包括缓解压力的环境。

什么是感官城市？

传统的城市设计往往只重视视觉体验，但人们是通过五感来体验世界的。芬兰建筑师尤哈尼·帕拉斯玛（Pallasmaa, 2014）批判了建筑（和现代人)的视觉优先观念。他认为,所有的感官结合而形成多感官的第六感,并将其定义为气氛或氛围感。氛围感不仅仅是听觉、视觉、嗅觉、触觉和味觉的结合,还包含许多其他组成,如方向、稳定性、尺度、连续性、重力、时间甚至记忆。这也被称为"同时感知"(simultaneous perception)(Hiss,1991)。多种感官体验结合起来,让每个人产生对场所即时、直观的理解。尽管如何利用这些感官来促进心理健康的研究仍处于初期阶段,但人们对城市建成环境的感官设计具有浓厚的兴趣。当然,城市设计可以决定一个场所是否明亮,是否可以创造宜人的气味,影响声音的频率,甚至影响温度以及使用材料的触感。感官城市设计的挑战在于如何将不同的感官相结合,创造出一种比部分之和更大的整体,换言之就是氛围。帕拉斯玛指出,"氛围"并非单一体。除了环境氛围,还有文化、社会、工作场所和人际氛围。他认为只有当复杂的多感官体验结合在一起时,才能理解一个人是如何感觉某个场所的。

关注所有五感(加上氛围)能为城市规划和设计,特别是对旨在促进良好的心理健康和福祉的城市设计提供新的思路。人们的每一种感官都会影响心理健康:街道上嘈杂的噪声引起的沮丧、焦虑和睡眠干扰;在城市公园里观赏植物时的视觉享受;从一种香味中感受到家的归属感;树皮的触感;在同一社群中分享食物的快乐。在全球范围内,已经有大量研究分析了声音对城市居民心理健康的影响,也有一些研究是关于视觉的影响,但对触觉和味觉的研究要少很多。当然,并非所有国家都是如此:例如日本就仔细研究了在全面考虑感官、充分发挥环境体验的最大潜能的情况下,心理健康与福祉会发生怎样的改变。城市设计并非从客观角度来演绎,其任何影响都来自人们的感官,这些感官共同传递的主观事实形成了人在场所中的体验感。本章将深入研究和探讨当前感官城市设计与规划领域中,与健康息息相关的实证依据和潜在机遇。

理论研究

感官体验是一种身体接收和记录周围环境信息的机械过程。感知是通过大脑组织和解释感官体验，以理解周围环境的参与和交互过程。认知则是第三个阶段，大脑将感知与知识、经验相结合，将其转化为信息。这个过程使人们形成意见、想法、信念和决定，以及对某个场所的记忆。城市设计中的感官体验通过以下三条关键途径来促进心理健康（图4.1）。

感官体验影响心理健康和福祉的第一条途径是从进化心理学的视角来解释的。生活方式的重大变化影响了人类的感觉、感知和对周围环境的理解。美国哲学家和生态学家大卫·亚伯兰（David Abram）描述了本土文化与其周围环境在感官方面的关系，并通过人们对城市更为二元化、文字化的说明进行比较。他认为，在仅考虑视觉和听觉而忽视其他感官的情况下，人们的感官将变得迟钝，与场所的景观割裂，与周围环境隔绝，并因为无法与景观互动而失去文化一致性。而对所有感官的更多关注则有助于缓解心理创伤，在人与场所之间建立更紧密的联系（Abram, 1997; Bingley, 2003）。

"稀树草原假说"（savanna hypothesis）为在城市设计中融入进化偏好的概念提供了进一步的支持。该假说认为，人类的审美偏好与人类祖先在非洲大草原上的进化密切相关，例如对过于开阔的空间（和完全封闭空间）感到不适，以及对自然特征的欣赏（反之在没有树荫时可能会引发对干旱的焦虑，Orians, 1986）。因而在今天，唤起积极心理状态的感官体验经常（尽管不是唯一）与自然有关，这主要是通过注意力恢复的过程实现的（参见"绿色城市"章节）。例如，一项关于感知恢复性声景的研究认为，乡村

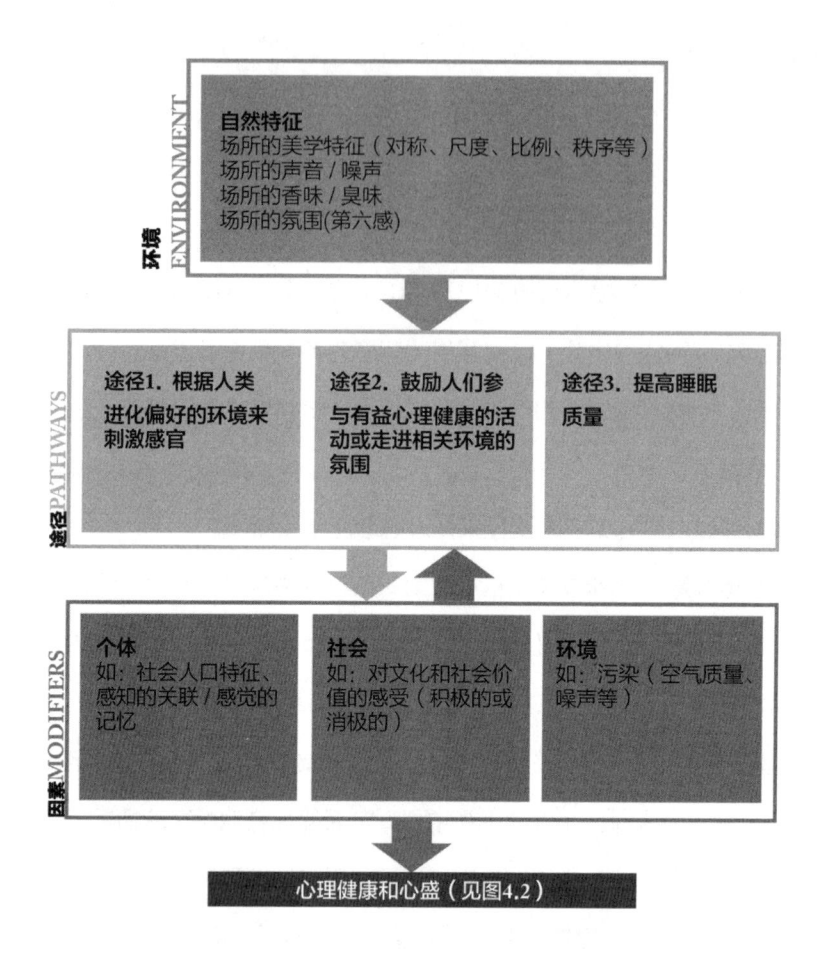

```
环境 ENVIRONMENT
  自然特征
  场所的美学特征（对称、尺度、比例、秩序等）
  场所的声音/噪声
  场所的香味/臭味
  场所的氛围(第六感)

途径 PATHWAYS
  途径1. 根据人类进化偏好的环境来刺激感官
  途径2. 鼓励人们参与有益心理健康的活动或走进相关环境的氛围
  途径3. 提高睡眠质量

因素 MODIFIERS
  个体
  如：社会人口特征、感知的关联/感觉的记忆
  社会
  如：对文化和社会价值的感受（积极的或消极的）
  环境
  如：污染（空气质量、噪声等）

心理健康和心盛（见图4.2）
```

图 4.1 感官城市设计对心理健康和福祉的影响

声景是最具恢复性的，城市公园的声景也比一般城市环境的声景更具恢复性（Payne, 2013）。

这一概念符合成功的城市环境美学设计理论。莫丁（Moughtin, 1992）提出了对称、尺度、比例、秩序、统一、平衡、节奏、对比与协调的重要性，而盖尔（Gehl, 1996）进一步扩展了以上内容，包括城市环境中的尺寸、形态和物体之间的关系。拉波波特（Rapoport, 1990）增加了视觉上的复杂性和高度围合感；纳萨尔（Nasar, 1994）、妮娅和阿顿（Nia & Atun, 2015）则支持变化。这些理论中的许多概念都反映了人类对自然景观的偏好，比如分形图案（fractal patterns，不同尺度的图案重复，从视觉复杂性中创造秩序，例如树枝）。研究发现，中等复杂度的分形（以分形维数计算，或 D=1.3—1.5）最有助于缓解压力，包括树木、云朵和山脉等自然景观（Taylor & Spehar, 2016）。

相反，从进化角度来看，某些事物会引发焦虑和痛苦。例如令人害怕的、失控的和无规律的声音曾是潜在的危险信号。如今，这种噪音也会让人产生类似的紧张反应。工业革命期间的城市噪声音量大、持续时间长，使人体保持慢性紧张状态，从而影响身心健康（Basner et al., 2014; Hughes & Jones, 2003）。况且人类无法完全适应城市噪声（Basner et al., 2011）。

感官体验影响心理健康的第二条途径是间接的，即通过提供一种氛围来鼓励人们参与有助于心理健康和福祉的活动。感官会显著影响人们对场所的体验感，以及人们对空间的使用方法和在空间中的移动方式。人们不喜欢在感受到不愉快的听觉、视觉、嗅觉、味觉、触觉和氛围的场所中社交、玩耍或参与体育活动。与这些令人不愉快的场所产生联系也会影响人们的自尊，例如生活在污水处理厂附近。而能令人产生愉悦的感官体验的场所则更有吸引力，感官体验所唤起的归属感越强，人们对场所的体验就越好。这些因素对城市设计来说都是挑战，因为感觉通常是主观的、个人的，受熟悉、新奇、场所的维护、历史意义以及对场所的依恋等因素的影响。例如，气味与情绪信息由大脑的同一部位进行处理，而味觉是唯一能直接到达大脑中情绪与记忆核心脑区的感觉（Billot et al., 2017）；气味可能占到人们对一个场所感觉印象的四分之三（Lindstrom, 2005）。

感官体验影响心理健康的第三条途径，也是最有效的途径，是通过影响睡眠（Basner & McGuire, 2018）来实现的。睡眠对心理健康和福祉至关重要。良好的睡眠质量可以降低心理健康问题的患病率，并有助于心理疾病的康复。睡眠连续性障碍是大多数心理疾病的普遍症状。因此，控制夜间外界噪声和其他干扰睡眠的感官体验是解决心理健康问题的重要途径。加拿大蒙特利尔的一项研究发现，在一个月内，12.4%的人的睡眠会受到户外环境噪声的干扰，比如汽车、火车、飞机、机械和邻里的噪音（Perron et al., 2016; Vianna et al., 2015）。一项通过客观测量和主观评估的系统综述表明，最明显的影响来自交通噪音，包括对睡眠质量、入睡和夜间苏醒问题的影响（Basner & McGuire, 2018）。斯坦斯菲尔德和马西森（Stansfeld & Matheson, 2003）认为，如果室内每晚听到超过50次最大值为50 dBA的噪音，则可能会造成客观上的睡眠障碍。

对心理健康的影响

下文将逐一探讨每种感觉，以及它们在城市环境中引发的感知和对心理健康的影响（图4.2）。

听觉能影响情绪、压力和认知功能

噪音被世界卫生组织认定为污染物，通常被认为是负面的城市声景，长期处于噪音环境中会引起健康问题（Basner et al., 2011）。大量研究表明，噪音与心血管疾病（Munzel et al., 2018）和2型糖尿病（Dzhambov, 2015）等身体疾病之间存在关联。近期也有新的证据表明噪音会影响心理健康。

一般而言，噪音会加重焦虑、压力和愤怒等负面情绪。葡萄牙波尔图的

信任&归属感
感官唤起对场所的熟悉、信任和归属感

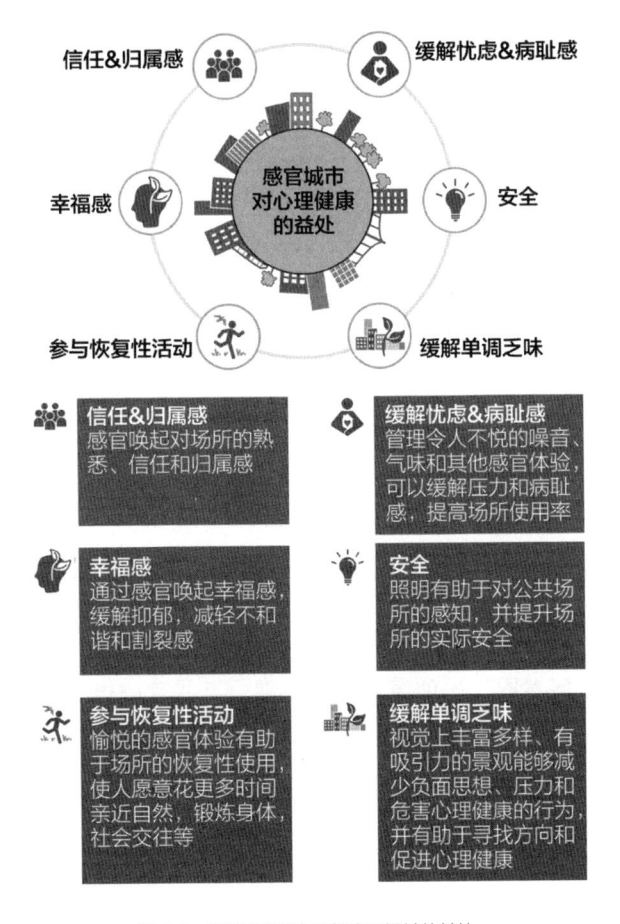

幸福感
通过感官唤起幸福感，缓解抑郁，减轻不和谐和割裂感

参与恢复性活动
愉悦的感官体验有助于场所的恢复性使用，使人愿意花更多时间亲近自然，锻炼身体，社会交往等

缓解忧虑&病耻感
管理令人不悦的噪音、气味和其他感官体验，可以缓解压力和病耻感，提高场所使用率

安全
照明有助于对公共场所的感知，并提升场所的实际安全

缓解单调乏味
视觉上丰富多样、有吸引力的景观能够减少负面思想、压力和危害心理健康的行为，并有助于寻找方向和促进心理健康

图 4.2 感官城市对心理健康和福祉的益处

一项研究发现，有 41.7% 的人受到城市噪音带来的困扰，接触的噪音越多，恼火的程度越高（Vianna et al., 2015）。中度但持续的交通噪音与抑郁症状有关（Orban, McDonald & Sutcliffe, 2015），交通拥挤时突然发出的巨大噪音，如鸣笛声，会触发听觉反射，使人们从平静状态进入高度警惕状态，长此以往会形成慢性压力（Pheasant et al., 2010）。

噪音压力也会影响认知功能，特别是注意力、工作记忆和情景回忆能力（Wright et al., 2014）。越来越多的证据表明，对于儿童而言，噪音与多动症、记忆力和阅读理解能力之间存在明显关联（Stansfeld & Clark, 2015）。对于老年人则与认知能力下降有关（Paul et al., 2019）。

减少噪音可以显著改善人们对健康状况的自我感觉（Aletta et al., 2018）。这并不是说理想状态必须是完全安静的环境。一些声音可以有效地掩盖噪音，例如用水流声掩盖城市交通噪音（Jeon, Lee & You, 2012）。研究一致表明，声环境有助于改善心理状态，特别是"愉快"的声音有助于压力恢复（Aletta et al., 2018）。最具恢复力的声音特征似乎是清新、平静、随时间变化的。例如溪流或波浪声可能比喷泉或瀑布声更具恢复力（Hong & Jeon, 2013）。虽然人们会觉得自然中的鸟鸣声很有恢复力，但并非所有鸟鸣声都是一样的：欧洲绿金翅雀等鸟的轻声、熟悉、复杂的歌声比喜鹊等鸟的大声鸣叫更具恢复力（Ratcliffe et al., 2018）。恢复性声源不仅仅局限于自然界。一项声景研究发现，某些家庭声音（如淋浴声、冲厕所声）和教堂声音（如钟声）会让人产生信任感（Quercia, Aiello & Schifanella, 2017）。每个城市都有自己独特的声音形象，可以唤起人们的归属感和对家的感觉。

视觉能缓解抑郁并影响情绪

随着城市的发展，街道立面经历了视觉复杂性的转变。小尺度、精致的密集街道立面和自然要素赋予了街景个性和多样性，也占用了人们的大脑来处理外部世界的复杂信息。然而，新的城市形态的发展方式并不总是反映人类的视觉偏好。城市中往往存在单调的立面和景观（例如城市街区的空白墙面、大量同质的住房项目或统一的办公类型建筑）。视觉上单调的街景会引发以下几个危害心理健康的过程（Ellard, 2017）：

- 兴趣和快乐的水平降低，对内心悲观想法的思维反刍增多，从而增加了抑郁和焦虑的风险。

·无聊与厌倦导致压力和危险行为增多,尤其是成瘾行为。

·与环境互动的兴趣降低,使社交互动受限。

单调的建筑和街道规划给痴呆患者带来挑战,即丧失了视觉环境的路线识别线索。不同的建筑形态、特征、颜色和对比创造了路线识别的标志物,这对痴呆患者尤其重要(见"包容性城市"章节)。视觉上不协调的碎片化景观(Nia & Atun, 2015)或令人反感的广告等视觉污染(Jaśkiewicz, 2015)会让人产生混乱的感知,给人造成进一步的困惑。

对光和颜色的感知也会影响心理健康。照明能够促进人类活动,提高视觉敏锐度,为城市景观增添趣味,并增强对场所的感知以及场所的安全程度。

颜色有助于导航和识别路线(进而通过培养控制感和效率来增进幸福感,见"活力城市"章节),但它很少被用作城市规划工具。郎科罗(Lenclos, 1999)首先提出了"色彩地理学"(colour geography)的概念,捕捉不同的地理位置所具有的独特的色彩特征,从而培养不同的审美品位。城市色彩景观的概念表明,连贯的色彩规划可以统一城市的元素,通过规划确定建筑物和其他物体的基本颜色,包括城市广告牌、公交车、邮箱等。意大利都灵市是一座经过色彩规划的城市,却鲜为人知。它在19世纪时拥有一套协调的色彩系统,且近年来得到恢复,后文将对此展开讨论。虽然尚未有证据表明该系统有助于心理健康,但事实证明它确实有助于引导来访者,刺激游客们的感官,让人们在来访后很长一段时间里产生想象力的共鸣。然而城市色彩规划也存在过度规定或控制的风险(并且干扰了城市的创造性表达和必要的改变),因此也需要更多研究来证明城市色彩规划如何提升城市的公共形象,帮助人们识别路线,并培养地方认同感和归属感。

众所周知，颜色会引起自发的情绪反应，影响心情和压力，但关于颜色对心理健康具体影响的科学研究还处于起步阶段，并仍有争议。究其原因，是因为每个人的色彩感知不同，且个人与文化的关联具有复杂性。一项环境心理学研究指出，橙色和黄色与乐观有关，绿色与和平有关，灰色与悲伤有关，蓝色与安全感有关，但也仍然会受到多种因素的影响（Hanada，2018）。

嗅觉能引起情绪障碍并影响康复

"气味景观"可以被定义为景观的整体嗅觉体验，包括阵发性（暂时的）和非自主（背景）气味（Henshaw，2014；Porteous，1990）。对气味的理解因人而异，因而难以解释气味的全部影响。气味既能让人感到愉悦，也能让人感到厌恶，同时还与自尊心和归属感有关。

城市气味往往是由于被抱怨而引起人们关注，因此往往被归为负面的环境特征。例如来自污水、屠宰场和制革厂等的气味，被视为与不健康的环境相关（Quercia et al.，2016）。一些城市为了土地混合利用，将工厂靠近住宅区和商业中心，从而引发投诉。这些"令人不悦"的气味通常存在于条件较差和环境混乱的地方，使社区遭到鄙夷并影响居民的自尊。

从城市规划的角度来看，气味景观的影响有限。但由于人类能够感知一万亿种气味，因此能够被利用做积极体验的气味有很多。有研究者曾尝试绘制嗅觉"愉悦度"的分布图。另一项研究确定了与愉悦感最相关的气味特征：清洁度、对场所的适宜度、自然度、新鲜度、健康度、熟悉度、平静度、强度和纯度，以及个人偏好、记忆和习惯等个人指标（Xiao，Tate & Kang，2018）。一般来说，大自然和食物的气味最有可能唤起积极的情感和感知（Quercia et al.，2016）。

心理健康问题往往会影响人的嗅觉。研究表明，抑郁症会降低患者的嗅觉灵敏度，反之，嗅觉较差的抑郁症患者可能会出现更严重的症状（Kohli et al., 2016）。精神分裂症和某些类型的痴呆也与嗅觉差有关。此外，气味还会影响心理健康问题患者的治疗环境，影响患者在某些环境中的参与度和意愿（Gorman, 2017）。

触觉能缓解抑郁和焦虑

触觉体验创造了人的自我意识以及人与场所的联系（Bingley, 2003）。已有一些研究聚焦于身体接触和某些具有明确触觉元素的环境，例如在水中游泳或躺在海滩上。城市的触觉体验是一个具有许多有趣的可能性的新兴研究领域。

机械刺激是人类发展不可或缺的一部分（Ardiel & Rankin, 2010）。触觉是帮助人们了解世界的最重要的感觉之一，就像我们的祖先用触觉在森林中识别路线一样，我们也依靠触觉在城市中移动。触觉城市设计包括皮肤接触的触觉体验：探索物体的材质纹理、平滑度、形状和运动，还包括温度、风和其他身体能感受到的更广泛的体验。触觉的设计因素多种多样，例如能让人们放慢脚步、在环境中停留更长时间的鹅卵石街道，以及能改善舒适度的城市风道。

触觉设计也有助于心理健康，特别是体育活动是心理健康的关键调节因素（见"活力城市"章节）。脚踏实地感能促进体育活动，例如，通过设计防滑和有纹理的地面，能帮助视力受损的人识别十字路口，同时也有助于走路、跑步和骑自行车的人。在"远离柏油路面"的心理驱使下，人们会到复合多样的地面上活动，据此可以设计出促进体育活动的地面（Brown, 2017）。有纹理的环境可以让人感到愉悦，增强与场所的联系感、趣味感和自主感。再者，有纹理的地面避免了触觉的单调，有助于调节情绪，减少负面的思维反刍（Brown, 2017）。

随着自然接触、体育活动和社交互动的增多，触觉体验被认为是园艺和城市农业活动能帮助减少抑郁、焦虑和心理困扰，提高正念、生活质量和社区意识的部分原因（Soga et al., 2017）。此外，博物馆学也在研究触觉领域。研究显示，与物体和周围环境进行触觉接触不仅能够加强人与环境之间的联系，还可以缓解压力，甚至促进健康（Howes, 2014）。

味觉能促进归属感和心理疾病患者的身体健康

味觉在城市设计中对心理健康的促进作用体现在两个方面：一是通过美味、有营养的食物来滋养身心；二是通过食物来增强文化认同感和地方归属感。

对于有心理健康问题的人来说，获得有营养的食物尤为重要，这是因为他们的预期寿命比一般人群更短，严重心理疾病患者的预期寿命与普通人相差10—20岁（Chesney et al., 2014）。其中不到5%的患者死于自杀，相比之下，患者更容易死于心脏病和糖尿病等代谢性疾病，这在一定程度上与肥胖和不良饮食有关（John et al., 2018）。

通常，有心理健康问题的人比一般人更容易肥胖。二者之间的相互作用体现在两个方面：一方面，肥胖会降低生活质量、损害自尊、影响社交，以及通过睡眠呼吸暂停综合征干扰睡眠，从而增加产生心理健康问题的风险，使一个人患抑郁症的风险增加55%；另一方面，患有抑郁症会使患肥胖症的风险增加58%，且呈剂量-效应关系（Luppino et al., 2010）。改善饮食则可以减轻抑郁症状（Firth et al., 2019）。许多精神疾病会影响人的健康饮食和定期锻炼，而一些用于治疗精神分裂症和双相情感障碍等疾病的抗精神病药物又有体重增加的副作用，这可能导致人们选择停药，进而导致症状复发和其他问题（Kolotkin et al., 2012）。

特定的食物也可能会影响心理健康。饱和脂肪、精制碳水化合物和加工食品的摄入量越高，可能使年轻人的心理健康状况变得越差（O'Neil et al., 2014）。低脂肪、高维生素和矿物质的摄入有助于预防某些类型的痴呆（Engelhart et al., 2002）。在当地获取健康的、负担得起的、营养丰富的食品可能有助于减少肥胖并提高饮食质量。缺乏获得这类食品的渠道的地方被称为"食品荒漠"（food deserts），当地居民很少能够获得水果和蔬菜等健康食品（Diaz-Roux et al., 1999）。食品不安全本身也是一种压力。随着杂货店搬离市中心，这种压力在低收入社区愈发普遍（见"包容性城市"章节）。城市设计应确保居民在商店和市场上能够获取健康的食品。

食物是文化认同和归属感的重要指标。城市居民能够购买和种植与特定文化相关的食物，有助于促进归属感、地方认同感和家园认同感。例如，移民对故乡文化中常见食物的味道（和气味）的回味，可以创造出一种散居认同感，减少错位感，增加舒适感和稳定感。同时，"家乡的味道"也为移民提供了经济机会（Rhys-Taylor, 2013）。有特别的证据表明，对于患有痴呆的少数群体，可以通过传统食物来增强他们的文化认同，从而改善其幸福感和归属感（Hanssen & Kuven, 2016）。

市场等可以购买特定文化或地方特产食品的场所，具有额外的意义，可以成为具有相似文化背景或兴趣的同胞见面的场所（见"睦邻城市"章节）。同时还可以借此机会向不熟悉这些特产的邻居介绍，通过对话增加社会资本，促进跨文化交流，发展大都市的多元文化（Gilroy, 2005）。除了购买食物的场所，还可以在面向少数群体和难民的社区花园中种植具有文化特色的农作物，以提高社会凝聚力。

第六感：氛围与情感气氛

氛围和情感气氛的概念无法用客观的方式来描述，它们将所有感官和其他输入相结合，创造出一种感官的背景，唤起前意识的反馈，从而决定了人在特定时刻的场所体验感。以下是一些释义：

> 从感官的角度来看，氛围可以被暂时定义为一个时空。它似乎可以连接感觉、空间和社会。
>
> （Thibaud, 2011: 203）

> 也许理解情感气氛最有效的方法就是将其视为一种倾向：一种可能在特定空间出现的拉力或刺激，它可能（也可能不会）产生特定的事件和行动、感觉和情绪。
>
> （Bissell, 2010: 273）

氛围和情感气氛对城市心理健康的影响主要表现在以下几个方面：

· 身体、感官和氛围等多种感官输入会导致感官过载、高度警觉和注意力障碍。这在理论上可能与精神分裂症等疾病相关（Winz, 2018）。

· 城市中不同气氛和氛围之间的频繁转换，使人们需要在穿行过程中不断地进行适应，在愉快和悲伤之间切换，这种快速的情绪切换可能会引发人们的不和谐感和割裂感（Winz, 2018）。

· 欢乐的氛围有助于促进愉快的即兴社交，使人们在不同的群体中获得归属感（Thombre & Kapshe, 2020）。

影响因素

感官体验的主观性使得感官设计具有挑战性。人感知和解释感官输入主要基于感知记忆和对特殊的声音或气味的记忆，尤其是童年时期的记忆。人们的感官体验也会受到社会价值（积极或消极）的影响，比如什么是"难闻的气味"。环境质量会改变人们的感知能力（例如空气和噪音污染水平），身体和认知机能也随之变化。

感官城市的设计方法

显然，在城市规划和设计中有意识地加入城市感官体验设计，有利于促进人们的心理健康和福祉。利用单个或多种感官设计能够有效提升城市的恢复力和韧性。然而，这些助益尚未得到充分利用。关于如何在城市设计中更好地利用感官来促进心理健康的研究仍在不断涌现，对该领域的理解日益增多，主要涉及以下三种设计方法：

· 通过感官唤起的积极情绪、传递的文化内涵，或带来的其他影响，设计有益健康的感官体验。

· 通过消除或减少令人不愉快的感觉来减轻痛苦。

· 通过具有感官多样性、视觉吸引力、整体性的城市景观，减少单调性带来的负面心理影响（增强魅力有助于恢复性，见第1章）。

感官体验很少局限于一种，应该多种感官综合考虑。为了更有效地介绍它们，下文将分别进行探讨。

听觉：减少有害噪音，增加恢复性声景

声音是感官城市设计中最广泛的应用之一，有助于心理健康。因此，应当了解声环境的品质、声音的来源和环境使用者的需求，进而在声环境设计

中考虑到其对心理健康的作用。

有关研究清楚地表明，某些声景具有恢复潜力，但城市噪音也会对人们的心理健康产生负面影响，尤其是交通噪音和猝不及防、令人震惊的声响。其影响范围包括学习和工作的注意力、睡眠质量，以及对公共场所的体验。因此，城市设计应当优先考虑两种声景设计方法：一是增加有益健康的声景，二是监测和减少不必要的城市噪音。

有益健康的声景

声景设计应利用代表清新平静和时间流逝的大自然的声音，如动物和鸟类的声音、树林中的风声、潺潺的溪流声而非单调的喷泉的声音（Payne, 2013）。在公园、庭院等地方使用来自大自然的声音，可以在都市的噪音环境中创造宁静。同时应采取降噪等措施消除不必要的噪音，或采取心理声学措施，以"宁静"的声音掩盖噪音或转移注意力。这些地方可以被称为声音的庇护所。一些声景还能够增进信任感和归属感，例如家庭和教堂的声音（Quercia et al., 2017），以及在公园玩耍的孩子们等快乐的人声（Payne, 2010）。

噪音管理

· 消除：在有条件的情况下，良好的城市规划和设计应当致力于消除或减少交通等噪音对居民生活的影响，或者通过合理的布局和设计将行人与噪音源分隔开来，例如建设双层街道和步行区。然而，这对集居住、商业和工业功能于一体的混合用地，以及贫困地区的街道来说（见"包容性城市"章节），可能具有挑战性。

· 减少：降低住宅、公共空间、人行道和自行车道周围的交通密度和速度；避免在城市峡谷中建造全玻璃建筑；采用静音路面技术（Ohiduzzaman et al., 2016）。

· 阻隔：屏障墙和植被有助于减少噪音（Echevarria, 2016）。

· 掩盖：自然的声音有助于掩盖城市的交通噪音（Echevarria, 2016）。

嗅觉：利用气味景观创造归属感

尽管人们对气味的反应具有很强的主观性，但气味无疑会影响压力感、社区内的耻辱感以及公共区域的使用方式。城市设计应考虑气味的频率、强度、持续时间和位置等因素（Nicell, 2009），综合应用增加有益健康的气味景观和减少难闻的气味两种方法（Ministry for the Environment, 2016）。

有益健康的气味景观

随着人们对理解和设计城市"气味景观"越来越感兴趣，社区和城市也越来越各具特色。2001年，日本环境省在全国确立了100个"最佳"香气地，吸引居民关注宜人、独特的地方气味。这些地点包括薰衣草地、海藻店以及某个有烤肉香味的车站（Japan Times, 2001）。在一年中的某些特定时刻，与特定社区相关的气味可以营造独特的场所感和归属感。在城市中，人们似乎会对让人感到干净、适宜、自然、新鲜、健康、熟悉、平静、强烈和纯粹的气味产生积极反应，尤其是大自然和食物的香味（Xiao, Tait & Kang, 2018）。城市设计中应避免这些气味被难闻的气味（如交通废气）掩盖。

减少难闻的气味

应对难闻气味制造源头的生产过程进行调整，以减少难闻气味的产生，并采取措施限制这些气味的扩散。此外，通过分离工业区和按距离排布重工业区、轻工业区再到居住区的方法，可以增加气味来源与受影响人群之间的距离，提供缓冲。消除或分离是控制难闻气味最好的方法，而不是去掩盖它们。

视觉：直观可见的城市景观

作为与城市设计联系最紧密的感官之一，城市的视觉冲击会显著影响人们的心理健康。设计视觉上美观的场所能够促进人们对场所的使用。如前文所述，视觉美观的要点可能包括对称、尺度、比例、秩序、统一、平衡、节奏、对比与协调、围合感、城市环境中物体之间的关系，以及迷人性和视觉吸引力等。

一些具体的视觉干预特别能够促进心理健康和福祉。

减少单调感，增加识别性

城市景观的迷人性和视觉吸引力能够促进心理幸福感（见第1章）。城市学家杨·盖尔建议（Jan Gehl，2011），为了保持人们思想的充分参与，以防止沉思默想和无聊，步行者若以平均每小时5千米的速度行走，则应每5秒钟都能遇到一次有趣的新景观。自然特征可以满足该需求：注意力恢复理论（见"绿色城市"章节）强调通过吸引人们关注复杂的事物来发挥作用，包括对大自然、密集的店面（多个小单元）、分形相关的自然景物和公共艺术等人本尺度景观的关注。

复杂的城市设计有助于增加城市的识别性，使人们能够高效、安全地在城市中穿行。这对感官和认知障碍的人尤其重要。例如（详细描述见"包容性城市"章节），当痴呆患者无法在社区内独立行走时，这可能会使他们变得更加孤独，导致情绪问题加剧，认知能力进一步下降。一些具有明确功能的建筑、历史建筑、市政建筑、钟楼或永久公共艺术装置等有独特结构的建筑、公园和广场等活动场所、公交候车亭等实用建筑，以及树木或花坛等自然景观都有助于提升识别性（Mitchell & Burton, 2006）。而单调寻常的建筑则起不到多少作用。

通过城市照明设计提高安全性

环境设计预防犯罪理论（简称CPTED理论）有两个目标（Cozens et al., 2005）。首先，通过照明确保居民能够24小时使用城市并获得其恢复性的益处；其次，通过照明设计提高安全性，减少违法犯罪。纽约的一项研究发现，社区的亮化照明减少了36%的夜间室外犯罪行为（Chalfin et al., 2019）。CPTED理论建议使用LED照明来提高照明质量，保证光照的均匀性，提高视觉的灵敏度，减少阴影和高对比度，并增强整体可见度。LED还有利于减少城市照明能源消耗，缓解光污染，使人们能够看到黑暗的夜空，有助于恢复昼夜节律和自我意识，促进眺望星空等亲社会性活动。

公共艺术与创意设计

公共艺术和创意照明等创意设计能够促进场所感，为城市提供焦点，鼓励有趣的社会参与和感官互动。在合适的场所涂鸦和绘制壁画能够促进个人表达，提供视觉刺激，提升人们对场所的好奇心、迷恋度和参与感（见"可玩城市"章节）。

触觉：触觉体验促使人们使用恢复性环境

触觉要素可以调节人对空间的使用方式，促进有利于心理健康的活动，例如亲近大自然、参加体育活动或社交活动。常见的触觉设计包括使用鹅卵石铺成的街道或控制风力强度以减慢步行速度并鼓励逗留，或修建有质感的跑步和骑行道路。亲生物设计也可能通过触觉来促进心理健康（见"绿色城市"章节）。理论上，木材等天然、触感良好的材料更有益于健康，但还有待考证（Gillis & Gatersleben, 2015）。新冠肺炎疫情提高了人们对污染物（可能携带病毒的表面）的安全意识，这可能会影响人们进行触摸的意愿。因此，在使用触觉要素设计的场所时，人们会对洗手设施有更多需求。

味觉：有助于保持健康并唤起归属感

获取美味、营养的食品

营养不良和营养过剩都会与各种心理健康问题相互作用。为了降低变成食品荒漠的风险，城市设计师可以通过设计能够方便地获取物美价廉的健康食品的社区，帮助居民获取营养。方法包括设计超市、地方杂货店、食品市场、食品车、城市农场，以及举办食品节等活动。

食物的文化认同和地方归属感具有恢复力

在市场中销售受欢迎的地方和文化特产不仅增加了价格合理、新鲜健康、符合文化特色的食品供应，还有助于维护人们的认同感和归属感。这些场所应交通便利，能够容纳社交行为，从而促进社交互动，增加社区内社会资本。另外，可以通过社区种植花园来吸引不同群体参与（图4.3）。

图 4.3 英国西米德兰兹郡的萨安吉计划（Saanjihi programme）（图片来源：Black Environment Network）

多感官设计

包含所有感官的城市设计往往需要以自然为基础。自然环境的益处和相关城市的设计方法详见"绿色城市"和"蓝色城市"章节。本章将重点讨论沉浸在自然当中的感官益处。森林浴就是一种著名的多感官体验，在该活动中，所有感官都将沉浸于自然之中，有助于改善情绪和缓解焦虑（Hansen et al., 2017）。城市设计中也可以利用这些益处。

特别是感官花园，其中所有元素的设计都是为了吸引和刺激感官，已被用于治疗有特殊教育需求的儿童和阿尔茨海默病患者。此外，感官花园有助于所有人群的心理健康，尽管它们通常仅建设在学校、医疗机构和养老院中（Gonzalez & Kirkevold, 2015），但也能拓展到园艺、城市农业和公园设计等其他公共领域。侯赛因（Hussein, 2014）建议种植种类多样，能够平衡颜色、声音、纹理和气味的植物，并使用流水，在空间中建立能够循环刺激多种感官的路径。

感官城市案例

北爱尔兰德里的福伊尔芦苇桥有助于防止自杀和提升福祉

北爱尔兰德里（也称伦敦德里）福伊尔河上的大桥因越来越多的自杀事件而产生了负面含义，曾一度成为自杀的代名词。该市试图设计一种屏障来降低自杀率，同时又不会让精神脆弱的行人产生监禁感。然而，公众心理问题与该地的关联导致了人们的负面情绪，减少了人们到访周边河岸参与健康活动的意愿，使这一挑战变得更加复杂。因此，公共艺术的照明装置被用来解决这两个问题。福伊尔芦苇桥由12000个铝制LED灯嵌入的"芦苇"组成（图4.4）。"芦苇"筑成了防止自杀的建筑屏障，仿照自然和当地环境来产生吸引力，提供照明以提高安全性，并通过允许公众在特殊场合改变灯光的颜色和亮度来创造可玩的互动组件。该装置改变了人们对这座桥的看法，

图4.4 北爱尔兰德里/伦敦德里的福伊尔芦苇桥，在夜晚通过手机App控制照明（图片来源：Our Future Foyle, HHCD）

创造了一个具有积极内涵的新地标（Spencer & Alwani, 2018）。

日本东京在火车站使用蓝光来防止自杀

日本在探索使用蓝光减少自杀意图方面处于世界领先地位（图4.5）。蓝光是明亮的午间日光，可见光范围为380—500纳米。东京火车公司在车站站台上安装了蓝色LED灯以及蓝色半透明的屋顶。一项荟萃分析（meta-analysis）发现，该方法有助于减少自杀（也有助于提高安全性），尽管尚不清楚影响程度有多大（Barker et al., 2017）。据推测，其作用机制是将蓝色与平静和大自然联系在一起，也能让人联想到警察的颜色，甚至只是简单的出乎意料的视觉颜色感知。也有可能是由于蓝光有助于维持人们的昼夜节律，促进睡眠，从而保持良好的认知健康。

图4.5 日本的车站使用蓝光来防止自杀（图片来源：Jan Moren）

意大利都灵，城市色彩规划的典范

虽然许多城市都有独特的颜色（纽约的黄色出租车、伦敦的红色公交车），但大多是偶然的。都灵是少数几个在城市尺度上进行色彩规划的例子之一。19世纪，都灵建筑协会为城市的主要游行路线设计了协调的色彩系统，从城市的到达点——火车站开始，到主广场——卡斯泰洛广场结束。主路和支路相互连通，通过不同的颜色序列区分主次，共使用了大约80种不同的颜色。与法国交战后，都灵急于改善其公共形象，色彩规划便成为创造新的公共形象和鼓舞城市精神的重要方式。暖粉色和淡红色被用于广场，旨在鼓励游客逗留。偏冷的蓝色和黄色被用于相互连通的街道，旨在鼓励行人快速通行。宫殿等重要城市地标的外墙涂上了暖色调，在意大利的阳光下熠熠生辉，引人入胜。几个世纪过去了，颜色逐渐风化黯淡，该规划也失去了控制，城市立面被不加区分地广泛使用"都灵黄"。20世纪80年代，布瑞

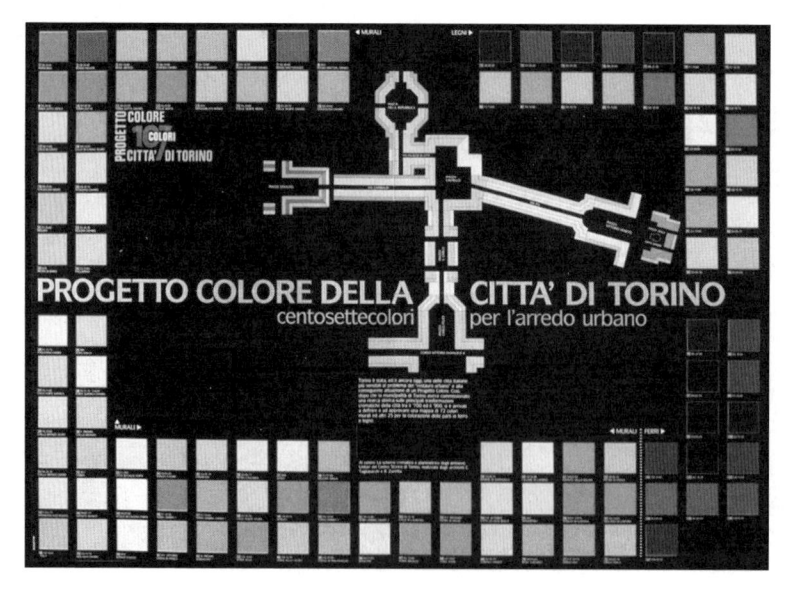

图4.6 意大利都灵的107种配色和城市历史中轴线色彩示意图（图片来源：Germano Tagliasacchi 和 Riccardo Zanetta, 都灵彩色规划师）

诺和罗索（Brino & Rosso, 1980）重启了该色彩规划，部分原因是为了在经济衰退后恢复公共形象。然而，目前只有都灵的一小部分中心区域严格控制了色彩（见图4.6）。色彩规划赋予了城市一种潜在的统一性和凝聚力，有助于城市中心的定位，为城市增添了活力、辨识度和体验感。

感官城市的设计原则

除了将设计原则分为一般性原则、社区尺度（图4.7）和城市尺度（图4.8）外，下文将分两个设计目标来探讨感官城市设计的原则。

将有益健康的感官设计用于促进心理健康和福祉

· 利用基于自然的"宁静"声音创造"声音庇护所"，并使用来自家庭、学校和礼拜场所的柔和声音促进归属感。

· 在公共空间中制造干净、自然、清新和熟悉的气味，尤其是自然的气味和令人愉悦的食物香味。

· 通过对称、尺度、比例、秩序、统一、平衡、节奏、对比、协调和色彩来增加视觉审美的愉悦感、路线识别方向感和地方特色。

· 通过精致的店面、自然景观、视觉清晰的建筑和其他公共艺术品等引人注目的构筑物，增加景观的多样性和迷人性，减少单调性，避免无特色的扩建。

· 在夜间使用LED照明，提高城市的夜间利用率和安全性。

· 在地面或构造中使用有变化的材质纹理，包括天然的纹理，鼓励城市空间的健康使用。

· 保障社区的营养食品供应，建设各种各样的商店、户外市场和满足不

恢复性城市：促进心理健康和福祉的城市设计

1. 壁画
2. 面包店
3. 水幕墙
4. 多种立面
5. 线形公园
6. 屋顶花园
7. 交通管制减速带
8. 精致店面
9. 食品市场
10. 社区花园
11. 感官花园
12. 潺潺流水
13. 有纹理的小路

感官
- 视觉
- 声觉
- 味觉
- 嗅觉
- 触觉
- 气氛

图 4.7 感官城市：社区尺度

04 感官城市

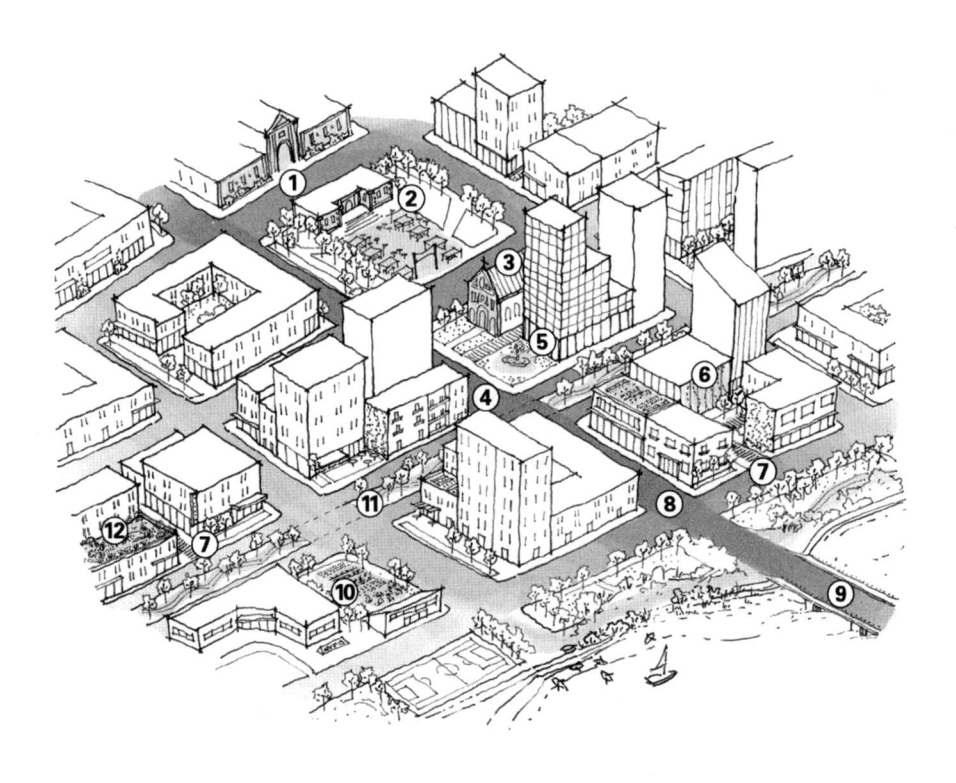

1. 有视觉吸引力的建筑 👁
2. 食品市场+美食节 👅👁👃✦
3. 教堂的钟声 👂✦
4. 有助于路线识别的色彩组织
5. 水景 👂👁
6. 水幕墙 👂👁
7. 有纹理的人行道 ✋
8. 连接市中心和滨水区的主干道 ✦
9. 桥梁照明 👁✦
10. 社区花园 👅👃
11. 线形花园 ✋👁👃✦
12. 感官花园 👅👁👃

感官

👁 视觉
👂 声觉
👅 味觉
👃 嗅觉
✋ 触觉
✦ 气氛

图 4.8 感官城市：城市尺度

101

同口味的食品车，保障城市农业和食品分配。

- 让市场与社交互动相结合。
- 为美食节以及与食物相关的文化活动提供空间。
- 广泛应用感官花园的设计原则，促进公园和其他公共空间的多感官参与和沉浸感。

减少不愉快感官体验的生产和传播

- 减少人们对不愉快感官输出物的接触，尤其是在住宅、公共场所和人行道或自行车道附近。
- 建设步行和骑行的基础设施，以及绿色公共交通，从而降低交通密度，减少与交通相关的令人不愉快的景象、声音、气味和氛围。
- 降低交通速度、密度和噪音传输（例如设置减速带、交通管理平台、低速区、驼峰桥和蜿蜒道路等交通设施），使用静音路面技术，减少交通噪音。
- 利用屏障墙、护堤、树木、水体和建筑隔音外立面等措施阻挡交通噪音。
- 加强工业废气排放的源头管控，结合产业分区和其他增加距离的缓冲方法，致力于减少并远离难闻的气味，而不是仅仅采取掩盖的方式。

05

睦邻城市
The neighbourly city

重 点

- 拥有强大的社会关系网络的人群出现心理健康问题的概率较低,其恢复性也更强。
- 社会孤立和孤独会增加抑郁症、焦虑症和自杀倾向等心理健康问题的发病率和风险。
- 住房的设计应促进各年龄段、收入水平的群体和族群形成积极、自然的社会网络和互动。
- 公园和城市绿地能够促进社交互动,培养对社区的归属感、利他主义以及信任感。
- 功能混合、适宜步行、拥有精致店面而非"无聊"墙壁的社区,以及公园和便利设施,都能够促进社会资本的发展。
- 志愿服务能够促进心理健康和福祉,城市设计应在社区参与和共同设计方面促进社区志愿活动,并建设社区志愿服务的场所。
- 投资与建设人们常用的公共空间和设施,以及供居民见面和临时停留的公共场所,如遛狗公园等,能够促进邻里关系并减少心理健康问题。
- 应根据文化规范设计不同人群所需的不同类型的公共空间和半私密空间,促进积极的社交互动。
- 令人们共愉的城市空间属性包括人性化尺度、可达性、美观性、迷人性、舒适性和安全性。
- 新冠肺炎疫情阻碍了居民从城市空间的睦邻潜力中获益的机会,进而对他们的心理健康产生了影响。

关键概念的定义

地方归属感（belong-in-place）：个体与特定地方及其居民之间所建立起的深厚联系，这种联系随着时间的推移会不断加深，进而促使居民积极参与到当地的社会生活之中。

社区（community）：由一群人组成的社会单元，由于其处于相同的地点位置，具有相同的兴趣爱好、社会、宗教、种族或其他背景和属性，导致其在社会规范、价值观、习俗和身份方面具有共性。

共愉性（conviviality）：在本文语境中，指一种能够促进人们互动和活力的公共空间的特质，使人们在日常生活中形成暂时的联系，从而感到更快乐并成为"整体"的一部分。

孤独感（loneliness）：一种主观的、不愉快且令人痛苦的情感体验，它源自个人期望获得的社会关系数量和质量与实际所获得的社会关系之间的差距。

睦邻友好（neighborliness）：邻里之间的关系、支持、互惠和信任的质与量。

社会孤立（social isolation）： 个人与普通社会网络接触程度较低的一种客观状态，包括社区参与度低，与家人、朋友或熟人的交流较少。

社会资本（social capital）： 与他人的正式或非正式的社会网络、关系、合作、互动、参与、互惠和信任的质与量。

社会凝聚力（social cohesion）： 表示社会中的人们团结和融合在一起、拥有共同价值观的程度。

什么是睦邻城市？

长期以来，社会关系和联系一直被认为是个人和社区心理健康的关键决定因素（Bagnall et al., 2017; Kawachi & Berkman, 2001）。定期的社交活动能帮助人们建立自尊心、自信心和同理心；增加他们在社区中的支持感和归属感；帮助人们应对生活中的挑战，缓解孤独、焦虑和孤立感。社交互动还能改善大脑功能，尤其是记忆力和智力表现。反之，孤独和不良的社交联系会增加抑郁、焦虑和产生自杀念头的风险（Beutel et al., 2017; Cruwys et al., 2014）。

然而，城市环境本身就是导致孤独和社会脱节的风险因素。研究表明，至少十分之一的职场人表示感到孤独（Beutel et al., 2017），而近一半的城市居民感到孤独（Wilson & Moulton, 2010）。在人群中感到孤独的城市现象可能是社会孤立造成的（Bennett, Gualtieri & Kazmierczyk, 2018）。因此，城市设计应设法促进自然、积极的社交互动，从而帮助人们预防心理健康问题并支持心理恢复。

城市生活使人们感到孤独的原因有很多。城市居民在寻求建立新的社会网络时往往会面临一些挑战，路易斯·沃思（Wirth，1938）在其开创性的著作《作为一种生活方式的城市主义》（*Urbanism as a Way of Life*）中提出了最著名也是最相关的几种挑战，总结如下：

首先是移民问题，这也是城市化的最大驱动力。全球每周至少有300万人迁移到城市（UN Habitat，2009），预计到2050年城市人口将再增加25亿，主要集中在非洲和亚洲（UN DESA，2018）。然而，在这个过程中，移民群体至少会失去一部分原有的社会支持网络。他们将面临在一个没有家庭、共同宗教或文化价值观的新城市中，从零开始建立全新社会联系的挑战。新城市里的居民也和其原籍地居民存在差异。由于社会规范和价值观不同，新城市里的居民难以建立社会亲和力（这也是为什么一些移民认为自己至少在一段时间内生活在"种族飞地"中的原因，见"包容性城市"章节）。

移民并不是城市中唯一寻求建立和重建社会网络的群体。城市生活瞬息万变，其社会网络往往具有不稳定性，且流动率较高。这可能会导致肤浅的社交联系，以及与地点联系不紧密的社会网络。即便是那些已经在城市中生活许久的人，一旦他们的社会网络中的主要成员换了工作或迁离城市，或是迁至城市的偏远地带，他们与这些成员所建立的社会网络也会迅速崩解。

城市居民可能也不太融入他们的社区。他们往往没有自己的房子，单身独居（Nikkhah et al.，2015），更容易受到社会流动的影响。所有这些因素都会使维持当地社会团体和社区组织成员的团结变得特别困难。

另一个挑战是社交过载。一个典型的城市居民每周都会遇到成千上万的陌生人，这会降低社会凝聚力，并从三个主要方面造成社交过载：减少了经常遇到同一个人进而促进社会关系的可能性；增加了必须与大量人群进行社交互动所带来的潜在压力；减少了被熟人观察的可能性，从而增加了城市犯罪等反社会行为的风险。

最后,家庭、工作和其他便利设施在地理位置上距离较远,特别是工作时间和通勤时间长,交通效率低下,相应地减少了城市居民能够投入到当地社会网络的时间(见"活力城市"和"包容性城市"章节)。

社会支持可以提高人们心理健康的韧性,降低心理健康问题的发病率。制定相应的城市规划和设计方案,能够促进积极的社交互动,提高心理健康的韧性,这对促进公共健康至关重要。尤其是能够通过规划和设计提升一个地方的"睦邻"程度,即减少社会孤立,促进社会网络以及亚文化的发展和维持,增强社会凝聚力、共愉性和地方归属感,使各行各业人群聚集起来共享公共空间。

理论研究

睦邻城市通过三种关键途径影响心理健康和福祉(图5.1)。

第一种途径是通过社会资本。积极、自然的社交互动有助于发展社会网络、促进社会支持、增强心理健康的韧性、降低心理健康问题的发病率并促进康复(Ehsan & De Silva, 2015)。这是通过发展个人和社区的共愉与睦邻关系所创造的"社会资本"来实现的,它影响了居民在人际关系、社区和公众网络、组织和机构中的参与和合作方式。反过来,这又强化了当地居民的自我认同,促进了社区内的信任感、价值感、互惠合作、处世态度、利他主义、信息传播和责任感(Putnam, 1993)。研究显示,社会资本中的三个主要组成部分——社会融合、社会关系质量和社会网络——对心理健康有显著影响(Umberson & Montez, 2010)。社会资本不仅包括在某一特定群体或社区内部的社会网络,还涵盖了跨越不同社会群体、社会阶层、种

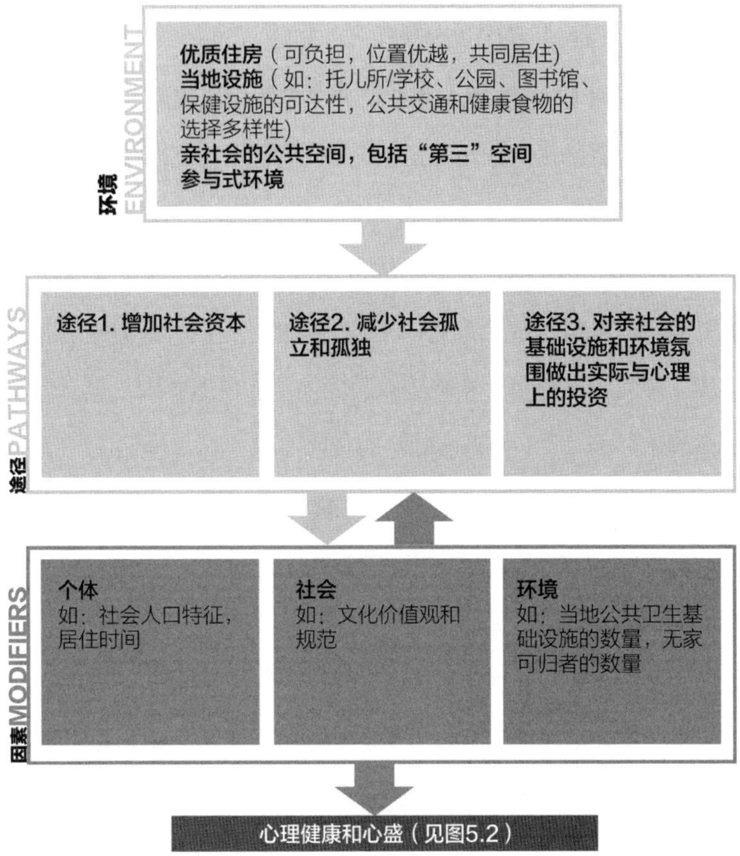

05 睦邻城市

环境 ENVIRONMENT
- 优质住房（可负担，位置优越，共同居住）
- 当地设施（如：托儿所/学校、公园、图书馆、保健设施的可达性，公共交通和健康食物的选择多样性）
- 亲社会的公共空间，包括"第三"空间
- 参与式环境

途径 PATHWAYS
- 途径1. 增加社会资本
- 途径2. 减少社会孤立和孤独
- 途径3. 对亲社会的基础设施和环境氛围做出实际与心理上的投资

因素 MODIFIERS
- 个体 如：社会人口特征，居住时间
- 社会 如：文化价值观和规范
- 环境 如：当地公共卫生基础设施的数量，无家可归者的数量

↓

心理健康和心盛（见图5.2）

图 5.1 睦邻设计对心理健康和福祉的影响

族、宗教等特征的社会联系。

第二种途径是利用睦邻关系在防止社会孤立和孤独方面发挥作用。孤独不仅会缩减寿命（Rico-Uribe et al., 2018），还与多种心理健康问题有关，包括抑郁症（Holvast et al., 2015；Meltzer et al., 2013）、精神病（Badcock et al., 2015）和自杀倾向（Joiner, 2009）。孤独会阻碍康复并

影响心理健康的结果，尤其是对抑郁症患者的影响较大（Leigh-Hunt et al., 2017; Wang et al., 2018a）。

孤独感往往源于社会综合关系、亲密关系和信任关系的缺失，这种缺失进一步导致了个体的排斥感和归属感丧失（详见"包容性城市"章节）。孤独感被定义为一种消极的情绪状态，由个体期望的社交互动模式与现实之间存在的差距所引起（Peplau & Perlman, 1982）。

第三种途径来自特定地方的"睦邻"程度对人们心理健康的间接影响。具体来说，睦邻程度通过一系列因素，如优美的自然环境（见"绿色城市"和"蓝色城市"章节）、包容性的社会氛围（见"包容性城市"章节）、丰富的体育活动（见"活力城市"章节）、趣味性的游戏（见"可玩城市"章节），以及鼓励朋友和陌生人之间进行即兴互动的共愉性公共空间，间接地促进人们的心理健康。

更加"睦邻"的社区往往有两个特点：(1) 大多数居民长期生活在同一个社区，具有代际持续性；(2) 大多数居民直接使用居住环境内的设施，而非去城市的其他地区工作和社交，尤其是儿童和老年人很少愿意长途出行去往远离社区的地方（Garin et al., 2014）。这些睦邻社区吸引了对当地基础设施的投资（例如，因家庭聚居而建立的托儿所、学校、公园、图书馆），这些基础设施反过来又提供了社交和聚会的场所，使邻居们能够经常见面，并有理由进行积极的互动。高质量且可负担的住房能够吸引居民久居，产生社区依恋，提升社区投资，这些都有助于社会活动和社区生活，进而发展社会关系。

另一方面，非睦邻社区的经济和心理投入较低（Buonfino & Hilder, 2006）。非睦邻社区通常是工作人群相当短暂的聚集地，包括新到城市的移民，他们可能还没有机会发展社会网络，或存在语言和文化障碍，难以与邻居进行非正式的社会交往。直到他们站稳脚跟并拥有长期的定居地之前，这些居民可能只是暂时住在这里。

非睦邻社区往往社会经济地位较低（见"包容性城市"章节）。社区投入低，可能存在犯罪、乱扔垃圾、环境混乱等现象，空气和噪音污染严重，居民在户外活动受到阻碍（见"感官城市"章节）。而且，社区的亲社会基础设施可能更少。犯罪活动降低了居民的安全感，削弱了居民对社区的信任感和自豪感。经历或目睹犯罪与产生心理健康问题之间也具有独立的关联（Clark et al., 2006）。乱扔垃圾是社区混乱的表现，会给人造成社区不安全、不受重视或无人维护、放任混乱和缺乏监管的印象，从而也降低了居民对社区的安全感和自豪感。因此，维护良好的社区环境是促进积极社交互动的关键因素（Dempsey et al., 2014）。

对心理健康的影响

睦邻设计也许是本书所有恢复性设计中最引人注目的干预措施。研究一致表明，一个社会凝聚力强、拥有信任感和强大社会网络的睦邻城市能够促进和支持居民的心理健康。睦邻关系通过促进社会资本和积极的社交互动来影响心理健康，发挥着缓解抑郁和焦虑以及提升认知功能的积极作用（图5.2）。

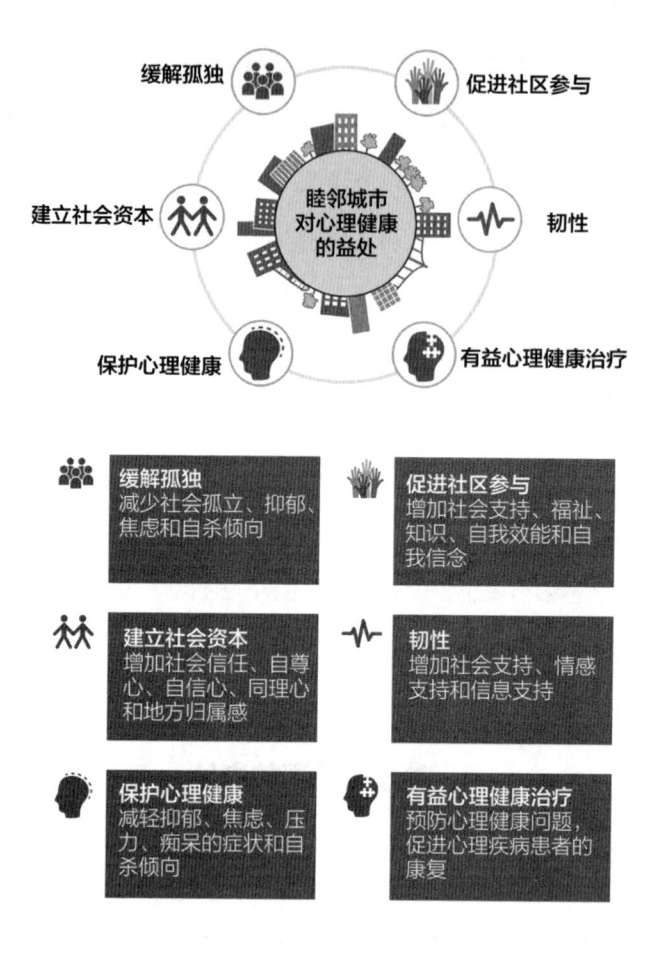

图 5.2 睦邻城市对心理健康和福祉的益处

睦邻城市有助于缓解抑郁

大量研究表明，抑郁与社会资本、社交互动、归属感和邻里社会凝聚力之间存在密切关联（Cohen-Cline et al., 2018; Leigh-Hunt et al. 2017; Santini et al., 2015）。与普通人群相比，慢性抑郁症患者的社会网络更小（Visentini et al., 2018）。当社区的"社会质量"越低时，独居越容易引发抑郁症（Stahl et al., 2017），而良好的社会支持和社会网络是主要的保护因素。尤其是能提供情感支持的高质量关系和多样化的社会网络有助于减少心理健康问题。人们对社区归属感的积极影响也越来越感兴趣。中国的一项研究发现，减少抑郁症风险的关键因素是促进邻里互助和社会群体成员关系（Wang et al., 2018b）。

睦邻城市有助于缓解焦虑

不良的社会网络（包括社区交通噪音和缺乏安全调解的社交互动）与焦虑症的引发有关（Generaal et al., 2019; Teo et al., 2013）。

睦邻城市可能有助于预防精神疾病

生活在社会排斥、社会分裂和种族歧视程度较高的社区会增加患精神分裂症的风险（Heinz et al., 2013）。

睦邻城市有助于缓解痴呆症状

孤独和低社会参与度都可能增加痴呆的患病风险（Kuiper et al., 2015）。对于没有经历过社会孤立和脱节的老年人来说，在多个功能领域认知迅速衰退的可能性是其他人的一半（Mitchell & Burton, 2006）。

睦邻城市有助于减少自杀

孤独和社区归属感低与自杀率和自杀倾向的增加有关（Hatcher & Stubbersfield, 2013）。

影响因素

城市中的一些群体出现心理健康问题的风险极大，且往往享受不到能为他们的心理健康带来益处的城市设计措施：

·特殊年龄段人群：16—24 岁的人群和老年人具有相似的、高概率的孤独感（Lasgaard, Friis & Shevlin, 2016）。对于年轻人来说，可能是因为要离开家或过度依赖电子通信，因而不能与朋友、家人、邻居甚至同事进行社交。对于老年人来说，随着人口老龄化发展，越来越多的老年人独居，被社会孤立，孤独寂寞，患上抑郁症等心理健康问题的风险增加（Courtin & Knapp, 2015）。部分原因则是由于身体机能和认知能力的限制，导致社会网络和活动范围的缩小。

·移民：世界上大多数移民都迁往了城市，其驱动原因众多，从追求经济利益到寻求避难都有可能。许多驱动因素（如失业或经历痛苦）本身就是引发心理健康问题的风险因素，离开原有社会网络的他们需要建立新的社会网络，同时还要面对城市中不断增加的刺激所带来的压力，因语言障碍而在社区活动中被边缘化，以及对歧视或受迫害的恐惧。

·无家可归者：无家可归与心理健康问题之间关系复杂，相互引发。墨尔本的一项研究发现，15% 的无家可归者在无家可归之前就有心理健康问题，另有 16% 的人在无家可归后患上了心理疾病（Johnson & Chamberlain, 2011）。无家可归的原因众多，其中许多原因也会造成心理健康问题。无家可归本身就是风险因素，许多无家可归者可能遭受了排斥、污名化或非人化的待遇。无家可归者缺乏社区归属感，他们在使用公共空间上受到限制，其中包括公私空间的相关管理和法则，以及防止他们在某些区域休息的"反无家可归的尖刺"等带有敌意或戒备的建筑设计（Petty，2016；见"包容性城市"章节）。他们还缺乏安全的住所，无法获取满足卫生需求的水和多种设施。

睦邻城市的设计方法

睦邻城市帮助居民聚集在一起，建立社交网络，发展社会资本，参与社区生活，感受邻里归属感（Bagnall et al.，2017）。这种社会关系提高了心理健康的恢复力，降低了心理障碍的患病风险，并有助于患者康复。睦邻城市的设计旨在增加社交经历，这种社交关系应该是自然而然产生并能供人们选择的，而非强加于人。睦邻城市设计可以通过精心规划住房及其周边环境来实现，同时，这种设计也可以进一步延伸至社区层面，并鼓励社区成员积极参与到设计过程中来（Osborne，2016）。

住房

住房环境的物理、社会和心理特征都会对心理健康产生重大影响（Shaw，2004）。这些特征可以增强邻里关系的恢复力，包括邻里关系的发展、受欢迎感、安全感和归属感。社会资本、社会网络和社会凝聚力都可以通过住房设计来调节。研究表明，居民对邻里社会氛围的感知会显著影响他们的心理健康（Wright & Kloos，2007）。关键设计要素包括：

可用性和可负担性：住房不安全和债务会影响心理健康。无家可归的定义已经超越了一个人是否有栖身之所。家意味着拥有睡觉和社交的房间，有卫生间和厨房，有隐私和安全，还有使用权的保障。无家可归者不仅包括露宿街头的人，还包括居住在临时住所的人（包括住应急旅馆的人和沙发客）、生活在非常拥挤的房屋中的人、住在质量差或不安全的住房里的人，以及短期居住的人，他们容易成为临时人口（Brackertz, Wilkinson & Davison, 2018），并影响自身和邻里的心理福祉。例如，研究发现随着人们搬家次数的增加，住房对心理健康的负面影响也会增加（Bentley et al., 2018）。

可负担的房价（通常不超过家庭总收入的三分之一）有助于减少无家可归现象，并有助于促进社区安全、社会资本、社会网络和社会凝聚力。这可能会涉及对经济适用房（通常低于市场价格的住房，旨在确保中低收入家庭的住房支出不超过其家庭总收入的三分之一）的投资，以及对社会住房的良好供应。社会住房也被称为福利住房，通常指由政府或非政府组织为无法在私人市场上获得住房的人提供的租赁住房。

适用性：住房供应本身并不足以保护心理健康和福祉。例如，居住在社会住房中的人比居住在其他住房中的人更有可能遭受心理困扰，这可能是由质量不足、位置不利、歧视影响、安全问题和缺乏社区投资导致的（Bentley et al., 2018）。室内空气质量差、油漆中铅含量高、潮湿、噪音、害虫和过度拥挤等因素也有可能引起抑郁、焦虑和压力（Krieger & Higgins, 2002; Srinivasan, O'Fallon & Dearry, 2003）。

位置：住房所在社区的质量会影响邻里关系，进而影响心理健康和福祉。这涉及人们获取服务、设施、交通、工作、教育以及包括自然环境在内的社交场所的便利程度。住房应设置在接近或容易到达更广泛的社会与卫生设施，包括社交、娱乐、商业、健康、教育设施，以及经济机会的地方。这有助于提高社会凝聚力。没有这些功能的住房可能会导致个人和社区层面的心理健康问题，而优先考虑这些功能则可以在社区内形成社会中心。另外，与便利程度高的社区相比，生活在低便利度和中等便利度社区的老年人更有可能出现抑郁症状（Gillespie et al., 2017）。在日本东京，这种区域被认为是日常活动圈,并已经形成了一些要求长期维护的城市政策。其目标是让所有关键服务和设施都设置在距老年人住宅步行 30 分钟可达的范围内(Baba, 2017)。其中包括确保有一条"健康街道",即在一条为可达性和安全性而设计的街道上设置有关健康的设施和其他关键设施(见"活力城市"章节)。这些原则是广泛适用的:生活在便利设施丰富的可步行社区,使人们有机会偶遇,与当地服务者建立关系,从而减少社会孤立。如果人们需要长途出行(尤其是开车)才能获得便利设施,那将会浪费睦邻城市设计能为心理健康带来的益处。

耻辱感:耻辱感在住房中以不同的方式存在。有心理健康问题的人在试图获得住房时可能会遭受羞辱或歧视。社会经济耻辱主要分为两种。第一,生活在被认为是低质量的社区,环境混乱,噪声嘈杂,气味难闻,不利于户外停留、社交和睦邻关系,从而影响自尊(见"感官城市"和"包容性城市"章节)。第二,即使不同经济地位的居民住在同一个街区,街区设计也有可能会将其隔离,例如"穷人入口"(即在同一个建筑开发区内,将商品房业主和社会住房者在心理和物理上进行区分)。

共同居住:婚姻和心理健康之间的关系因文化而异,但研究表明,幸福的婚姻似乎能促进良好的心理健康和福祉。这种影响很大程度上归因于同居带来的社会支持(Bierman et al., 2006; Horn et al., 2013)。厨房、花园、洗衣房和娱乐区等共享设施可以培养有意义的社会关系。

很多人倾向于居住在个人或独户住宅,在高收入国家尤其如此。然而,现在的趋势正在发生变化,越来越多的人开始倾向于采取共同居住的方式。这是由多种原因驱动的,包括浪漫、经济、社会、孝顺因素,以及对共同生活哲学的追求。多代人共同生活对心理健康既有消极影响,又有积极影响。这种生活方式对于有血缘关系的人来说更为常见,其影响可能取决于人们对这种生活方式的期望。在一些文化中，多世同堂是一种理想的社会规范模式；而对于那些由于经济问题、关系破裂或住房危机等原因被迫共同居住的人而言，和父母或祖父母住在一起可能会感到不开心、沮丧或羞愧。多代同堂的生活方式会降低人们的自主性，增加家庭人际冲突的风险，并可能会导致过度拥挤。因此，多代同堂对心理健康的影响是复杂的，但总体上更有利于提升健康人群的社会资本和福祉，甚至有利于长寿（Muennig，2017）。这些益处不仅局限于亲属同堂。无血缘关系的学生（如大学宿舍）和老年人（如福利住房或养老院）的共同居住情况最为常见，且已经受到了许多关注（见下文代芬特尔和苏黎世的城市案例）。

促进社交的住房设计：住房设计会影响社交能力。例如，城市高层住宅生活会影响居民与所在地的关系。与低层住宅的居民相比，各年龄段的高层住宅居民与邻居的友好互动都更少。昏暗的电梯间和入口的公共空间影响安全，阻碍了社交参与（Barros et al., 2019）。高层住宅对附近楼层缺乏安全游乐区域的儿童的社交影响尤为明显。出于安全考虑，父母可能不愿在没有监管的情况下让孩子去垂直距离很远的游乐区玩耍（Lai & Rios, 2017）。高层住宅居民更有可能感到耻辱，更加不利于他们的心理健康（Barros et al., 2019）。幸福城市的幸福之家工具包（The Happy City's Happy Homes Toolkit）建议通过多户住房设计促进邻里友好（Lai & Rios, 2017）。该工具包确定了关键的设计特征：包括吸引人的、无障碍的公共空间，以鼓励居民在一起共度美好时光；建议将住宅聚集成群体，达到可进行社会管理的邻居数量；还应体现居民的文化身份，以提高他们的归属感；支持长期居住；同时通过宜步行设计增加相遇和社交机会。

平衡社交与隐私：平衡隐私和社交互动之间的关系十分重要。居民需要独处的机会，也需要能够自主控制和调节的社交互动，自主选择的社交能够提高其互动质量（Evans, 2003）。设计通过创造性的空间配置和划分，例如通过转角、走廊和植物的位置，来区分公共空间和私人空间，同时也有助于增强领域性和自然监视功能，以提高安全性（Newman, 1976）。

住房之外

更大社区内的社交环境：社区设计影响社区的共愉性，并能够促进有益于心理健康的社交互动。在公共场所进行积极、自然的社交互动可以增强人们的归属感，减轻压力，具有恢复性作用。

公共空间设计对于促进社交尤为重要，它可以让人们停留并与周围的环境互动，通过共享空间来建立临时联系，例如在城市广场停下脚步观看街头表演。一项研究确定了在公共空间中进行社交互动的先决条件（Dines & Cattell, 2006），特别是将不同人群汇聚起来，顺其自然地进行社交的先决条件：人们熟悉、长期使用该公共空间，其内部或周边设施增强了空间的活力并赋予了人们到达这里的目的。例如教堂、学校、图书馆等常用设施附近的社交空间。

有研究者汇集了关于共愉性设计的广泛研究（Thombre & Kapshe, 2020），总结出三点有助于共愉性的公共空间特征：第一点是公共空间的可用性，如能够让人们吃喝、观看、玩耍、参加文化活动和进行碰撞交流的场所。第二点是人们需要感受到公共空间的共愉性（作者将其定义为共愉感知）。具体而言，这种共愉性要求空间能够营造出安全舒适的环境，使人易于接近并产生积极的情绪体验，如开心、放松、愉悦和兴奋。此外，公共空间应能够被视为私人空间的一种延伸，或能通过积极的记忆、个人联系和象征意义赋予其特殊价值，无论是出于有意识还是无意识的感知。第三点是支持共愉的建筑形式和空间属性，如人性尺度、可达性、美学特征和迷人的环境。以及土地的混合利用，这是因为人们通常将共愉性活动作为更必要的活动的辅助（Gehl，1987）。在这个理论中，一个地方的共愉性不是二元的，而是会根据一天中的不同时间，以及举办节日庆典等共愉活动而变化。

其他亲社会的设计要素包括：

· 能经常偶遇的交流场所，例如农贸市场和遛狗公园。提升这些空间的安全性、舒适性和吸引力，能够增加人们停下脚步交流的机会和倾向。

· 适度复杂的表面和透明的立面，例如有窗户和门廊的精致店面，而非千篇一律的混凝土墙，能够缓解无聊情绪和思维反刍，引人注目并促进人们逗留和社交（Ellard，2015）。

· 适合不同年龄阶段和不同兴趣爱好者的参与性元素，例如用于交谈的长椅、棋牌桌、户外健身器材、参与园艺活动的机会，以及社区志愿服务空间（见下文）。

· 能够灵活使用的空间，即能够促进街头市场和庆典活动等社区合作活动的多功能共享空间。例如，中国香港的一些老年人每天聚集在大学广场上，在学生到达前打太极拳或练气功；周末，众多上班族聚集在封闭办公区的广场上进行社交活动。

· 气候敏感设计，可缓解热应激，并根据当地气候提供需要的遮阳或遮雨设施。

· 社交场所维护：在边缘地带投资公共空间能够促进社交。倘若公共场所破旧不堪，有犯罪或混乱的迹象，会令人感到不安，居民往往不愿前往，归属感和自豪感也会相应减少。特别是如果某些扰乱环境的群体或缺乏其他社交场所的群体（如无家可归者、失业者、街头酗酒者和不良少年）占据了公共空间并恐吓其他住户，将不利于邻里之间和睦相处（Madanipour，2004）。

- 共享服务：共享经济，包括共享自行车、共享汽车等社区共享设施，能够在社区的实体和数字层面上创造信任、互惠和归属感。还应扩大图书馆等现有共享服务带来的社区归属感（Celata et al., 2017）。

- 安全性设计，促进居民停留和社交的意愿，例如通过提供足够的空间使人们在保持安全距离的同时进行社交。

亲社会场所包括集会、交易和庆典场所，有时也被称为"第三空间"，人们可以在这些方便到达的场所免费逗留，为培养当地社区意识提供机会。城市中的公园、水域和其他自然景观（见"绿色城市"和"蓝色城市"章节）提供了特殊的公共空间设计资源，方便人们聚集和见面。除此之外，恢复性社交互动的设计也涉及街道和市场等"硬质空间"。自然景观与硬质空间的例子包括学校旁边的公园、清真寺对面的街道、寺庙中的庭院和市场等，这些亲社会场所既能吸引人们到来，又能让人流连于此。

中国香港的"户外休憩处"是亲社会空间的一个有趣案例。户外休憩处通常位于建筑之间未被利用的小角落，通常设有长椅、地面铺装和植物（图5.3），寻求最大限度地利用空间。然而，其设计和位置至关重要。一些户外休憩处与大道相连，设计有遮阳措施、长椅和绿色植物，能够促进居民休息和交谈；而另一些户外休憩处则位于"剩余、残差区域"，"因而交通不便或设施落后"，有"大量混凝土材质"和"成排的长椅"，不利于交谈，也没有遮阳和遮雨的设施（McCay & Lai, 2018）。

宠物要素

除了提供陪伴和有助于心理健康外，宠物还是促进社交互动和当地友谊的重要催化剂，能够帮助建立社交网络。其作用机制是使人们自然地定期汇聚在某个"碰撞场所"（例如遛狗公园），为人们提供打破僵局的机会和

图 5.3　中国香港市中心的户外休憩处（图片来源：Leung Hoi Shuen）

共同话题，进而激发对话、增进友谊。特别是（但不是全部）养狗的人与陌生人交谈的可能性是不养宠物的人的五倍左右，这会为其中接近半数的人带来某种类型的社会支持，例如提供建议和情感支持，或者照顾彼此的宠物（Wood et al., 2015）。因此，在居住区和公共场所都应考虑宠物友好政策，并对宠物主人所需的基础设施和路线进行亲社会设计，以最大限度地提升心理健康效益。

社区内的参与式环境

大量研究表明，志愿服务有助于促进心理健康，提升生活满意度、自尊和幸福感。志愿服务还可以缓解抑郁症状和心理困扰，通过促进身体健康来提高生活质量（Yeung et al., 2018）。志愿服务通过促进社会融合、社会网络和社会资本，培养感恩之情，增强自我价值感、充实性和生活意义感，从而提升居民的心理健康和福祉。这些益处可以通过多次志愿活动积累而成，且在帮助有需求的群体时效果最为显著。无私奉献的代际志愿活动持续时间更长，而过度的自我关注会损害志愿服务所带来的积极影响。城市设计可以通过以下两种主要方式促进志愿服务：

第一，在公共领域建立支持志愿服务的空间，包括社区园艺空间、医院、疗养院，以及适合人群聚集的公共空间（例如游戏活动或节日庆典的场所）和社区内其他适合做志愿服务的场所。

第二，城市设计的过程可以通过参与式的设计决策和自下而上的空间建设来促进志愿服务。社区参与是众多城市建设运动的核心，包括儿童友好城市、痴呆友好城市、"可控制城市"（the hackable city，指使用新媒体技术来改变城市制度和基础设施）以及场所建设和场所维护。其中一个主要原则是，社区懂得其自身的需求，包容性场所的建设是集体努力的成果（见"包容性城市"章节）。社区参与的过程本身也是睦邻友好的，是亲社会的心理健康干预过程。社区参与可以提高社会支持、福祉、知识水平、自我效能和自信（NICE, 2016）。尤其是在健康开发项目中，社区参与和共同设计在住房、安全、社区赋权、社会资本和社会凝聚力方面都能发挥积极作用（Milton et al., 2011），所有的这些都有利于心理健康。社区参与为居民提供了影响社区决策的机会，建立了自主的信心，促进了不同年龄、种族、社会经济地位的邻居之间的定期联系。

当居民真正获得社区建设的话语权时，社区参与城市设计最有利于心理健康；反之，当事实证明并非如此时（例如只是简单询问），则会为参与者的心理健康带来负面影响（Attree et al., 2011）。

社区参与也有可能暴露或引发邻里不和。例如"邻避"（简称NIMBY，即 not in my back yard，直译为"不要在我的后院"）现象，邻居们联合起来反对他们认为不受欢迎的发展来促进社会资本,例如反对心理健康设施或无家可归者收容所的建设。这可能会导致对部分社区成员的歧视。

为了避免类似情况的发生,社区参与城市设计项目应该更积极主动,而非被动参与。日本的社区营造(Machizukuri)是一个有趣的案例,使公民在改善和管理社区方面发挥出关键作用。其特点在于,它是一个以社区为核心的志愿者组织,致力于逐步引导公私土地开发商遵循社区意愿,共同打造新型公民空间,通过增加社区绿化和减少污染,营造更加宜居的社区环境(Sorensen et al., 2009)。

社区之外:交通设计

封闭感会导致紧张情绪和社会不和谐,使人们难以获取促进心理健康和福祉的机会。城市规划应优先考虑并促进潜在中心和聚集场所之间的联系。适宜步行、骑行的城市有利于所有人的社交互动。此外,高效的交通缩短了通勤时间,使人们有更多时间与朋友、家人和邻居相处。道路设计应尽量实现人车分流,有助于社交互动,而避免大型道路分割街区也有助于提升社会凝聚力和社会公平(见"活力城市"与"包容性城市"章节)。

睦邻城市案例

荷兰代芬特尔的代际住房模式

在荷兰的小城市代芬特尔,学生宿舍和老年人长期护理设施的可用性、费用和质量都存在问题。一名学生因宿舍噪音而感到困扰,于是找到了当地的人道主义住宿和护理中心(Residential and Care Centre Humanitas),

并提出了一种新型住房模式。随后，6名大学生搬进了人道主义机构，免费与160名老年人住在一起。他们以回报社会的方式，通过代际社交互动帮助老年人缓解孤独。学生们每月至少参加30个小时的志愿活动，例如为老年人庆祝生日，教老年人使用社交媒体，一起观看体育比赛，以及其他促进共同生活的、话题多样化的、加强关系的互动。学生和老年人之间没有你我之分（住宅单元适用于各种脆弱人群）。护理中心还邀请了社区以外的人员参与互动：邀请一群自闭症儿童在地下室搭建火车；开办多种俱乐部；对公众开放花园；邀请摄影师展出作品；为附近社区有困难的人提供临时帮助。通过这些方式，护理中心从被社会孤立转变为社会福利和社区融合的典范，成为城市内重要的代际"锚定机构"（Arentshorst et al., 2019）。

瑞士苏黎世的合作住房

苏黎世有着悠久的合作住房历史，其中最著名的卡尔克布莱特（Kalkbreite）社区于2014年完工（图5.4）。该社区优先考虑居民的心理和社会幸福感，关注社区的社会结构，体现居民主导的发展原则。居民与地方政府共同设计了这个住房项目。与其他合作住房一样，市政府以居民能够承担的价格出租土地。公有产权和资金共享意味着居民可以在其期望的共同生活方式上积极创新。双方十分注重社会和公民的包容和谐。这包括对保护环境的共同承诺，例如选择自行车交通和停放设施而非汽车停车场。该项目能容纳250人的集体生活，拥有适合核心家庭和大家庭的灵活住房单元以及共享公共空间，有些住房单元仅提供公共厨房。这些住房单元中的大多数供中等收入的居住者使用，但也有一部分可供高收入和低收入居住者使用，促进了社会经济的包容性。该项目所采用的设计方法不仅能够有效应对居民需求的不断变化，还能够灵活适应人口结构的动态调整。除了提供住房之外，该项目还在有轨电车站的上方建设了公园、工作场所、商业设施和

图 5.4 瑞士苏黎世的卡尔克布莱特社区（图片来源：Singh Simran）

娱乐场所（如电影院）。

睦邻城市的设计原则
（一般性原则）

- 设计应该以人为尺度，以人为中心。
- 社区参与也应该是规划与设计的一部分（详见"包容性城市"章节）。
- 确保良好的管理和维护，以吸引人们逗留和使用场所。

社区尺度（见图 5.5）

- 建设充足且适用的房屋，并确保这些住宅与娱乐、教育、经济等多样化的社会基础设施和便利设施位于同一地点或邻近区域。
- 住房设计应巧妙融入社会基础设施，创造公共生活和代际交流的机会，吸引并鼓励不同年龄层的人群积极参与公共空间活动，以此来促进社交互动。

- 通过设计区分私人空间和公共空间，实现隐私、安全和积极的社交互动。

- 将公共社交空间与学校或宗教等设施设计在一起，赋予空间目的性，利用人们对这些设施的规律使用和熟悉感，增强社会活力。

- 在有吸引力、安全、非正式的环境中为人们创造碰撞交流的场所，包括街道、广场、公园、游乐区、礼堂和社区中心。

- 设计精致、生动、有吸引力、视线能够穿透的店面等建筑立面（避免单调乏味、过分一致的街区）。

- 建设有关宠物与动物的便利设施和促进社交互动的基础设施，如公园、鸟窝和野生动物保护点。

- 建设免费的、面向大众的、便于逗留和聚会的第三空间，例如图书馆、教堂、社区花园和能供公众使用的半私人空间。

- 建设适合全年龄段参与的功能设施和促进社区合作的灵活设施，例如可供聊天和看风景的长椅、运动和游戏设施，以及举办庆典和各种志愿活动的场所。

城市尺度（见图5.6）

- 确保能够包容不同能力和需求群体的无障碍可达性（见"包容性城市"章节）。

- 避免排斥某些群体的建筑和规则，优先建设包容性设施，例如满足无家可归者安全和卫生需求的设施（见"包容性城市"章节）。

- 设计适宜步行和骑行的城市，包括无车步行区、维护良好的人行道、交通消音措施、街边长椅、公共卫生间、自行车停车场、共享交通服务（如共享自行车）以及良好的照明和路标。

·允许空间的灵活使用，例如临时无车步行区；允许空间共享，例如将大学的广场早上用作社区健身场所，周末用作农贸市场。

·设计公园和其他公共空间，建设座位和功能分区等促进社交互动的基础设施，以提供舒适、有趣的参与体验。

·设计灵活、趣味性强的空间以促进社交参与。

·为无家可归者提供满足其安全和卫生需求的住所、水和其他设施。

1. 社区中心
2. 精致店面
3. 住房的公共空间
4. 住房的半公半私空间（门廊+阳台）
5. 公共屋顶花园
6. 促进社交互动的座椅
7. 社区花园
8. 相互连通的步道

图5.5 睦邻城市：社区尺度

05 睦邻城市

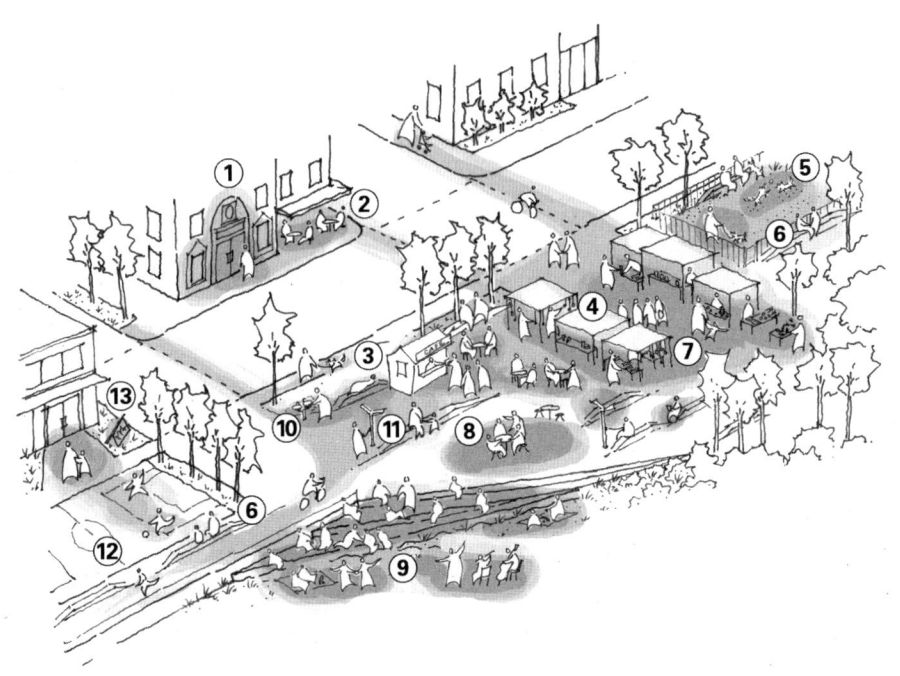

2. 社区咖啡店
3. 快闪咖啡店
4. 灵活的节日庆典空间
5. 遛狗公园
6. 用来社交或沉思的长椅
7. 农贸市场
8. 用来社交或就餐的座位
9. 聚集空间
10. 公共设施：饮用水
11. 公共设施：充电桩
12. 共享运动场地
13. 学校

图 5.6 睦邻城市：城市特征

06

活力城市
The active city

重 点

- 活力城市致力于将体育活动融入市民的日常生活，精心设计城市空间，确保所有市民都能便捷地出行。
- 活力生活的城市设计策略几乎完全是以身体健康为动机的，从而减少慢性的健康风险。然而，身体健康与心理、社交和认知的完备等都是相互关联的，因此需要考虑全面、健康的活力生活策略。
- 活力城市对心理健康的益处包括缓解抑郁和焦虑、改善压力调节等。
- 保持活力有助于大脑健康，能够提升记忆力，对老年人和儿童的健康具有重要作用。
- 充满活力的城市特色体现在多功能社区、多种交通模式（或称为"舒适"）的街道设计、优良的街道互联性、交通补助政策以及便捷的公共交通系统，还有丰富的行道树和城市绿化。
- 街景的美学特征（例如建筑的变化、视觉的愉悦）能够引发人们的好奇心，增强步行或骑行的动力。
- 城市的空间设计，尤其是其刺激性和吸引力，直接影响着人们在城市中穿行的便捷程度，进而对大脑的功能健全产生影响。
- 需要采取创新的方法，鼓励人们在日常生活中定期参与体育活动。包括对尚未充分利用的公共空间（例如空置停车场）进行改造，创建口袋公园和临时商店，推广共享单车服务，支持适合所有年龄段的交通方式，并且关注公民在步行或采取其他健康出行方式时的情绪与心理感受。

关键概念的定义

活力生活（active living）： 一种将体育活动融入日常生活的生活方式，包括步行上班或上学、乘坐公共交通工具等。活力城市的理念将在城市设计中为活力生活创造机会。

活力出行（active travel）： 与体育活动相关的出行方式，如步行、慢跑、骑自行车、滑板、轮滑和电动滑板车。

认知功能（cognitive function）： 一系列负责学习和理解的心理过程（Donnelly et al., 2016）。

大脑健康（brain health）： 在特定年龄阶段，发展和保持最佳的大脑完整性和神经网络功能（Gorelick et al., 2017）。

混合用途开发（mixed-use development）： 在生活和工作的地方周围进行混合了多种用途和活动的开发（居住、商业、文化、公共服务、娱乐），也称为"住职"空间。

多模式街道（multi-modal street）： 提供安全、便捷、有吸引力的步行、骑行、公共交通以及机动车出行方式的街道，也称为"舒适"街道。

街道连接度（street connectivity）： 与目的地之间道路网络的连接程度，连接度高的街道具有较短的街块长度和较多的十字路口数量。

什么是活力城市？

活力城市对城市的繁荣具有许多促进作用，包括经济作用（增加土地价值、增加客流量、增加零售盈利、增加就业机会）、安全作用（预防伤害）、环境效益（减少空气污染和噪音污染）和社会效益（增加社会资本和社会凝聚力）（Sallis et al., 2015）。此外，设计一个促进体育活动的城市还有益于居民身体健康。其对身体健康的益处包括减少肥胖、心血管疾病、中风、癌症、糖尿病和呼吸道疾病等慢性病的风险（Booth, Roberts & Laye, 2011）。

然而，很少有人注意到活力城市在心理、社会和认知健康方面的益处，例如通过运动减少抑郁和改善大脑功能，促进社交联系和社区建设，以及通过街道和场所的美学特征促进心理恢复。

对活力城市的益处研究主要集中在身体健康、安全性、环境（如减少空气和噪音污染）以及经济影响方面。相应的城市设计干预措施，如交通稳定化，也主要关注这些领域。然而，这些措施往往忽略了采用更全面的方法，比如考虑场所的美学特征等其他属性，这些都是激发运动行为的重要因素。因此，活力城市设计在促进心理健康方面的潜力还未被充分利用。

世界卫生组织建议人们每周至少进行 150 分钟中等强度的有氧运动（WHO, 2011）。然而在全球范围内，越来越多的久坐行为（包括开车）意味着很少有人能达到该目标。例如，在美国只有四分之一的成年人和儿童符合以上运动标准（Blackwell & Clarke, 2018）；在英国只有 17% 的老年男性和 13% 的老年女性符合这一标准（Age UK, 2011）。

基于此，我们建议将锻炼融入日常生活，让它在适宜的环境中自然发生。通过设定小而可达成的运动目标——例如步行至附近的商店——来激励人们积极锻炼，这比设立难以实现的宏伟目标要更有效，也是一种更佳的公共健康策略。随着时间的推移，这种从小目标着手的简单策略会带来显著的健康益处 [例如鼓励长期病患逐步运动的组织"我们是不可战胜的"（We Are Undefeatable）]。一些研究者认为城市设计策略会对日常锻炼产生重大影响，有助于促进每周长达 90 分钟的体育活动（Sallis et al., 2016）。在城市街道上步行、跑步或骑自行车，不但免费，而且是最亲近自然的出行方式。因此，使我们的城市更安全、更舒适、更方便，是一项有价值的基础设施投资和公共健康事项。

本章讨论了流动性如何影响情绪、社会和认知幸福感。下文将根据已知文献，确定有助于全龄活力生活的具体城市设计特征。由于目前很少有人能够达到国家建议的体育活动的目标，因此有必要提高活力出行的体验质量，采取代际体育活动等创新方法。与前文类似，本章将尽可能对研究证据进行系统或总体的综述。

理论研究

与休闲和交通相关的体育活动对心理健康都有积极作用。城市规划和设计可以通过以下四种关键途径促进体育活动的开展，从而促进心理健康和福祉（图 6.1）。

第一种途径是通过神经生物学机制实现的，即有规律的体育活动能够

环境 ENVIRONMENT

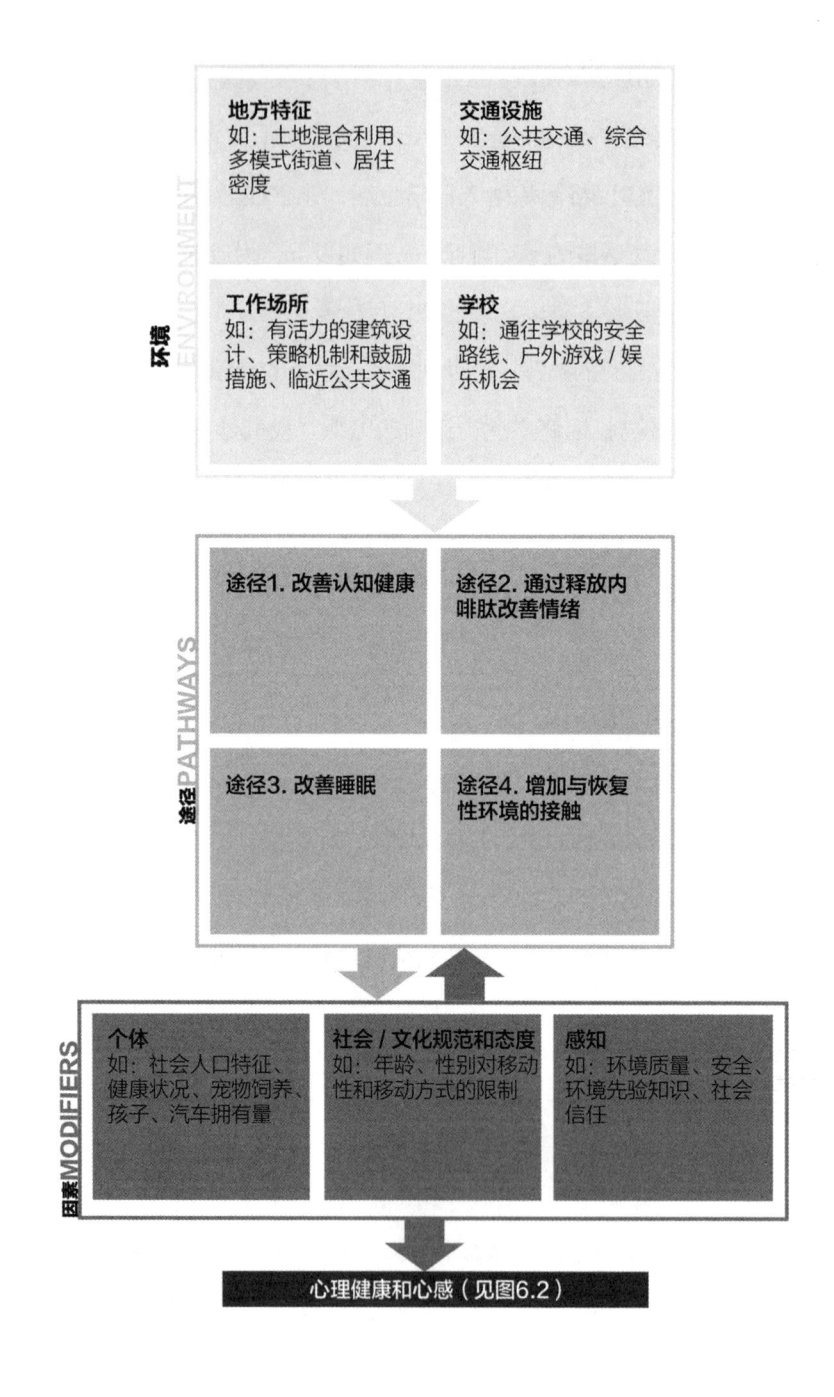

地方特征
如：土地混合利用、多模式街道、居住密度

交通设施
如：公共交通、综合交通枢纽

工作场所
如：有活力的建筑设计、策略机制和鼓励措施、临近公共交通

学校
如：通往学校的安全路线、户外游戏/娱乐机会

途径 PATHWAYS

途径1. 改善认知健康

途径2. 通过释放内啡肽改善情绪

途径3. 改善睡眠

途径4. 增加与恢复性环境的接触

因素 MODIFIERS

个体
如：社会人口特征、健康状况、宠物饲养、孩子、汽车拥有量

社会/文化规范和态度
如：年龄、性别对移动性和移动方式的限制

感知
如：环境质量、安全、环境先验知识、社会信任

心理健康和心感（见图6.2）

图 6.1 体育活动对心理健康和福祉的影响

直接对大脑健康和认知功能（如记忆和注意力）产生积极影响。在提高记忆力方面，体育活动能够增强某些大脑化学物质（包括脑源性神经营养因子、胰岛素样生长因子和血管内皮生长因子），并增加海马体的体积。其中，海马体是大脑记忆网络的关键部分，涉及空间记忆（场所记忆）、情景记忆（对特定事件的个人记忆）和语义记忆（对世界和事实的客观知识的记忆）（Erickson et al., 2011）。海马体的体积增加则有助于改善认知功能。体育活动对全年龄段人群的认知健康都有益处，包括儿童（Pesce et al., 2009）和年轻人（Stroth et al., 2009）。尤其是对中年人似乎更有益（Hörder et al., 2018；Rovio et al., 2005；Won et al., 2019），即使是轻度运动（Spartano et al., 2019），都能降低痴呆风险（Smith et al., 2013）。在注意力方面，当人们在繁忙的城市空间中穿行时，大脑中与定向注意力相关的 β 脑电波会增加；当人们在绿地（如公园）中穿行时，大脑中与放松和减少注意力相关的 α 脑电波则会增加（Neale et al., 2019）。更多运动对大脑健康的作用可参见相关详细综述（Macpherson et al., 2017）。

　　第二种途径是通过体育活动对情绪及压力恢复能力的直接促进作用实现的。参与体育活动时身体会释放内啡肽（大脑中的多巴胺、去甲肾上腺素和血清素），从而产生欣快感。目前尚不清楚这种暂时的良好感觉是否会对心理健康和福祉产生长期影响，但更有可能的是，体育活动能够通过促进社会互动（相互关联）、对身体的掌握（自我效能和感知能力）、对身体外观的自我感知（身体形象）和独立感（自主性），来对自我感知产生积极影响（Lubans et al., 2016）。

　　第三种途径是通过运动对睡眠质量的积极改善作用，进而在很大程度上保护人们的心理健康。体育活动可以改善睡眠时长、睡眠效率和入眠时间，也可以减少嗜睡（Lubans et al., 2016；见"感官城市"章节），从而促进思维的敏捷性和表现力。

第四种途径是通过引导人们在有益于心理健康和福祉的环境中参与体育活动，从而间接促进心理健康。例如，在体育活动中，人们可能会追求"绿色运动"（例如在公园里跑步，见"绿色城市"章节），使用蓝色空间（例如在河边骑行，见"蓝色城市"章节），寻求积极的感官沉浸（例如逛食品市场，见"感官城市"章节），或参与游戏（例如在运动场攀爬，见"可玩城市"章节）。体育活动还可以提供包容性体验（例如无障碍自行车，见"包容性城市"章节），或促进社交接触（例如团队游戏，见"睦邻城市"章节）。

对心理健康的影响

活力城市通过为定期运动提供机会，极大地促进了健康。尽管其对身体健康的益处不是本章讨论的重点（关于身体健康益处的综述参见 Panter et al., 2019），但它们与对心理和社会健康的益处相辅相成（图 6.2）。

活力城市有助于缓解抑郁、焦虑和压力

有规律的散步（以及其他形式的锻炼）已被证实有助于缓解抑郁、焦虑和压力（Barbour, Edenfield & Blumenthal, 2007; Martinsen, 2008; Powers, Asmundson & Smits, 2015; Smits et al., 2008）。根据对 80 项研究的荟萃分析显示，无论散步者的性别、年龄或健康状况如何，散步都能产生积极影响（North, McCullagh & Tran, 1990）。也有充分的证据表明，在户外环境中散步，尤其是在城市绿地中（"绿色运动"）散步，比在室内或在嘈杂和拥堵的"灰色"城市环境中散步更有益（Barton & Pretty,

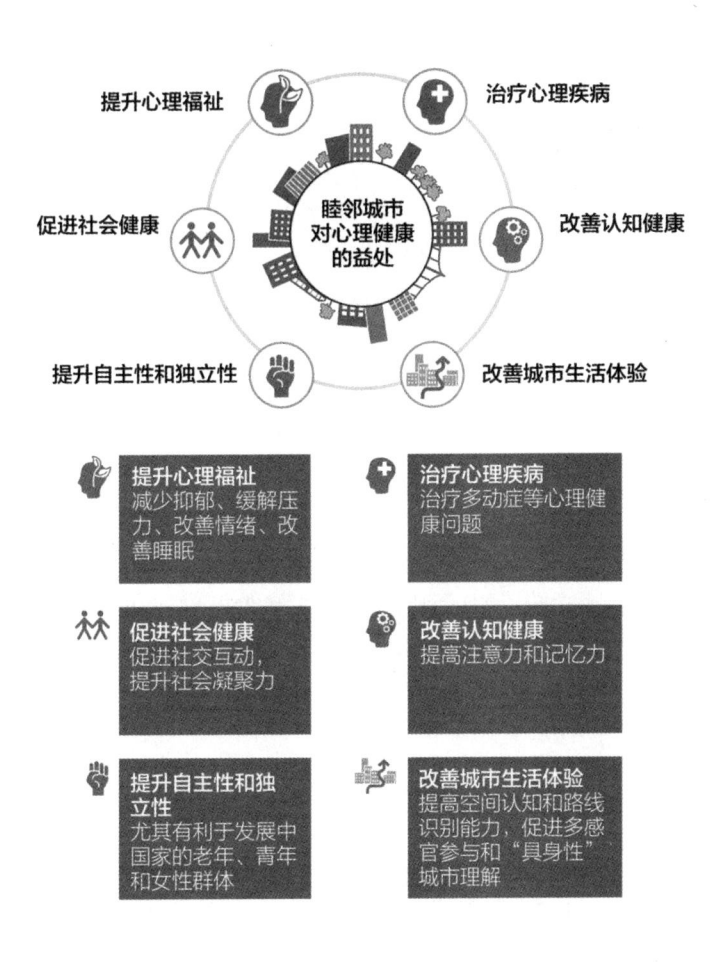

图 6.2　活力城市对心理健康和福祉的益处

2010；Kondo, Jacoby & South, 2018）。绿色运动还可以改善多动症儿童的症状并增加他们的注意力（Faber, Taylor & Kuo, 2009）。

活力城市有助于儿童和青少年的心理福祉

有关活力城市对儿童和青少年益处的研究主要侧重于步行和骑行上学对健康结果的影响，包括促进身体、情绪、社会和认知健康（Biddle &

Asare，2011；文献综合综述见 Waygood et al., 2017）。活力出行对儿童和青少年心理健康的益处包括缓解抑郁和焦虑，增强自尊（Dale et al., 2019）；改善情绪和主观幸福感（Ramanathan et al., 2014）；改善压力调节（Ramanathan et al., 2014）；提高亲子之间和孩童之间的社会融合（Romero, 2010）；改善认知健康，包括提高注意力、认知能力、工作记忆和学习成绩（Hillman et al., 2009; Kamijo et al., 2011; Kibbe et al., 2011; Pollard & Lee, 2003; Westman et al., 2013）；提高空间认知和路线识别能力，从而增强自主性（Ahmadi & Taniguchi, 2007）。然而，现有研究很大程度上忽略了儿童和青少年自主进入提升福祉的理想目的地的需求（比如参加文化活动、去往市中心或更远的"冒险"空间）。自主出行有利于自制力和自尊心（van Vliet, 1983），对儿童获取社交和游玩的机会至关重要（见第1章）。

目前的研究侧重于小学生的活动和教学方案，鲜少有证据表明活力城市对青少年健康和福祉的益处。面向青少年的活力城市在很大程度上被忽视了。研究表明，从青少年的角度来看，一个有活力的城市应该能够允许自由活动（包括滑板和自由跑等不同寻常的交通方式）；保证人身安全；允许进出各种场所与朋友见面、进行正式或非正式的游玩、参与体育和冒险活动、从事社区工作、购物和参加城市文化活动；允许在公共场所自由聚集，而非遭受"强光灯"和"报警器"等措施的威慑（Roe & Roe, 2019）。

活力城市有助于缓解痴呆症状并减少患病风险

定期锻炼能提高大脑的抗衰老能力，这也被称为大脑"储备"，有助于缓解晚年认知能力下降。痴呆是21世纪全球公共健康和社会保障面临的最大挑战，而活力城市有助于大脑的健康式老化，减轻痴呆造成的负担

(Livingston et al., 2017)。

活力城市有助于空间认知和路线识别

了解目的地和去往目的地的交通方式与许多心理健康因素有关，包括控制感、压力水平和环境掌控度。每个人的大脑中都植入了自己的"内部GPS"系统，即存储在大脑中关于场所的心理地图或"认知地图"，它使人们能够使用各种线索和地标有效地在空间中导航，即城市的"可意向性"（Lynch, 1960）。然而，新的GPS技术正在改变人们在城市中导航的方式，改变人们的出行选择，进而改变人们的个人掌控感。谷歌地图（以及其他智能手机应用程序）使人们无须通过扫描城市来获取空间知识，也无须在脑海中形成路线地图（和城市意向），这可能会改变人们与环境的关系。目前尚不清楚这些技术对人们的城市体验、长期空间记忆能力和福祉的影响，但早期研究表明，使用"卫星导航"会对大脑中与导航相关的海马体产生影响（Javadi et al., 2017）。

活力城市有助于改善社会幸福感

城市中的移动是一种社会活动。例如，在意大利的城市中悠闲地散步，能够为自发和有组织的社交接触提供机会，增加社会凝聚力和社区联系。然而，仅有少数研究验证了活力生活设计与增加社会效益之间的联系。大多数研究面向的是具体的城市设计干预措施对增加客流量和街头人数的影响，而不是对社会健康结果的影响。例如，多模式街道设计促使行人流量增长了76%（GDCI, 2016）。同样，无车街道将更多行人引入城市，促进城市生活和公众参与。Ciclovias（西班牙语，指暂时禁止汽车通行，允许步行、跑步、骑行者前往的街道）增加了社交互动，美国的一项研究认为Ciclovias可以增强社区意识（Hipp, Eyler & Kuhlberg, 2013），另一项研究表明，这类干预措施可以提高生活质量（Gössling et al., 2019）。

城市公园和绿地的可达性是活力城市的一个关键特征，有利于提高社会幸福感（见"绿色城市"章节），包括减少孤独感（Maas et al., 2009），增进社会融合（Kweon, Sullivan & Wiley, 1998）和归属感（Ward Thompson et al., 2016）。温馨的房前花园也有利于促进街道活动和邻里的社交互动（Gehl, 1986），并有助于提升情绪幸福感（Chalmin-Pui et al., 2019）。宜步行性和前往理想目的地的便利性与增进社会凝聚力（Mazumdar et al., 2017）和社区感（Wood, Frank & Giles-Corti, 2010）显著相关。

与私家车出行相比，使用公共交通还能增加社交机会和社交满意度（Besser, Marcus & Frumkin, 2008; Christian, 2012; Delmelle, Haslauer & Prinz, 2013; Mattisson, Håkansson & Jakobsson, 2015）。通勤时间也会影响社会结果，包括社会参与度和与家人相处的时间（Besser et al., 2008; Mattisson et al., 2015）。通过出行补贴促进公共交通，可以减少社会排斥和社会孤立（Holt-Lunstad, Smith & Layton, 2010），尤其是对老年人等高危群体。例如，伦敦公共交通的票价优惠资格增加了社区对年轻人和老年人的包容性（Jones et al., 2013）。使用不同的交通方式（自行车、汽车和公共交通）可以显著减少老年人的孤独感，并支持其独立生活（van den Berg et al., 2016）。

影响因素

个人特征会影响人们对活力城市的参与方式，包括年龄、性别、种族、社会经济地位和健康状况等因素。生活方式也是重要的影响因素，比如是否拥有子女、是否遛狗或是否有车。

人们的个人感知同样会起到影响作用，包括人们对环境质量的评估、安全感、对邻里的先验知识、社会信任和环境信念。

除此之外还有社会态度和文化规范的影响作用，例如对行为和交通方式的性别限制（例如，一些国家禁止女性骑自行车），以及允许年轻人偏好滑板、轮滑和踏板车等特殊交通方式。

活力城市的设计方法

在过去的几十年里，"活力生活"的研究一直认为某些设计和政策特征（措施）能够促进体育活动，尽管这些研究很大程度上仅限于中高收入国家。有必要进一步研究这些特征是如何协同作用的，它们如何成功地促进低收入国家的体育活动，以及在快速发展、扩张的城市中实现这些特征所面临的挑战。

与活力生活方式相关的空间特征包括居住密度（在某个地区生活和工作的人数）、混合用途开发（服务和活动的多样化组合）、有活力的建筑设计（例如桥梁和楼梯间）、街道连接度（街道与安全的交岔路口之间的连接）、交通稳静化、分隔人行道和自行车道、就近修建公园、增加行道树和城市绿化（Panter et al., 2019; Sallis et al., 2012, 2015, 2016）。活力城市能为跑步、网球、游泳等传统体育活动提供更多机会，并将体育活动融入日常生活，提倡步行、骑行以及使用公共交通工具上学和上班。能够促进活力生活的公共政策包括提供公交补贴、制定职场或校园体育活动计划，以及鼓励步行和骑行。

然而，这些设计方法不应独立实施，其原因有以下两点：首先，这些活力城市的特征组合比单一使用更能有效地促进体育活动，这表明活力城市需要综合的设计方法（Sallis et al., 2015）。其次，环境会影响活力城市设计的成效，例如，虽然增加住宅密度能够促进体育活动，但也会加重交通、噪音和空气污染，对健康有害。设计成效还会受到多种个人和行为因素的影响，包括社会和文化偏好、是否育儿或养狗、对社区的熟悉程度等。活力城市的主要特征包括：

可达性和街道连接度

更好的街道连接度始终与活力生活紧密相关（Badland, Schofield & Garrett, 2008; Hajrasouliha & Yin, 2015; Koohsari et al., 2014; Panter et al., 2019）。通常，街道连接度是通过街道之间的物理连接来测量的。更高的物理连接度通常意味着到达目的地的时间更短，但这种基于参数的测量方法忽略了行人的心理体验以及步行的愉悦程度。例如，活力城市设计会用更愉悦但耗时更长的步行来取代短暂但不愉悦的行程。此外，更高的街道连接度可能会增加居住区街道的交通量（Handy, Paterson & Butler, 2003）。

安全路线

行人和骑行者的安全路线应与机动车分隔，提供良好的夜间照明，增加人身安全感，降低犯罪风险，从而增加宜步行、宜骑行性（Panter et al., 2019）。安全路线也包括交通减速带和便利的人行横道。

土地混合利用

在居住区和办公区附近提供多样化的服务和活动，能够促进人们进行体育活动（Durand et al., 2011; Sallis et al., 2012），并促使城市推行紧凑型发展的规划政策，例如"20 分钟城市"模式。在该模式下，人们通过在 20 分钟内的步行、骑行或乘坐公共交通就能满足其工作和生活需求（目前正在美国俄勒冈州波特兰市试行）。然而，土地混合利用的实现难度很高，需要私人投资者、房地产开发商以及政府机构合力完成。此外，对不同地域和文化的研究结果也存在差异（Sallis et al., 2016）。

居住密度

居住密度通常定义为居民数量除以给定区域或街区的面积，但城市密度比某地的人数统计更为复杂。在混合用途的街区，居民可能只占总人口的一小部分（即密度包括工作人数、途经人数等），而且在工作时间和周末，居住密度也会产生变化。此外，较高的居住密度经常被误解为高层住宅（尤其是房地产开发商），但建造高层并不一定会增加居住密度（例如，纽约市的公寓排他性强、面积大且价格高，从而降低了人口密度）。尽管目前证据不足，但与替代性住房相比，高层公共住房（四层或四层以上）与较差的心理和社会健康有关（Barros et al., 2019）。居住密度与健康结果的关系复杂，有利有弊。更高的居住密度促进了更有活力的街头生活，但居住人口的增多也会增加噪音，导致生活环境拥挤，从而增加压力因素。虽然更高的居住密度有助于提升环境可持续性和经济效益，但它并不能促进体育活动，甚至可能带来更多空气污染和安全问题（Sallis et al., 2015）。

公园和行道树

一项系统综述得出结论，认为城市绿化作为促进体育活动的城市设计特征之一，对心理健康的益处最为显著（Sallis et al., 2015）。公园和城市绿化、行道树不仅能够激励人们参与体育活动（见"绿色城市"章节），还能促进特定的娱乐活动（如游戏、野餐）。此外，社区公园网络形成了重要的绿色"走廊"，便于人们步行或骑行至工作地点、学校等目的地。这些发现与恢复性环境的研究相吻合，表明设计城市绿地有助于缓解人们的认知过载，包括在繁忙的十字路口建设辅助设施（安全通道、标志），以及规划绿化空间来恢复注意力。

全龄活力城市设计特征

活力城市的特定特征不仅促进了社区生活活力，还为儿童、青少年和老年人带来了显著的心理健康益处。户外城市环境的特征已被证实能够改善儿童、青少年和老年人的移动性（Arup, 2017; Tinker & Ginn, 2015）。这些特征在世界卫生组织推崇的老年友好城市（WHO, 2007）和联合国儿童基金会倡导的儿童友好城市（UNICEF, 2018）中得到了推广，并具有协同作用。这些特征包括（许多已在本书的其他章节中展开介绍过）：

· 舒适、交通稳静化、人行道宽阔且平整的街道，数量充足且间隔不远的人行横道和充足的座位（包括矮墙等非正式座位）

· 轮类交通工具的可达性（例如婴儿车、童车、轮椅、滚轮助行器和其他助行器）

· 清晰可见、位置恰当且易于阅读的标识

· 有遮蔽的公交车站，配有舒适的座位和电子到站通知

- 维护良好的公共卫生间和饮水机

- 公共花园和参与园艺活动的机会（如社区花园）

- 当地公园、城市绿化和水环境

- 行道树和遮阳棚，以防止热应激

- 街道美学和建筑趣味

- 独立的出行选择（例如面向老年人和儿童的免费公共交通、共享单车和共享汽车）

- 为探索和好奇提供活动机会

- 全龄户外健身场地和代际游乐场

- 为老年人和年轻人之间的协同趣味活动提供机会

活力出行的心理体验

人们出行时进行选择的动机不仅是从 A 地到 B 地的便利性、速度或可负担性，还有体验感和出行带来的相关积极影响（Jensen, Sheller & Wind, 2015）。除了城市环境的实际属性外，空间的情感维度（感到放松、紧张、安全的程度）也会直接影响步行和其他活力出行方式的路线选择，以及人们在环境中穿行和探索的动机。不仅是出行距离（或步数），人们与空间的情感联系也会影响健康结果。

促进健康的交通政策大多数聚焦于增加体育活动和减少驾驶。因此，主要的城市设计方法是通过交通稳静化措施和营造舒适的街道以增加步行和骑行的机会。衡量设计是否成功的标准通常包括出行距离、出行频率，以及改造前后的步行和骑行人数（GDCI, 2016）。但"出行的体验，即日常生活如何塑造人们的移动性，超过了出行距离或出行次数"的重要性（Mondschein, 2018:19）。街道美学、与周围环境的接触、街道的感官刺激等出行体验被忽视了。可以说，步行（或骑行、滑板、滑板车）比开车更能体现一个地方的"生活体验"。尽管城市设计师和交通规划者已经开始探索如何促进宜步行性，但这些研究仍进展缓慢（Bornioli Pankhurst & Morgan, 2018, 2019; Mondschein, 2018）。

场所的美学、"趣味性"和建筑的变化增加了人们步行或骑行的可能性（Panter et al., 2019），有利于心理恢复、提升幸福感和减轻感知压力（Bornioli et al., 2019; Knöll et al., 2019; Lindal & Hartig, 2013）。

场所的美学和趣味性中最有利于促进心理幸福的特征是城市绿化。与繁忙的城市街道（噪音和交通流量大）相比，在绿化空间中行走（"绿色运动"）对心理幸福感的促进作用是得到公认的（Barton & Pretty, 2010）。然而，增加绿化空间并不总是可行的（还需要长期维护）。关于哪些场所美学特征（如颜色、图案、复杂性）能够通过影响出行来促进心理幸福感的研究仍处于起步阶段，且是未来研究的一个重要方向。例如在几项关于城市步行的研究中发现，在历史悠久的市中心步行有助于改善情绪（Bornioli et al., 2018），这无论是对于健康人群，还是有心理健康问题的成年人来说都有作用（Roe & Aspinall, 2011）。这可能是因为历史街道立面的内在魅力和视觉复杂性促进了非自主性注意力（见"绿色城市"和"感官城市"章节）。如今，移动电话技术能够帮助研究人员捕捉人群在城市中移动时的心理体验，其体验与自然条件、噪音水平、安全性和感官刺激等因素有关。不出所料的是，这些研究都发现人们在自然环境中感到更快乐（Bakolis et al., 2018; MacKerron & Mourato, 2013）。然而快乐是一种短暂的感觉，目前这些技术还无法找到这些因素与长期心理健康结果之间的确切相关性。

空间句法（space syntax）是为理解移动性与心理健康结果之间关系而开创的另一个工具。该方法起源于建筑和城市设计，描述并量化了建成环境的四个空间属性：建筑密度、街道连接度、可见性和主要开放空间类型（如公园、庭院、街道）(Hillier & Hanson, 1989; Hillier, Hanson & Graham, 1987)。这项研究主要研究宜步行性、行人流量和街道整合之间的关系，而非心理幸福感(Koohsari et al., 2019; Lerman, Rofè & Omer, 2014)。然而，这些城市形态的空间属性也会影响心理健康结果。德国达姆施塔特市的一项研究表明，良好的街道连接度（可达性和宜步行性）与缓解压力显著相关，强调了宜步行性连接对心理福祉的重要性。视觉复杂性（街道立面中有更多细节和更高复杂程度）也与缓解压力显著相关(Knöll et al., 2019)，这需要设计更具视觉吸引力的建筑立面来吸引人们的注意力和好奇心。尽管还需要在更多不同的城市进行此类研究，但该框架特别能彰显建成环境的特定属性对压力的影响。

当然，在城市形态和街道布局（以及人类行为）已经数十年不变的城市中，将空间句法等模型研究结果转化为改善街道连接度的设计措施，或引入土地混合利用的策略，都是极其复杂的。这需要远见卓识、领导才能、合作伙伴、灵活变通以及社区变革的意愿。下文将讨论一个正在实现这一愿景的城市——巴塞罗那。

活力城市案例

西班牙巴塞罗那的超级街区模式

巴塞罗那实施的新型"超级街区"模式引领了健康城市主义的步伐，该模式将交通稳静化区域与新的公园、游乐场和广场相结合，以减少机动车辆并促进活力生活（图6.3）。世界上尚没有其他城市设想过这样一种健康城市

图 6.3 西班牙巴塞罗那的超级街区（图片来源：Abigail Chan）

的"宏伟计划"（Roberts，2019），其中约 70% 的城市街道是无车的混合用途区域。预计总共建设 500 个超级街区，其中 4 个超级街区已经完工，分别是波恩（Born）街区、格拉西亚（Gracia）街区、波布伦诺（Poblenou）街区和圣安东尼（Sant Antoni）街区；另有 3 个街区正在建设中，即莱斯科特（Les Corts）街区、奥尔塔（Horta）街区和霍斯塔夫兰克斯（Hostafrancs）街区；还有 10 个处于规划阶段。"理想化"的超级街区由 9 个方形城市街块组成，约有 6000 名居民，当然也会有一些变化。街道设计优先考虑步行或骑行，交通速度限制在每小时 16 千米，车辆通行仅限于居民车辆和送货车辆。停车场主要在地下，公共空间优先用于公园或广场（设有野餐桌）、城市绿化、游乐、运动和露天音乐会。超级街区是一个社会单元，能够容纳不同年龄、种族和社会经济阶层的人群，并通过新的公园和广场增加社交接触的机会。标识、照明和人行横道等设施也进行了创造性设计，培养了每个街区独特的地方感。同时，选址是超级街区模式的另一个关键策略，将选在现有设施和目的地（或"吸引点"）周围，比如圣安东尼市场。

波布伦诺（Poblenou）街区是该项目的试点社区，通过社区参与和战术城市主义（tactical urbanism）的方法来测试各种设计方案（例如成本和短期变化），试图在进行永久性改变之前对城市设计干预措施进行试验和调整，并观察居民行为和反应的变化。

迄今为止，对该社会仅进行了预测性的健康分析，预测了实质性的环境收益（减少空气污染、噪音污染和热应激）、体育活动增加量和死亡率减少量（过早死亡、道路伤害和心脏病）（Mueller et al., 2020），还尚未对现实的健康结果进行评估，包括心理和社会幸福感指标以及体育活动指标。此外，了解社会经济弱势居民（包括少数群体）如何从超级街区模式和宜步行措施中受益也很重要。

有人将巴塞罗那的500个超级街区愿景描述为"乌托邦"，认为其可能会受到加泰罗尼亚政治制度和领导层变动的影响（Roberts, 2019）。由于担心"超级街区绅士化"、租金上涨、居民流离失所和外围街道交通拥堵等问题，该模式也存在争议。解决上述问题的措施包括提供社会住房、控制租金乃至重新设计整个城市公共交通系统，创建一个将步行（骑行）路线与公共汽车（地铁）站相连的综合交通网络，能够同时满足居住在远郊、近郊和城市居民的通勤需求（Roberts, 2019）。

有人认为，比起美国的部分城市或德里、加德满都等快速城市化地区，巴塞罗那和其他欧洲城市的街道设计更容易实施超级街区式设计干预。这是由于美国的城市空间构成形式主要为汽车行驶而设计，包括广阔的郊区、多车道高速公路和州际公路，以及购物中心。同时，美国城市拥有空间优势和机会，能够整合新的基础设施。美国的战术城市主义策略已经成功展示了如何将原本的多车道高速公路进行改造，使其更加适合人们步行、游乐和社交。鉴于此类干预措施的成功，将空间条件作为无法干预的理由似乎是站不住脚的。

活力城市的设计原则
（一般性原则）

• 可参考一些优秀的活力城市设计指南，如《全球街道设计指南》（*Global Street Design Guide,* GDCI, 2016）、《活力城市设计指南》（*Civic Design Guidelines,* Center for Active Design, 2010）、《移动活力城市的设计》（*Designed to Move Active Cities,* Center for Active Design, 2016）。

• 作为一个总体目标，我们呼吁城市设计师和建筑师创造性地将"活力"融入日常环境中，例如将楼梯间和桥梁等"活动项目"自身打造成"吸引点"（比电梯更具吸引力），人们可以在此逗留，而不仅仅是通过后前往其他地方。

社区尺度和城市尺度（见图6.4、图6.5）

开放空间和公园（结合"绿色城市"章节的设计指南阅读）

• 建设离家5分钟步行路程内的小型公园，15分钟步行路程内的大型公园。

• 将公园与多模式街道和其他城市绿化连接起来。

• 种植行道树，鼓励房前花园设计和"软质"的街道边缘。

混合用途设计

• 在离家20分钟步行路程内建设功能多样的设施（住宅、学校、商业、文化、娱乐等）。

• 在社区中提供经济多样化的住房组合。

06 活力城市

1. 地铁
2. 步行 + 骑行小径
3. 安全的十字路口
4. 共享汽车
5. 开放的活力空间
6. 运动路线
7. 公交车站：候车亭 + 座椅
8. 共享单车
9. 非机动车道

图 6.4 活力城市：社区尺度

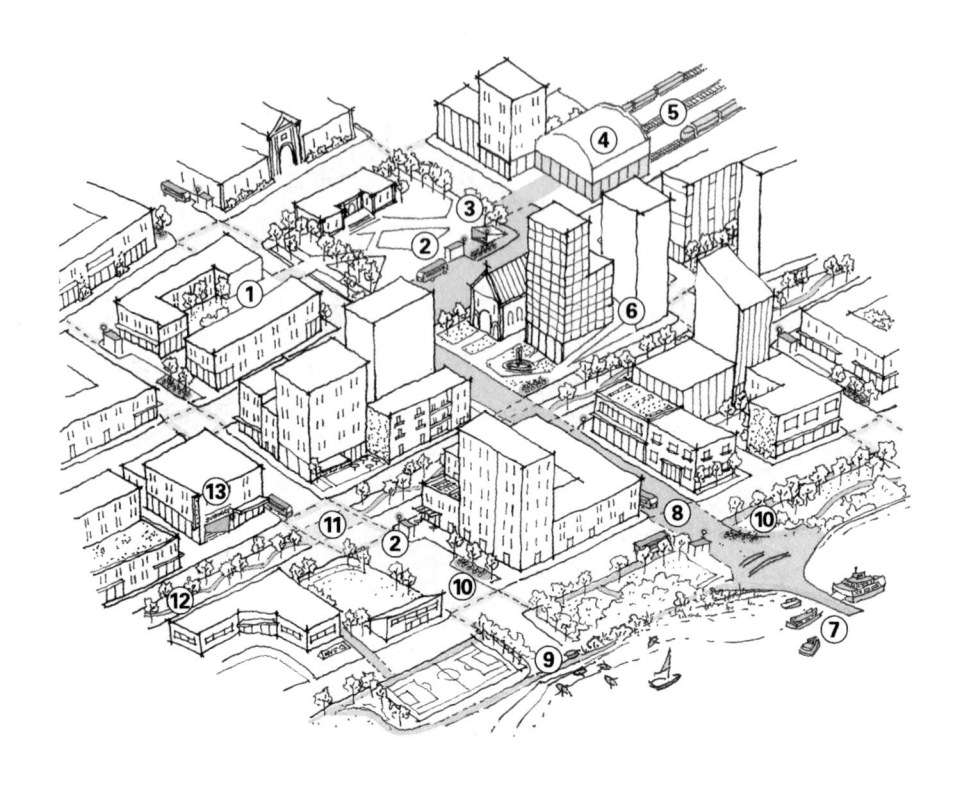

1. 穿过街区的步行街
2. 公交车站：候车亭 + 座椅
3. 地铁出入口
4. 多式联运交通枢纽
5. 区域连接
6. 建筑活力环
7. 水上运输：轮渡、水上出租车
8. 连接交通枢纽和水路的干道
9. 骑行小径，滨水连接 + 滨水活动
10. 共享单车
11. 安全的十字路口
12. 绿化带和骑行小径
13. 地铁出入口

图 6.5 活力城市：城市尺度

- 通过较短的街区长度和安全、充足的交岔路口促进设施之间的连接度，提供目的地之间的直达路线。
- 提供混合收入和多单元住房（如共享、代际、保障住房），并与商业、服务设施和交通枢纽一起建造在活动中心附近。
- 重新组织城市停车场（例如地下停车场或综合公共交通的城外停车场）。

街道设计（另见《全球街道设计指南》）

- 提供多种交通方式（安全连续的骑行、步行、滑板或滑板车路线），宽阔的人行道、自行车道、自行车停车场和安全的十字路口。
- 提供良好的照明和足够的座椅。
- 提高细部设计（标识、照明、路沿、座椅）的创意，产生独特的地方感。
- 在主要"吸引点"和日常目的地（如火车站、市场）周围设置行人专用区。
- 将连接空间（例如桥梁和公共楼梯间）设计为社交场所，以鼓励人们使用。
- 使路线识别更加直观（例如独特的地标和节点设计）。
- 避免车库墙壁面向街道。
- 为死胡同建设出口，以便行人通行。

自行车基础设施

- 提供清晰全面的标识和自行车专用信号灯。
- 设计与行人和机动车分隔的自行车道。
- 提供与公交站点相连的综合自行车道。

- 为长途通勤提供高速自行车道。
- 在公共汽车或火车上设置自行车架。
- 在办公区和公交枢纽处提供自行车停放场区或停车棚，配备饮水机、公共储物柜和公共淋浴间。
- 促进共享单车计划。
- 确保铁路与道路的平面交叉安全。
- 为繁忙的高速公路提供照明。
- 为隧道和地下通道提供照明。
- 在全城范围内建设充气设施。

公共交通

- 提供可达性高、规律、综合的公共交通。
- 提供方便、实惠、安全、舒适且公平的公共交通。
- 促进自行车、滑板车的租赁和共享计划。

学校

- 将学校开设在离家步行或骑行可达的范围内，并配置通往学校的安全路线（例如步行路线和公交路线）。
- 鼓励签订共享协议，在晚上和周末向社区开放学校的娱乐、体育和绿化设施。

活力建筑设计（另见《活力城市设计指南》）

- 确保建筑正面面向街道开放，允许和欢迎所有人进入，特别是公共设施（例如图书馆和公共卫生间）。

- 将楼梯设计为可供临时社交的场所，使入口开放且醒目。
- 将建筑与绿化空间和城市绿廊连接起来，以便人们休息或午间娱乐，以及步行或骑行上下班。
- 连接建筑与公交系统。
- 为弱势群体（如儿童、老年人）提供公交补贴。
- 提供夜间照明，方便晚上散步。

使用未充分利用的设施

- 重新组织停车场，提供车位改造的微型公园（parklet），优先停放自行车并提供自行车棚。
- 将空地改造为快闪商店、微型公园、社区花园和城市农场。
- 改造和回收未充分利用的设施，如废弃的高架桥、铁路、工业建筑等。

活力生活的政策与推广

- 提供活力交通的路线信息（例如绿色巴士和步行地图）。
- 鼓励雇主们提供活力交通的激励措施，促进步行会议和楼梯的使用。
- 改善场所管理，最大限度地减少犯罪和破坏行为，提高人们的安全感和自豪感。
- 在进行长期的结构性变革之前，借助战术城市主义的理念，试验多种能促进健康行为的设计方案。

07

可玩城市
The playable city

重 点

- 可玩城市能够培养创造能力、学习能力、自我认同、独立选择能力和社交互动能力。
- 游戏机会对儿童和青少年的健康至关重要，有助于儿童和青少年的身体、社交、认知和情感发展。此外，可玩城市还有助于成年人的持续发展。
- 多功能开放空间应适合全年龄段人群享用。
- 可玩城市鼓励人们与城市互动，促进公众参与。
- 可玩城市有两种主要特征：纯游戏环境（专门为游戏设计的道具和环境，如游乐场）和其他可玩环境（并非为游戏设计的，但可以进行游戏活动的环境）。
- 可玩城市需要从跨地理和跨文化的角度来理解。

关键概念的定义

游戏（play）： 一种为了自身愉悦而自发进行的活动。

有趣味的（playful）： 一种立场或态度（或性格特征）；一种参与和融入世界的方式（Sicart，2014）。

可游戏性（play affordance）： 环境为个人提供的游戏机会或可能性，即"我能从中得到什么"（简称 WIIFM）（Gibson，1979）。

适用的游戏（appropriative play）： 环境中存在的而非预先设计的游戏（Sicart，2014）。

纯游戏环境（pure-play context）： 一种纯粹为了游戏目的而设计的环境，没有其他功能。

可玩环境（play-able context）： 一个由物、人、地方组成的网络，可用于娱乐活动、个人表达、表演或公民集会。

什么是可玩城市？

136 适合全年龄段人群的可玩城市理念并不是一个新的提议。历史上，城市总是为成年人提供有趣味的设施（例如古罗马的农神节是冬季聚会和狂欢的节日，中世纪的狂欢节，以及维多利亚时代伦敦和纽约的游乐花园）。关于可玩城市的抽象概念也层出不穷。例如，20世纪的情境主义运动促使人们创造性地思考如何与城市互动，产生了在街道上"漂移"的想法，这是20世纪早期的一种城市心理游戏（Ackermann, Rauscher & Stein, 2016）。

游戏有益于身心健康的主张并非新的观点，但将游戏作为城市设计的考量因素却很晚才出现。联合国发起了"儿童友好城市"运动，在优先考虑游戏的城市设计方面取得了很大成就。儿童友好城市设计正在全球范围内受到广泛关注，其特征及其对健康的积极影响已得到充分的验证（Arup, 2017）。然而，人们往往忽视了游戏对儿童以外人群的益处。这种设计主要以儿童为中心，尽管游戏对于儿童的身体、社交、心理和认知发展至关重要，但游戏对青少年和成年人的积极作用却鲜少受到重视。至于适合所有年龄层的通用、可玩性城市设计，关注的人更是寥寥无几。通常，游乐设施只是被安置在城市中的某些特定区域，没有形成连贯的空间网络，缺乏为儿童提供连接空间（如游戏小径）的城市环境考量。新兴的城市运动（如"可玩城市"）是对以上两种设想的挑战，它将城市视为面向所有人的无限游乐场，其中蕴藏着丰富的创造性机遇。

137 游戏是一个难以定义的复杂概念，关于游戏是什么及其益处的理论可以追溯到几十年前（Erikson, 1968; Huizinga, 1938）。在传统意义上，游戏可以被定义为任何一种愉快的、自发的活动，这些活动是出于自身缘由（即纯粹的快乐），而非出于任何其他最终目标（Graham & Burghardt, 2010）。游戏最基本的特征是包含乐趣，但也充满不确定性、预期、挑战、惊喜、灵活性和解决问题的过程（UN, 2013）。城市通常会建设针对特定年龄段的游乐场，大多位于公园、学校和公共住宅区，但基本是隔离且封闭的。

在成年人的生活中，游戏的定义并不明确，且通常被认为是不重要的、不务正业的，而非幸福的必需品。然而，理论学者和经验主义者都驳斥了成年后游戏与工作相悖的说法（Csikszentmihalyi, 2008）。另一种看待游戏的方式是"心流"——一种沉浸其中的状态。当某种挑战与游戏者的技能水平相匹配时，游戏者既不会因为太容易而感到无聊，也不会因为太难而感到焦虑（Csikszentmihalyi, 2008）。因此，"心流"抓住了成年人游戏的精髓：完全沉浸且获得快乐。

学者米格尔·西卡特（Miguel Sicart）对游戏的"无目的"定义（以及工作和游戏之间的划分）提出了质疑，他认为游戏是具有其自身目的的，是一种参与和表达人们存在的方式。游戏与地方感、身份感以及与世界的关系都非常重要："游戏使我们体验世界，构建世界，探索我们是谁，我们能说什么。"（Sicart, 2014）游戏具有创造性、表现性、适用性、个人性和自发性（Sicart, 2016）。因此，游戏是塑造繁荣社会（Huizinga, 1938）、培养有意义的生活（Pellis & Pellis, 2010）的重要过程。简而言之，游戏是一种人们"存在于世界"的方式（Sicart, 2014）。因而游戏是心理福祉的重要决定因素。

此外，西卡特和其他学者（例如 Proyer, 2017）明确区分了游戏（作为一种活动）与趣味性（这更多地表现为对世界的态度或立场）之间的差异。有趣味的人有能力（或性格）改变任何环境，使其更加愉快和刺激。西卡特认为，两者的区别至关重要，因为它阐明了对可玩城市设计的两种不同思考方式（Sicart，2016）：游戏通常发生在专门设计的物品上和环境中（例如游乐场），但趣味性是使物体或环境"游戏化"，从而进行适用的、个人的表达。例如滑板和跑酷，这两种运动所用的街道设施（台阶、栏杆、横档）都不是城市设计师专门为其设计的。

可玩城市为游戏者们提供了重新想象或重建日常环境的机会。这可以发生在正式设计的游戏空间中——例如提供道具用于游戏的游乐场，以及激发"游戏者"以不同方式与空间进行互动的公共艺术装置［例如芝加哥的户外雕塑"云门"（见图7.4），通过镜像反射，鼓励游客和居民参与城市景观并融入所在场所］，也可以发生在适用的游戏空间［例如跑酷或《宝可梦GO》游戏，通过技术将日常空间作为游戏背景，使这些空间对玩家具有新的意义（见Knöll & Roe，2016）］。因此，游戏能够激发创造性的表达，促进人与人、人与城市环境间的联系。

游戏可以是身体活动，也可以是一种非身体活动，一种精神自由的形式（如空想、漫无目的的闲逛），使人能够逃避日常责任、惯例和规则。这需要能够激发空想、漂移和沉思的环境——一个能够引发深层思考的情感游乐场。这个游乐场能够提供一种远离感、异界感，与恢复性环境的属性相似。

可玩城市总是在创造想象和体验城市的新方式（Sicart，2016），为全年龄段人群提供游戏和展示趣味性的机会。它具有颠覆性，也可能是另类的：将城市作为游乐场来挑战现有或"传统"的空间使用方式，允许人们在城市环境中创造性地表达和互动。因此，可玩城市从根本上是以人为本且宜居的，它促进居民生活的趣味性、创造力、自我表达、自发性和社会联系。简而言之，它鼓励居民变得有活力，积极地为自身健康和福祉而改造空间。

本章将探讨可玩城市的潜力,即将城市视为一个游乐场,以此来促进居民的心理和身体健康。在定义了可玩城市,以及从生命周期的角度来理解游戏的含义之后,下文将对游戏在促进心理健康方面的作用进行总结,进而详述全龄可玩城市的特征。随着城市人群久坐不动的现象日益严重,我们建议通过可玩城市为居民、游客和城市环境提供一种富有创造性、刺激性和趣味性的互动方式,以此来促进各类人群的福祉。

理论研究

探索游戏对身心健康益处的研究往往采用零碎的、针对特定年龄的方法,并使用游戏的传统定义(作为一种有时间限制的活动)。然而,游戏(和趣味性)可能是一种贯穿终生的"存在",而非参加特定的活动。游戏对全年龄段人群的心理健康都有积极影响。城市规划和设计可以通过以下五种关键途径增加游戏体验,从而带来更积极的心理健康和福祉结果(图7.1)。

游戏促进心理健康的第一种途径是促进青少年的社交和情感发展(Berk, 2013; Frost, 1988; Ginsburg, 2007; Shonkoff & Phillips, 2000; Tamis-LeMonda et al., 2004)。正因为此,联合国在《儿童权利公约》(UN, 1989)中强调了儿童(0—18岁)的游戏权利,认为游戏在儿童健康发展的过程中,与营养、住房、医疗保健和教育同等重要。幼年时,游戏可以帮助儿童发展关键的社交、情感、身体和认知能力,尝试新的行为和身份,这是自我发展和成长的关键组成部分(Nijhof et al., 2018)。游戏还可以培养创造力、想象力、自信和自我效能(Lester & Russell, 2010),

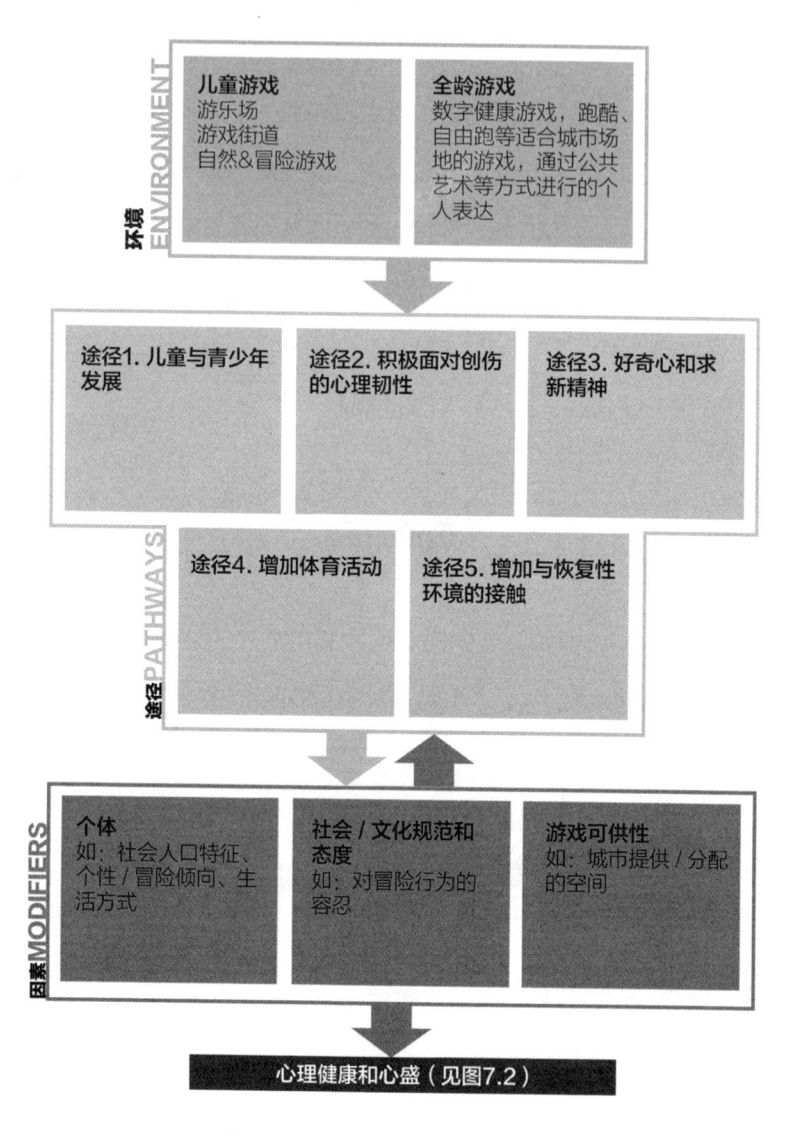

```
┌─环境 ENVIRONMENT──────────────────────────────┐
│  儿童游戏              全龄游戏                │
│  游乐场                数字健康游戏，跑酷、    │
│  游戏街道              自由跑等适合城市场      │
│  自然&冒险游戏         地的游戏，通过公共      │
│                        艺术等方式进行的个      │
│                        人表达                  │
└──────────────────────────────────────────────┘

┌─途径 PATHWAYS────────────────────────────────┐
│  途径1.儿童与青少年   途径2.积极面对创伤   途径3.好奇心和求
│  发展                 的心理韧性           新精神
│
│  途径4.增加体育活动   途径5.增加与恢复性
│                       环境的接触
└──────────────────────────────────────────────┘

┌─因素 MODIFIERS───────────────────────────────┐
│  个体                 社会/文化规范和      游戏可供性
│  如：社会人口特征、   态度                 如：城市提供/分配
│  个性/冒险倾向、生    如：对冒险行为的     的空间
│  活方式               容忍
└──────────────────────────────────────────────┘

           心理健康和心盛（见图7.2）
```

图 7.1 可玩城市对心理健康和福祉的影响

并在友谊的形成和维持过程中发挥重要作用（Panksepp, 2007）。游戏还具有保护作用，能够增强适应能力和韧性，帮助儿童更好地应对压力以及不幸的童年经历（Fearn & Howard, 2011; Lester & Russell, 2010）。

关于游戏对青少年的持续性影响很少受到关注，但有证据表明，游戏在尝试新身份、发展关系和应对过渡情况等方面十分重要，能够帮助青少年更好地适应童年和成年之间的差距（关于游戏对青少年心理健康重要性的讨论，参见 Roe & Roe, 2019）。

关于游戏对成年人有何益处的研究则更加有限，但也有证据表明，游戏有助于促进身体、社交、认知和情感功能的持续性发展（Graham & Burghardt, 2010; Pellis & Pellis, 2010; Sutton-Smith, 2008, 引自 Nijhof et al., 2018）。这项研究主要是从成人与儿童游戏互动、数字游戏和康复环境的角度进行的。游戏可以在整个人生过程中培养对他人和地方的依恋，并培养更广泛的社区文化（Hart, 1978; Lester & Russel, 2008, 引自 Mahdjoubi & Spencer, 2015）。

第二种途径是培养韧性。允许儿童在游戏中自主选择冒险或冒险类户外游戏，是培养韧性的重要方法（Whitebread, 2017）。布鲁索尼等人在系统综述中论述了自由游戏对儿童身心健康的贡献，证明在户外冒险游戏中，儿童可以挑战自我，测试极限，表达创造力，并学习调节情绪（Brussoni et al., 2015）。有证据表明，趣味性（作为一种人格特征）有助于压力调节和适应性应对，进而也可能促进成年人的韧性（Magnuson & Barnett, 2013），尤其对于老年女性（Hutchinson et al., 2008）。

第三种途径是培养好奇心和创新精神，这两者是影响幸福的重要因素（Kashdan & Silvia, 2009），它们不仅有助于提升认知功能，还能增强身心健康，对老年人尤其有益（Sakaki, Yagi & Murayama, 2018）。可玩城市鼓励人们以不同的方式看待事物，在日常环境中保持好奇和"注意力"，这一切都有助于促进心理福祉（NEF, 2011）。最新的证据表明，体现可玩城市特色的公共艺术和互动艺术装置对健康有益，包括减轻压力、激发惊叹和好奇、促进积极的健康行为以及身份认同（Thomas, 2017）。

第四种途径是间接地促进全年龄段人群的体育活动（Brussoni et al., 2015；参见"活力城市"章节）。世界卫生组织关于体育活动与健康的全球战略指出，游戏不仅有助于儿童的体育活动和健康，对成年人亦是如此（WHO, 2010）。

第五种途径是城市游戏环境（尤其是户外游戏）对心理健康和福祉的间接影响（见"绿色城市""蓝色城市""感官城市"章节）。越来越多的研究表明，在日常游戏时接触自然环境，对儿童的幸福感、健身水平、韧性、认知功能和运动能力都有积极影响（Gill, 2014）。通过促进社交互动（见"睦邻城市"章节）和包容性（见"包容性城市"章节），游戏增强了人们与环境和他人的联系。

许多关于游戏益处的研究都将游戏视为在某种"特定"环境中进行的活动（如在游乐场或玩特定游戏），还需要进一步研究来充分了解可玩城市对心理健康的益处。

对心理健康的影响

可玩城市有助于缓解抑郁和压力

游戏能够在整个生命周期内促进良好的社交、情感、身体和认知发展，有助于提高心理健康韧性，能够减少多种心理健康障碍的患病风险，特别是抑郁、焦虑和压力（图 7.2）。

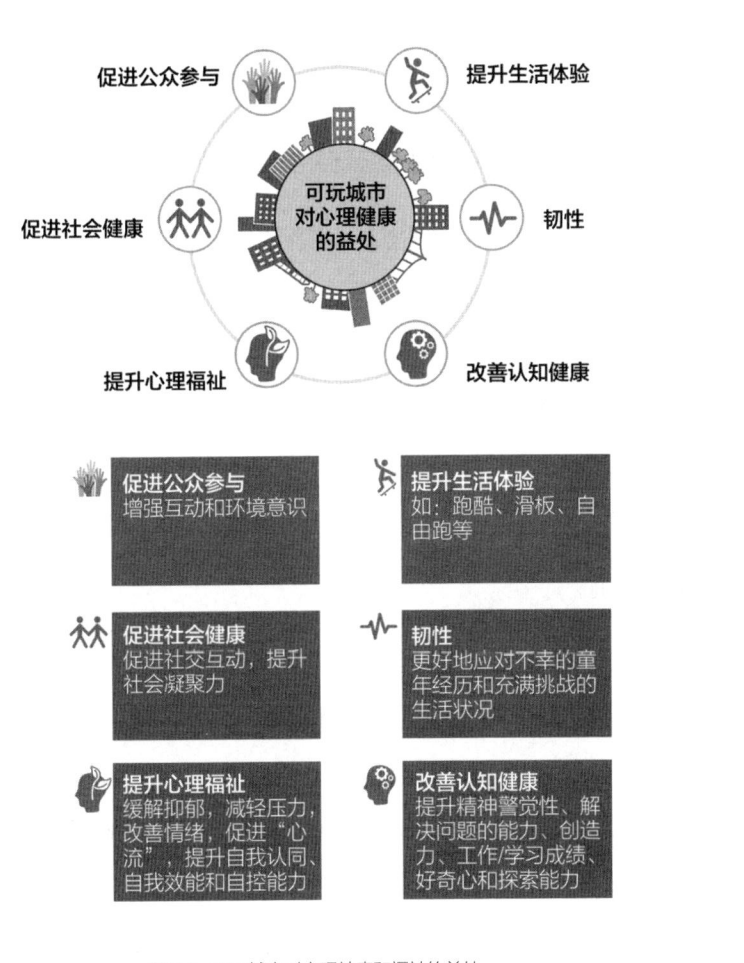

图 7.2 可玩城市对心理健康和福祉的益处

可玩城市有助于改善大脑功能

游戏能够提高全年龄段人群的精神警觉性、解决问题的能力和创造力，有助于形成良好的认知功能，增强年轻人的学习能力，降低老年人患痴呆的风险。

游戏有助于应对不幸的童年经历并提高韧性

游戏是一种常用的治疗方法（主要针对3—13岁的儿童），用于缓解因失去父母、遭受家庭暴力或武装冲突和被迫移民所导致的轻度至重度心理和情感创伤。一般来说，游戏治疗是在室内环境中进行的，但户外环境有助于缓解儿童的创伤后应激障碍以及青少年的创伤和行为问题（如多动症）（Roe & Aspinall, 2011）。研究表明游戏疗法有助于情绪和心理健康，但一项荟萃分析综述发现，鲜少有将户外作为游戏环境的研究（Jensen, Biesen & Graham, 2017）。

影响因素

全年龄段的游戏机会取决于环境为游戏提供的可能性（可游戏性的数量），以及文化规范、规则和法律。例如，某个社会是否允许并支持自由选择的游戏，让孩子（或成人）能够根据直觉、好奇心和想象力来决定和控制他们的游戏活动，以及是否允许青少年进行冒险行为。

其他影响因素包括父母或看护人对不同类型游戏的风险和危险的看法——特别是"自由移动"游戏——以及可能限制女性前往建成环境的文化规范。

个人影响因素包括身体和认知差异（如动手能力）、性格差异以及冒险倾向的差异。

可玩城市的设计方法

城市中的游戏设计多种多样,包括提供了固定游戏体验(即在特定游戏设备上玩耍)的游乐场、学校操场、公共开放空间、公园、街道和广场。游戏活动通常被指定在城市中的特定地点,与其他形式的活动相分隔。

近年来,游戏环境发生了巨大变化,户外和冒险游戏的机会越来越少,新型数字游戏逐渐兴起。例如,一份为英国国民信托(UK National Trust)组织撰写的报告指出,自20世纪70年代以来,允许儿童在无人监督的情况下玩耍的区域缩小了90%(Moss, 2012)。父母对安全、交通和污染的担忧,以及缺乏高质量的自然环境和公共开放空间,都减少了儿童自由玩耍的机会。在一项关于美国儿童自由游戏的研究中,研究者认为户外游戏的缩减与儿童抑郁和焦虑的增加有关(Gray, 2011)。此外,新型数字游戏技术和社交媒体的出现改变了儿童的游戏方式。虽然数字活动可以减轻青少年的焦虑和抑郁,促进社交网络,但与此同时,观看屏幕过多会导致久坐行为,从而加剧慢性健康疾病的患病风险(如肥胖、糖尿病)(Barnett et al., 2018)。

尽管游戏成为城市设计的要素起步较晚,但是关于构建可玩城市的全新视角正在兴起(Sicart, 2016)。一些研究者根据文化理论家约翰·赫伊津哈(Johan Huizinga, 1938)提出的"玩耍的人"(homo ludens)理论,提出了"玩耍"(ludic)的城市设计干预措施(自发和无目的的趣味性)。也有研究参考了23个关于玩耍的城市设计干预案例,根据游戏类型(如创造性游戏)、设计特征(如路径)和实施风格(如临时、快闪或季节性),提出了一种城市游戏的类型学研究(Donoff & Bridgman, 2017)。这是一个很好的研究起点,促进了面向全年龄段人群的游戏城市设计。然而,它借鉴了将游戏作为特定"活动"的传统概念，而非"适用的游戏"概念（即游戏是一种态度、立场或存在方式）。

考虑到这些变化以及对儿童和青少年心理健康日益增长的政治关注，加大对可玩城市的投资，提供固定和非固定游戏的机会，有助于促进他们的情绪幸福和体育活动。本章后续将讨论现实世界中数字游戏的巨大潜力，其有益于全年龄段人群的身体健康和社会与心理福祉。

基于"游戏事物与游戏环境的生态学"（Sicart, 2014），我们确定了可玩城市的三种特色环境：纯游戏环境（即为游戏设计的道具和环境，如游乐场）、可玩环境（不是专门为游戏而设计的，但能提供丰富的可游戏性）以及合适的游戏环境（不确定的游戏环境）。

纯游戏环境

· 游乐场：城市中最容易辨认的游戏形式是游乐场，它们纯粹是为游戏活动而设计的（尽管可能被用于其他活动）。秋千、滑梯、攀爬架、绳索和色彩鲜艳的"新奇"游戏结构（如火箭、船只、金字塔）等游戏设施多年来一直在城市游乐场的设计中占主导地位。最近，公共场所的乒乓球、桌上足球和国际象棋为所有年龄段人群提供了游戏设施。文化规范、规则和法律也制约着游戏空间的设计，例如建造者要确保它们符合特定的安全标准。尽管近年来这些定制设施的创造力不断提升，出现了更具探索性的新形式，但许多游戏理论家（Gill, 2014；Hart, 1978；Louv, 2008）主张一种更自由、更自发的游戏形式，利用更广阔的城市景观，既可以增加儿童的游戏机会，又能够提供更丰富的游戏体验。因此，可玩城市的设计不应仅仅局限在游乐场，还应利用更广泛的城市街道、广场和公园网络（见"绿色城市"章节）。

· 游戏街道：街道已被联合国认定为城市中最大的单一公共资产（UN-

Habitat，2013），"舒适"或"宜居"的街道提供了宜步行的活力城市空间（见"活力城市"章节）。因而街道也能够作为一种灵活、多功能的游戏空间。"游戏街道"是指暂时禁止汽车通行的街道，是在城市中增加儿童户外游戏安全性和可达性的一种方式（图 7.3）。游戏街道通常用于资源不足或贫困的城市社区，为缺少游乐场的社区提供了游戏空间，是一种解决游戏空间不平等的方法。游戏街道提供可移动设备（自行车、充气玩具、球类游戏）和一系列适合年幼儿童的界面处理（如人造草皮、道路涂鸦）。这种做法由来已久，最早可以追溯到 20 世纪 20 年代的美国和 20 世纪 30 年代的英国，如今在世界各地的城市再次兴起。截至 2018 年，英国已经实施了大约 660 项游戏街道措施（Umstattd-Meyer et al., 2019）。对这些城市干预措施的评估侧重于体育活动的结果和更广泛的社区社会影响（Umstattd-Meyer et al., 2019）。目前已确定的益处包括增加社交互动和加强社区联系（Murray & Devecchi, 2016; Umstattd-Meyer et al., 2019; Zieff,

图 7.3 哥伦比亚波哥大的游戏街道（图片来源：Fundacion Casa de la Infancia）

Chaudhuri & Musselman, 2016），促进体育活动（Cortinez-O'Ryan et al., 2017; D'Haese et al., 2015; Umstattd-Meyer et al., 2019）以及减少帮派组织和吸毒现象（Zieff et al., 2016）。虽然游戏街道成功增加了幼儿及其家庭成员的游戏机会，但对青少年却缺乏吸引力（Zieff et al., 2016）。目前国际上缺少关于街道在更多地理环境下被用来进行游戏的方式和证据。对于低收入国家的儿童和青年来说，街道可能是唯一可以玩耍的开放空间，然而他们却面临交通失控或场地污染等问题。一项系统综述研究发现（Umstattd-Meyer et al., 2019），目前关于游戏街道的研究缺乏严格和系统的评估，仅有六项研究符合纳入标准，且都没有包含对儿童心理健康或发展结果的任何评估。

可玩城市环境

147　　可玩空间不是为游戏而设计的，但为游戏活动提供了丰富的可能性。其中包括互动公共艺术装置、城市数字混合空间（即真实世界和虚拟世界的混合）、供人玩耍的喷泉（见"蓝色城市"章节）、城市绿地，以及能够更加自由、狂野玩耍的废弃空地。

　　·互动艺术：互动艺术即观众的行为构成艺术作品的组成部分，它通过观众的参与而产生，且观众的参与会引起艺术作品本身外观的动态变化。趣味活动正是通过这些互动产生的。芝加哥的"云门"（Cloud Gate）是一个著名的案例，它是由阿尼什·卡普尔（Anish Kapoor）设计的镜面雕塑，于2006年在千禧公园正式投入使用（图7.4），也被称为"憨豆"（The Bean）。人们可以通过它与不同城市视角反射出的影像进行互动，"雕刻"出多种画面，随心所欲地加入天空、光线、城市摩天楼以及人物等元素。这

148　是一件具有高度可塑性的艺术品，旨在鼓励人们与城市互动。通过这种方

图 7.4 美国芝加哥的"云门"（图片来源：Jenny Roe）

式，游戏可以成为一种与世界接触的方式，促进居民了解周围的人和事物。这些互动艺术为城市的公众参与提供了机会，并为建立更团结的社会联系奠定了坚实的基础。

· 无定义的游戏环境：一些研究者（Gill, 2005; Hart, 1978; Louv, 2008）建议采用一种更自由、更冒险的游戏形式，结合自然环境（如城市边缘林地），提供无监督、无建构的游戏机会。勒夫（Louv, 2008）认为，失去与自然的联系于儿童健康不利，他提出了"自然缺失症"（nature-deficit disorder）一词，认为与自然的联系对健康至关重要（见"绿色城市"章节）。吉尔（Gill, 2005）和其他学者（例如 Natural England, 2010）主张"自由放养"儿童和青少年，让他们在没有成人持续监督的情况下独立探索城市，包括进入城市自然环境和空地。越来越多的研究发现，基于自然的游戏对儿童和青少年的心理福祉、健康水平、韧性、认知功能和运动能力都有积极影响（见 Chawla, 2015; Gill, 2014; Roe & Aspinall, 2012）。废弃建筑和空地（"离网"空间）为儿童和青少年提供了更冒险的游戏机会，以及独特、原始的游戏道具（垃圾、天然材料）和绝对的自由。这些无人监督、离网的空间促进了自发性的玩耍、发现和表达，对儿童和青少年的自主和自律非常重要。然而，由于污染、毒素或鼠患等原因，儿童在这些地方玩耍往往是不安全的。这对城市来说是一个挑战。城市规划和管理者需要允许儿童和青少年在专门为游戏创造的环境（即特定的游乐场）之外自由地使用空间，并确保这些空间安全和无污染。再者，这类游戏对社会也有要求，不仅需要允许儿童和青少年在无人监管的情况下玩耍，还要允许他们进行更加无序（风险更大）的游戏（Natural England, 2010）。

·城市数字游戏：在数字城市的浪潮下，城市游戏变得更加可玩。这些游戏在现实与虚拟交织的空间中展开，通过智能手机技术，将玩家的互动从真实的城市环境扩展到虚拟世界。例如，《宝可梦 GO》这类游戏间接促进了户外活动和玩家间的社交互动（Knöll & Roe, 2016）。英国的"走在起跑点"（Beat the Street）竞赛等健康导向的游戏设计，通过增加适度至剧烈的活动量，有助于降低儿童肥胖风险（Harris, 2018）。同样，在德国法兰克福进行的"城市飞行"游戏对青少年的健康也有积极影响（Halblaub & Knöll, 2016）。

趣味设施

合适的游戏占用了它所在的环境，但不被其环境所预测或预定——它只是出现在这个环境中。包括表演、公共艺术和政治活动，它们可能会改变或消除人们先前对城市环境应该是什么样的认识，也能促使公众参与。

·趣味反抗：底特律的海德堡项目（Heidelberg Project）是一个著名

图 7.5 美国底特律的海德堡项目（图片来源：Deborah Ploski）

且有争议的颠覆性趣味设施，它是由非裔美国艺术家泰里·盖顿（Tyree Guyton）在 20 世纪 80 年代创作的（图 7.5）。该项目是一个户外装置，由在底特律东区的麦克杜格尔 - 亨特（McDougall-Hunt）社区发现的废弃日常用品（玩具、汽车引擎盖、鞋子、吸尘器等）创作而成。研究者斯坦因（Stein, 2016: 54）认为海德堡项目是"与城市玩耍"的一个典型案例。艺术家在城市里将垃圾回收成新的艺术品也是一种玩耍的方式，是"一种不受传统规则和礼仪约束的儿童式创作"（例如在建筑物的墙壁和屋顶上画波点图案），也与童年的游戏有关（玩具和人行道涂鸦）。该项目超越了任何封闭的"游戏"空间，融入城市肌理，利用街道、停车场和树木，这种方式被斯坦因称为"玩"城市。斯坦因进一步表示，该项目是一种"趣味政治"的城市形式，旨在通过培养关于后工业衰退时期的新话语，挑战场所美学、绅士化和城市更新的概念，以此来催化变革。由于它的杂乱和对垃圾的利用，这个项目一直备受争议，并受到城市管理者和纵火犯的攻击。然而最新的变化是，这位艺术家拆除了装置（以便巡回展览），与底特律的规划部门和底特律土地银行共同规划社区的新未来。新购置的空房屋成为艺术家社区的住房和工作室，为社区带来新的活力。该项目被称为"反对死亡——生命宣言"（Miller, 2019），促进城市转型和恢复。它甚至可以被理解为一种城市游戏疗法，帮助城市扭转后工业衰退的创伤，走向一个有韧性的新未来。

• 趣味适用：可玩城市为趣味性、创造性的表达提供材料（或物品），并鼓励对这些物品进行新颖的适用。例如跑酷（只使用身体，尽可能有效地从一个地方移动到另一个地方）表达了解放、自由和自信，有利于身体健康和环境控制，被自由跑的创始人塞巴斯蒂安·弗坎（Sébastien Foucan）称为一种"生活方式"（El-hage, 2011）。跑酷利用城市基础设施作为个人表达的工具，适用并重新诠释了城市空间（Sicart, 2014），使整个城市变成了跑酷游乐场。跑酷和自由跑的参与者是环境适应大师，他们利用各种城市元素（栏杆、墙壁、楼梯、长椅、护柱）移动。在跑酷中，城市变成了"表达身体的画布"（Sicart, 2014）。跑酷（和自由跑）流行于 20 世纪 60 年代粗野主义的混凝土建筑群，例如伦敦南岸，或具有独特形态的城市，例如里约热内卢的贫民窟。该游戏危险性强，盛行于允许街头艺术家、滑板手、跑酷和自由跑者以及年轻人做自由反叛活动的地方——这些都是探索城市空间的新方式。

新型游戏和可玩技术

"可玩城市"运动提出了通过可玩技术改造城市的新愿景。借助智慧城市（数据丰富的城市）的数据捕获和效率，可玩城市将乐趣和人际互动作为城市设计的核心。可玩城市运动具备三个关键理念。第一，数据不仅仅是规划者的实用工具。通过鼓励市民之间有趣的数据交互，智慧城市可以更加以人为本、公开透明，数据也更加"民主化"（即数据由公民访问、操纵和处理）。第二，集体共建健康城市。玩耍和游戏能够鼓励人们更好地融入城市、了解环境，从而加强公众参与的潜力和能力。第三，改变单调的人造城市环境。通过鼓励趣味性活动使城市更加有趣、宜居且丰富多彩（Baggini，2014）。

可玩城市通过科技来鼓励人际互动。例如，布拉德福德城市公园的喷泉（见"蓝色城市"章节）对周围人群的动作做出反馈，空间的使用者可以在尝试中学习如何编排喷泉（Baggini, 2014），公共空间的使用者因此成为创造动态空间的参与者。其他可玩城市案例还包括地铁里的数字人行道和钢琴楼梯，它们可以对行人的脚步做出响应，鼓励身体的互动。

迄今为止，这些可玩城市项目缺乏强有力的科学评估。它能够鼓励人们与设施进行身体互动，但是否有助于提升社会凝聚力并促进心理福祉呢？可玩城市运动并非没有批判者，有人认为可玩的城市装置是人造且幼稚的（O'Sullivan, 2016）。城市本身就充满了奇特的建筑和街道网络，可以说，它们提供了与可玩装置同样多的愉悦和欢乐（见"感官城市"章节）。可玩特征确实为城市带来了异想天开的新氛围，鼓励市民互动，使公共空间充满欢声笑语。然而目前仍然缺乏其对心理福祉影响的可靠评估。

代际游戏

代际游戏（intergenerational play）是一个新兴领域，对老年人和儿童都有明显的益处。对于老年人而言，代际游戏有助于减少孤独感，改善认知功能和记忆力，以及提升行动能力（Age UK, 2018）。对于儿童和青少年而言，能够促进语言发展、提高社交能力和减少年龄歧视（United for All Ages, 2019）。目前，代际游戏主要包括为老年人和年轻人提供配对的护理服务（例如老幼配对护理、校内或课后托管方案）或多年龄段社区方案（艺术、园艺、戏剧）（其健康益处见"睦邻城市"章节）。迄今为止，最常见的配对是学前和老年日托（44%），青年和老年之间的配对项目则不太常见（15%）（Generations United and Eisner Foundation, 2019）。数字游戏提供了一种将年轻人与老年人联系起来的方式（例如《我的世界》游戏），但其益处大多是从家庭内部进行评价（例如孙子和祖父母或孩子和父母之间），缺乏其他情况下的评估（例如户外代际游戏）。

许多城市都出现了代际游乐场，但设计师依赖于制造的游戏（或锻炼）设备为老年人提供体育活动的机会，而非创造性地思考年轻人和老年人的共性活动和游戏需求，以及创造共同活动空间的方式。年轻人和老年人需要更多的机会在户外进行自发的、趣味的互动。游戏街道是城市干预的一种方式，能够促进各年龄段邻里之间的互动；公共场所的传统游戏设备（秋千、滑梯）也是一种方式，为各年龄段人群提供了游戏机会。然而，城市需要更多全年龄段的、多功能的、分布公平的公共空间，还需要更具创造性地思考老年人和年轻人的共同需求，以及促进互惠和技能共享的方式。例如，老年人可能会分享传统的儿童游戏技能（跳房子、跳绳、翻花绳）和传统手工艺技能（编织、钩编），帮助年轻人创造性地适用城市。而年轻人可以分享他们的数字城市游戏，帮助老年人更全面地参与公共空间。

可玩城市：下一步行动

本章从全龄角度探讨可玩城市的设计，认为可玩性城市设计对塑造人与世界的互动和体验至关重要。根据新的游戏理论（Sicart, 2014），本章将可玩城市定义为既能提供无限的"游戏"（即需要游戏相关道具和指定区域的活动），又能提供无限"趣味性"（发生在未定义游戏环境中的趣味活动）

的城市。这包括允许适用的游戏玩法以及完全沉浸在城市空间之中（心流状态）。可玩城市有助于培养好奇心，促进环境参与和社会联系，在城市景观中提供自我表达和创造的机会，这些都有助于情绪健康。由于游戏是在文化规范、规则和法律的范围内运作的，所以本章将探索在此背景下全龄游戏的可供性。到目前为止，可玩城市的概念还没有从地理的角度进行考虑：更广泛的地理或跨文化视角会如何影响全年龄段游戏的可供性？在新冠肺炎疫情期间，人们对接触游乐设施等可能的污染物（附着病毒的表面）的担忧会造成什么影响？我们还需不断探索新颖的方法，以重新构想和体验一个真正全龄友好的城市。这就要求我们超越传统的游戏定义（作为娱乐的、无关紧要的活动），将游戏视为一种目的和存在方式。正如西加尔特（Sicart, 2016）所述："趣味的城市需要趣味的态度。需要推动并建议其他参与、居住、穿越空间的方式，从而使人们趣味性地思考生活环境。"总之，在城市设计之中，游戏显然是培养城市生活乐趣和沉浸感的重要因素。

可玩城市案例

德国柏林的"网绳"（Das Netz）：多功能全龄游戏环境

柏林的"网绳"是一座巨大的城市装置，它以悬挂的绳索结构为主体，形成了一个架空的公共广场，为全年龄段人群提供了丰富多样的功能体验。包括"城市吊床"、蹦床以及专为儿童和成人设计的攀爬设施（图7.6）。它也是一个放映电影或上演戏剧表演的非正式影剧院，还可以用于举办社交活动、野餐和庆祝活动（毗邻有咖啡店）。同时也为市民提供了一个观景台，人们能够在此俯瞰城市的美景，休憩和放空，堪称"世外桃源"。无论从象

图 7.6 德国柏林的"网绳"（图片来源：NL Architects）

征意义还是视觉感受上，它都像公共广场上的一座连接桥梁，是一个罕见的、特定的多功能全龄游戏空间。

可玩环境：德国法兰克福的"城市飞行"（Stadtflucht）

好奇心是心理健康的重要组成部分，与生活动机和意义有关。学会以不同的方式看待场所和"注意"周围环境都有助于促进心理福祉（NEF，2011）。"城市飞行"是一款基于定位的城市健康游戏，作为一项研究的一部分在法兰克福推出。它提高了人们对城市的参与度和认知度，有助于发现新的城市特征，提高人们的兴奋和好奇程度（Halblaub & Knöll, 2016; Knöll, 2016）。该游戏引入了一种反馈机制，向玩家提供 6 个游戏地点的心率和心理压力评价，通过在现实世界中移动让人们了解到健康场所的积极

图 7.7　德国法兰克福的青少年正在玩基于定位的健康游戏"城市飞行"（图片来源：Martin Knöll）

影响。游戏使参与者与城市环境互动，通过他们产生的数据来理解什么是健康的（或不健康的）空间。此外，该游戏还激发了年轻人对城市规划的兴趣，并帮助规划者了解年轻人对城市的感知和体验。通过这种方式，可玩城市（和数据流）成为提高城市规划健康和宜居程度的参与工具，这也是可玩城市运动的核心理念。而共同创造本身也有助于年轻人的心理健康，包括赋权、自主、自我效能、归因以及控制力和凝聚力（Fabian，2016）。

可玩城市的设计原则
（一般性原则）

- 可玩城市应该考虑全年龄段人群，并促进游戏和趣味性。

社区尺度（见图 7.8）

- 在居民区附近提供"家门口"的特定游乐设施。
- 在公园内和小径上设计适合全年龄段人群的户外游戏设施，如线性绿道、游乐场、户外健身场、乒乓球桌和棋牌桌，以及球类游戏区。
- 利用绿地、草地、城市森林、空地等场所，最大限度地创造非正式自然游戏的机会。
- 为"白日梦"设计沉思的空间，特别是在滨水和其他自然环境中。
- 设计迷宫和壁画来吸引好奇心。

1. 数字游戏设施
2. 壁画
3. 空地迷宫
4. 乒乓球桌
5. 休闲的绿化空间
6. 面向居民的屋顶游戏空间
7. 互动艺术
8. 桌上游戏
9. 活力游戏赛道
10. 游乐场

图 7.8 可玩城市：社区尺度

- 设置"游戏街道"（暂时禁止汽车进入的街道），在儿童家门口提供游戏——例如粉笔游戏、可移动游戏设备（自行车、充气玩具、球类游戏）和多种多样的表面（如人造草坪、道路喷漆）。

- 探索城市数字游戏，将城市中的街道事物、历史城市地标、兴趣点与数字游戏结合起来（例如通过"标记"事物来得分）。

城市尺度（见图 7.9）

- 在城市公园和其他主要城市场所为全年龄段人群设置特定的游戏设施。

- 安装趣味装置或公共互动艺术品。

- 开发代际游戏设施。

- 为艺术家和创业者提供表现自我的快闪空间。

- 最大限度地灵活使用支持跑酷、滑板、自由跑等活动的设施。

- 向外界人群开放学校等场所中的游戏和娱乐设施，并延长开放时间。

恢复性城市：促进心理健康和福祉的城市设计

1. 咖啡社交区
2. 用于游戏 + 休闲的地形起伏
3. 慢速游戏：地掷球场
4. 滑板公园
5. 用于社交或沉思的长椅
6. 活力游戏赛道
7. 互动艺术
8. 喷泉游戏
9. 滨水游戏
10. 户外运动场

图 7.9 可玩城市：城市特征

08

包容性城市
The inclusive city

重 点

- 传统上，城市规划与设计专业人士致力于满足和迎合占人口多数的、身体健全的、处于工作年龄的男性的需求和特点，将这些人作为城市设计的"基准"群体。

- 城市设计应考虑的关键人口特征包括：所有年龄段、所有性别、所有种族和民族、所有社会经济阶层，以及各种身体、感官和认知的能力与需求。

- 城市设计可能会助长隔离、排斥和偏见，影响人们的自尊、尊严、独立和心理健康，以及获得教育、经济、社会、文化和健康机会的公平性。

- 实现包容性城市的两种主要途径是：第一，通过提供高质量的住房、设施和机会，吸引人们到混合收入、混合年龄的社区居住和工作。第二，通过设计和规划策略，关注所有人群的需求和特征，而非仅仅顾及拥有足够社会资源来满足自身需求的人群。

- 使不同群体的公众参与到城市规划和发展的每个阶段，有助于实现包容性的城市设计，促进全民的繁荣发展。

- 儿童和老年人友好的城市设计原则有助于实现全民友好的包容性城市设计。

关键概念的定义

通用或包容性设计（universal or inclusive design）： 在设计建成环境时，确保所有人都能进入和使用建筑及其周围空间，并在设计的各个阶段考虑到差异性和多样性，例如年龄、体形（如身高）、性别、种族、能力和残疾。

少数群体压力理论（minority stress theory）： 该理论认为，少数群体长期遭受着与污名化的身份相关的独特压力，包括受害、偏见和歧视。

居住或空间隔离（residential or spatial segregation）： 同样社会经济地位、种族或民族的群体集中居住在城市的特定社区，与其他群体相互隔离。

居住或空间共处（residential or spatial co-location）： 不同社会经济地位、种族、民族、性别、年龄等群体的人共享社区空间。

性别主流化（gender mainstreaming）： 评估任何计划和行动对所有性别群体的影响，包括法律、政策和方案，使所有性别群体平等受益，杜绝不平等现象。

什么是包容性城市？

包容性城市是指建筑和公共场所能够供所有人进入和使用的城市。包容性城市设计的各个阶段都需要考虑年龄、身体、认知、性别、种族、民族和社会经济地位等的差异和多样性，确保每个人都能获得教育、经济、社会、文化和健康上的全方位发展机会。

包容性城市不会自然出现。传统城市设计是面向"基准"用户的，包括年轻人群、主体人群和身体健全的工作人士，世界各地红绿灯标志上的"绿色小人"通常代表着这些"基准"群体。而青少年、老年人、女性、残疾人、失业者、无家可归者或少数群体则不太可能是城市设计的一般基准用户，尤其是在中低收入国家中的新兴城市。然而，这些群体加起来却变成了城市居民的大多数。如果他们的需求和特征没有从设计和开发的初始阶段就被考虑到，便会让这些人在无法满足他们需求的环境中处于不利地位。

纽约的工业设计师帕特里夏·摩尔（Patricia Moore）对此进行了呼吁。她二十多岁时在一家有 350 名员工的设计公司工作，是该公司唯一一名女员工。当她向上级建议设计方便关节炎患者使用的厨房用品时，却被告知"我们不为这些人设计"。为了发现由健康男性和为健康男性设计的场所的问题，摩尔打扮成了一位八旬老妇。她塞住耳朵以降低听力，戴隐形眼镜以模糊视力，并用夹板固定双腿和保持姿势。为了解老年女性在城市环境中的体验，她在三年多的时间里走访了 116 个城市。有时她会使用拐杖或轮椅，有时她会装扮成无家可归者、中产阶级或富人。然而她的许多经历都是消极的，从无法进入建筑物到被残忍攻击，甚至被遗弃等死。因而她更加坚信更具包容性的设计将提高人们的生活质量。摩尔被称为"同理心之母",被认为是通用设计的开创者之一(Clarkson et al., 2003; Preiser & Ostroff, 2001),而通用设计是包容性城市的重要组成部分。

本书的前几章探讨了城市设计如何促进良好的心理健康和福祉,使人们繁荣发展。然而这取决于人们能否从中受益。获得恢复性城市设计的机会是不平等的。主体人群,健康人群,经济稳定、处于工作年龄的男性对城市的体验往往截然不同于达不到基准条件的人群——例如穷人、老年人、青少年、妇女和残疾人。

无障碍且具包容性的环境设计不仅能够减少歧视现象,还能让人们感受到被包容、尊重和赋权。这样的设计还有助于增强社会凝聚力,防止孤立感,维护每个人的尊严,它确保每个人都能平等地获得心理健康服务和设施。相反,如果设计没有充分考虑到不同群体的需求差异性,将不利于少数群体的使用,并影响他们的心理健康。更糟糕的是:这种设计排斥行为还会造成社会、文化和经济上的排斥、隔离和边缘化,降低人们的自尊和归属感,使他们面临更大的心理健康问题风险(Palis, Marchand & Oviedo-Joekes, 2018)。例如"黑人的命也是命"运动就是在抗议排斥。排斥会造成一个恶性循环——排斥引发心理健康问题,而心理健康问题又引发排斥。

为了打破这种恶性循环,更好地促进人们的心理健康与福祉,城市设计必须有意识地解决多样性的需求(Wright & Stickley, 2013),考虑到所有人群,包括所有心理疾病患者和残疾人、所有性别、所有年龄阶段和人生阶段、所有经济地位、所有种族和文化,以及其他少数群体。包容性城市设计应当充分认识到居民需求的多样性和差异性,并在城市规划与开发的每一个环节中都充分考量这些因素。只有这样,才能够确保包容性城市的理念得以真正实现。

例如，研究表明骑自行车有益于心理健康（见"活力城市"章节），但男性通常比女性更有可能骑自行车通勤，造成这种差异的部分原因可以通过设计来解决：

· 女性可能比男性更担心风险，也更容易受伤。她们担心街道或交通安全，害怕在黑暗中骑行，也害怕遭遇侵犯。

· 女性与男性的体能水平不同，可能会因地形复杂、通勤时间长（尤其是在恶劣天气下）以及不得不携带的物品而不能选择骑行。

· 世界各地的女性普遍受到社会和文化的期望形象和性别的刻板印象的限制。而且与男性相比，她们获得自行车的经济方式也不同，以上任何原因都可能使她们无法选择骑自行车出行。

· 女性可能会因骑行所需的服装而却步，包括服装是否适合骑行，是否符合特定类型的文化或宗教，以及淋浴、更衣设施的可用性和适用性。

· 女性可能比男性承担着更多做杂事、照顾孩子或长辈的责任——这就需要多段出行或"连锁出行"，包括护送可能无法骑行的人——而男性更多情况下只用上下班通勤。

然而，在设计骑行相关的基础设施时，很少优先考虑女性（和其他少数群体）的特殊需求（van Bekkum, Williams & Morris, 2011）。更具性别包容性的设计包括增加对照明、淋浴、更衣和安全等设施的投资。

本章将研究城市设计如何以及为什么会影响人们的心理健康，并将探索促进不同群体福祉的机会。

理论研究

包容（和排斥）可以通过三种关键途径影响人们的心理健康和福祉（图

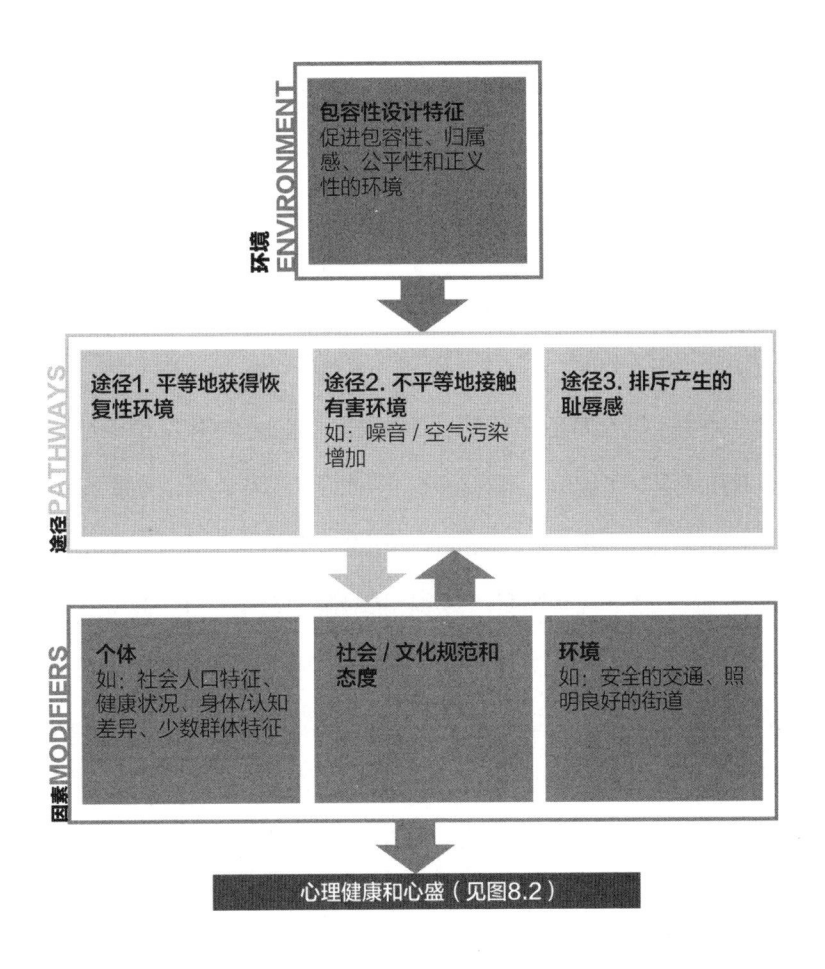

```
┌─────────────────────────┐
│ 包容性设计特征          │
│ 促进包容性、归属        │
│ 感、公平性和正义        │ 环境 ENVIRONMENT
│ 性的环境                │
└─────────────────────────┘
           ↓
┌──────────┬──────────┬──────────┐
│途径1. 平等│途径2. 不平│途径3. 排斥│
│地获得恢  │等地接触  │产生的    │ 途径 PATHWAYS
│复性环境  │有害环境  │耻辱感    │
│          │如：噪音/ │          │
│          │空气污染  │          │
│          │增加      │          │
└──────────┴──────────┴──────────┘
           ↓↑
┌──────────┬──────────┬──────────┐
│个体      │社会/文化 │环境      │
│如：社会人│规范和    │如：安全的│ 因素 MODIFIERS
│口特征、  │态度      │交通、照  │
│健康状况、│          │明良好的  │
│身体/认知 │          │街道      │
│差异、少数│          │          │
│群体特征  │          │          │
└──────────┴──────────┴──────────┘
           ↓
┌─────────────────────────┐
│ 心理健康和心盛（见图8.2）│
└─────────────────────────┘
```

图 8.1 包容性城市对心理健康和福祉的影响

8.1）。

第一种途径是人们是否能平等地获取有益于心理健康和福祉的环境，包括自然环境（见"绿色城市"和"蓝色城市"章节），积极的感官体验环境（见"感官城市"章节），积极的社交互动、共愉和睦邻环境（见"睦邻城市"章节），以及能够提供体育活动（见"活力城市"章节）和游戏（见"可玩城市"章节）机会的环境。这种途径适用于解决地理位置上的排

164

斥，通常与社会经济地位有关，并且在心理保障方面可能存在差异，包括居住、教育、游戏、就业、交通、文化、社会资本、医疗保健、安全保障等方面的质量和机会获取（Tunstall, Shaw & Dorling, 2004）。例如，较贫穷社区的户外娱乐区（包括公园）往往数量较少且质量较差（CABE, 2010）。这种排斥也可以基于个人特征，如性别、年龄、种族或身体和认知能力。

第二种途径是人们是否平等地接触有害心理健康和福祉的环境。例如，较贫穷的社区更有可能位于高速公路、工业区和有毒废弃物处理场附近，因为这些地方的土地价格较低。因而他们可能会面临更严重的噪音、空气、卫生、垃圾问题，社区混乱程度，交通拥堵情况，犯罪行为（Shiue, 2015）、洪水风险，以及住房质量（Gruebner et al., 2012）等问题。

第三种途径是人们的心理是否遭受被排斥而产生的耻辱感。被排斥会引起自尊受损、绝望感和尊严丧失，这可能会加剧第二种途径的不良影响，因为这些感觉可能会导致贫穷社区中反社会行为和犯罪活动的增加（Wu & Wu, 2012）。少数群体长期承受着与其被污名化身份密切相关的独特社会压力，这些压力通常表现为系统性的受害经历、持续的偏见以及日常生活中遭遇的歧视行为。这些负面经历可能来自个人，也可能源于社会、机构或文化层面的群体性排斥。它们不仅通过直接的心理与生理应激反应影响个体的身心健康和整体福祉，还可能间接带来更广泛的社会经济后果，例如在教育、就业、住房和医疗等资源获取方面遭遇不平等待遇或严重缺乏，进一步加剧边缘化处境。"少数群体压力理论"在一定程度上揭示了为何少数群体往往面临更差的健康状况：他们更容易患上抑郁症、焦虑症，药物滥用风险更高，自杀率显著上升，甚至预期寿命也明显短于一般群体。

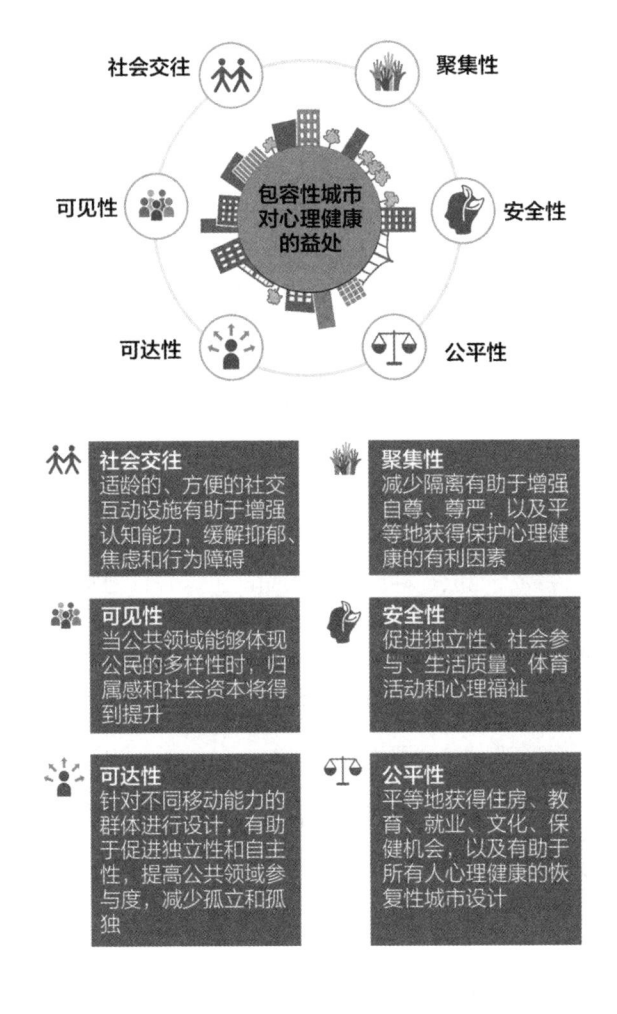

社会交往 适龄的、方便的社交互动设施有助于增强认知能力，缓解抑郁、焦虑和行为障碍	**聚集性** 减少隔离有助于增强自尊、尊严，以及平等地获得保护心理健康的有利因素
可见性 当公共领域能够体现公民的多样性时，归属感和社会资本将得到提升	**安全性** 促进独立性、社会参与、生活质量、体育活动和心理福祉
可达性 针对不同移动能力的群体进行设计，有助于促进独立性和自主性，提高公共领域参与度，减少孤立和孤独	**公平性** 平等地获得住房、教育、就业、文化、保健机会，以及有助于所有人心理健康的恢复性城市设计

8.2 包容性城市对心理健康和福祉的益处

对心理健康的影响

城市设计的空间隔离和"基准"设计会影响非"基准"群体的心理健康（图 8.2）。

空间隔离

长期以来，根据社会经济地位和其他共同特征对人们进行物理分隔一直是城市社区发展的基础。富人倾向于选择住在有吸引力的、经济活跃的、设施丰富的、"理想"的地区，而穷人通常会选择住在城市"不太理想"的地方。一些城市的社会经济空间隔离是形态化的，一端是贫民窟，另一端是封闭社区（Atkinson, Rowland & Blandy, 2006; Bhalla & Anand, 2018）。然而空间隔离可能以某种形式存在于所有城市。一个城市的全球化程度越高、福利体系越不健全，其公民在经济和空间上的隔离程度就越高。隔离往往因他们的社会经济地位、种族或民族而产生，并且通常（但并非全部）是交织在一起的（Iceland, 2014）。

贫困增加了心理健康问题的患病风险，而心理健康问题患者也更有可能经历贫困，从而形成另一个恶性循环（McGovern, 2014）。社会经济地位低的家庭中的儿童出现心理健康问题的可能性是富裕家庭中同龄人的两到三倍（Reiss, 2013）。

城市设计的空间隔离是造成这一问题的主要原因，这种空间隔离有利于"基准"以上的富裕群体，他们拥有更好的设施、规划和设计。而社区贫困和居住隔离都是造成心理健康问题的危险因素（Jokela, 2014; Santiago, Wadsworth & Stump, 2011）。这些问题的成因复杂，涉及前文所述的社区中对心理健康的有利和有害因素，以及它们之间的相互作用。不良的城市设计是少数群体压力理论的内在原因，它通过不佳的社区外观和感受（以及缺乏必要的便利设施）来引发物理或社会隔离，从而对少数群体造成压力。

社区空间隔离的兴起

在许多城市，社会经济隔离现象日益严重，环境不公体现在地理健康不平等上（Musterd et al., 2017）。这一趋势与社会不平等、不断变化的经济结构、移民模式、福利制度和住房制度都有关系（Tammaru et al., 2016）。明迪·富利洛夫（Mindy Fullilove）在其著作《根源性冲击》（*Root Shock*）中反思了美国的空间隔离发展："规划者解决问题的方法不是消除贫困，而是隐藏贫困。城市更新的目的是分割城市，通过高速公路和纪念性建筑来保护富人不被穷人看到，将富裕的中心区与贫穷的边缘地带相隔离。"（Fullilove, 2016: 197）

地理位置往往造成了社会经济空间的差异（Musterd et al., 2017）：

· 东西方分隔：在许多城市，富人往往住在西部，而穷人则住在东部。这主要由风向和空气污染造成，特别是在西半球，部分地区西风盛行，导致城市东部的空气污染更加严重。因而富人往往选择住在西部地区，而穷人则居住在不太理想、污染更严重的东部地区。即使在污染减轻后，许多西部地区仍保留有更高质量的学校和医院等设施，继续吸引着更富有的公民（Heblich, Trew & Zylberberg, 2016）。许多健康指标都能反映该问题。例如，一张关于伦敦朱比利地铁线的著名信息图显示，从西到东每隔一个车站，周围居民的平均预期寿命缩短一年（Cheshire, 2012）。

· 甜甜圈模式：城市核心区的居民和郊区居民的差距因城市而异。通常设施丰富的城市核心区是富人的聚居地，而较贫穷的社区则聚集在交通不便、设施较少但价格便宜的外围地区。然而也有一些城市，尤其是在美国，情况却恰恰相反：宽敞、安全的郊区对富人来说比城市核心更具吸引力，尽管郊区的交通较不方便，设施和社交机会往往较少，但这并不一定会影响心理健康。

一种常见但不准确的观点是：少数种族或民族的人会主动进行"自我隔离"，一些新移民往往如此，他们认识到自身少数群体的身份，并且有可能在文化上、语言上和实际上被城市更广泛的文化排斥在外。他们还可能会面临更加复杂的挑战：例如偏见和歧视、与移民和获得服务有关的不确定性和官僚障碍、与家乡朋友和家人的分离，以及在新家园中对某些文化和宗教习俗的争议。而住在同种族或民族的群体附近有助于获得社会资本，帮助移民更好地度过过渡期。

然而，众多移民随着社会经济地位的提升，往往倾向于选择搬进更加多元化的社区。但值得注意的是，与种族、民族或文化身份相关的长期空间隔离现象，更容易引发社会经济层面的排斥现象，例如住房市场中的歧视以及对特定群体的历史性压迫。例如，美国城市的黑人－白人空间隔离比欧洲城市更为明显，反映了种族压迫的历史问题，并继续限制着受压迫群体的社会、教育、就业和医疗保健机会（Iceland，2014）。

共享空间内的隔离

空间隔离并不局限于整个（同等级的）街区，也可能存在于更小尺度的混合空间。历史上，一些标志公然将某些社会阶层排除在特定的住房、公共空间或建筑物之外。例如，许多城市至今仍能看到"有色人种与爱尔兰人不得入内"的标志（Verma，2018，图 8.3，图 8.4）。尽管这在许多地方被法律禁止，但仍偶尔出现。

更多不易察觉的迹象仍然存在，并可能通过城市设计传播，包括：

· 共享居住区的物理隔离：混合收入住房具有提高社会凝聚力的可能性（见"睦邻城市"章节），但这需要深思熟虑的设计，否则反而会对心理健

图 8.3　1938 年，美国餐厅橱窗标语"仅招待白人"
（图片来源：Library of Congress）

图 8.4　2000 年，日本澡堂标语"仅招待日本人"
（图片来源：Debito Arudou）

康产生负面影响。穷人入口（即单独的入口）旨在将经济适用房居民和富裕居民设计在同一住区，但这会给使用者带来耻辱和羞耻。同样，有时混合收入住房开发项目中的某些设施仅供某些居民使用，例如为富裕或贫穷儿童提供单独的儿童游乐场（Mohdin & Michael, 2019）。将不同社会经济地位的居民聚集在一起，反而会近距离地突出收入差异。穷人接触到富人所享有的特权，却发现自身被排除在外，再加上种族主义等耻辱和歧视的经历，这可能会对他们的心理健康产生负面影响，使他们感到沮丧、自卑、绝望和无助。尤其是对青春期男孩来说，犯罪横生的破败环境可能会进一步助长其反社会行为（Mair, Diez-Roux & Galea, 2008）。

· 共享居住区的心理隔离：绅士化（或"中产阶级化"）是指将城市的工人阶级区域或空置区转变为中产阶级住宅区或商业区（Lees, Slater & Wyly, 2008）。绅士化导致之前社区的"不受欢迎"的长期居民被边缘化、被排斥或流离失所，这是因为他们所在的社区发展或更新为更昂贵的住宅，以及出现针对不同群体的公共空间和设施的变化。尽管可能没有明确阻止某些群体使用空间的物理标志，但隐性信息依然存在。例如，为贫困人口或少数群体服务的商店被绅士化的商店所取代，类似"真正咖啡"和微酿酒吧的商店通过价格或设计美学等微妙的标志向目标客户发出信号，使较贫穷的人群隐隐地感到格格不入（Hubbard，2016）。

而在租金上涨时，情况尤其如此，社区的多样性和社交功能可能因此受损。提出"绅士化"一词的露丝·格拉斯（Glass，1964：177）指出，"无论伦敦市内或周边地区曾经多么肮脏或落后，都会变得寸土寸金；伦敦很快会成为一个适者生存的城市——经济上最适合的人才能在那里工作和生活"。明迪·富利洛夫（Fullilove，2016）提出的"根源性冲击"概念描述了人们对失去"情感生态系统"的压力反应（这种影响不仅限于绅士化，也适用于邻里结构和社会结构的变化）。反之当然也成立，社会经济地位较高的人在传统上属于工人阶级的地区也会感到不受欢迎。

·"防御性"或"敌对性"建筑：旨在创造对空间理想使用状态的某些设计元素往往不利于某些人群。例如，设置有尖刺或倾斜的长凳，或有尖刺的地面来防止无家可归者睡在上面。支持者认为，使用防御性或敌对性建筑设计是在社区中促进安全的可取行为和有效方法，其他人则担心这样的建筑或设计歧视了无住房保障的人，降低了他们在一个地方的尊严和归属感（de Fine Licht，2017）。而如何在尊重和满足城市弱势群体需求的基础上同时促进安全，还需要进行更多的研究。

隔离对心理健康也有潜在的积极影响

尽管空间隔离产生了相关问题，但将少数群体和被排除在城市设计"基准"之外的群体聚集在一起，仍有潜在的心理健康益处。人们通过社区归属感而形成的社会资本——拥有共同的特征、名声和定制的设施——可能有助于抵消他们因遭受偏见、歧视、安全威胁，以及邻居、服务商、雇主，甚至公共领域陌生人的负面对待而产生的心理健康问题。以下案例的益处和风险都是公认的。

· "种族密度假说"：这项研究尚无定论，认为根据共同的种族、民族或文化，选择性地将人们隔离开来，可能会对心理健康有潜在的好处（Halpern & Nazroo，2000）。这可能是由于聚集减少了当地人的偏见，增加了社会支持，有时有助于形成共同语言。在美国，一些涉及非裔美国人和西班牙裔成年人的研究发现，居住在同种少数群体比例较高的社区可以减少成年人的抑郁和焦虑（Shaw et al., 2012）；也有一些其他研究的发现正好相反（Lee, 2009; Mair et al., 2010）。一项英国的研究发现，背景相似的人住在一起可能有助于预防精神病（Cantor-Graae & Selten, 2005）。总的来说，最初相同背景的人聚居在一起能够起到一定的保护作用，但随着时间的推移，当少数群体地区的教育和就业质量受到挑战，以及犯罪水平发生变化时，原本社会和专业网络的优势就会逐渐被掩盖，这种保护作用可能会减弱（Iceland, 2014）。

· 年龄隔离环境：老年人的隔离有时是自己做出的选择（例如搬到退休社区），有时是出于需求（例如住在养老院）。这种隔离可能是地理上的，也可能是因为种族、社会经济因素或其他因素，例如仅为特定专业人员（如演员、音乐家）提供的养老院。虽然与具有共同特征的人生活在一起能够产生更多的社交机会，对心理健康有潜在好处，但隔离会减少人们的社会资本，加剧社会和物质环境中的不平等（Oliver, Blythe & Roe, 2018）。

基准设计

从历史上看，公共空间一直是多数群体、身体健全人群、处于工作年龄的男性的领域，他们常去办公室，而女性则往往待在家中。城市规划和设计会优先考虑这一群体的需求和特征，将他们作为"基准"。

　　人们越来越意识到，城市设计并不总能满足多样化公民群体的需求，一些为满足特定"基准"或"主流"需求的开发项目会把其他群体排除在外。妇女、青少年、老年人、少数群体和残疾人不属于"基准"人群，因而他们往往被城市设计边缘化，让他们去适应设计，而不是让设计去满足他们。

　　"老年友好型"城市设计的全球运动使人们认识到城市中年龄的多样性，促进每个人融入公民生活的方方面面，尊重与年龄相关的决策和生活方式选择，并灵活预测和应对不同年龄群体的需求。其目标是支持城市中各年龄段人群的参与、健康、独立和安全。确保他们都能够完成日常任务、散步、与大自然接触以及在社区中进行社交活动，在维持人们的自我意识、幸福感和生活质量等方面都发挥着关键作用。然而，以基准群体为中心的设计并不能使每个人都能平等地享有以上权益（Roe & Roe，2018），还可能会影响人们的心理健康和福祉。

　　老年友好城市、性别主流化和残疾人友好城市的观点都已成为实现社会平等的核心原则，但在城市规划和设计的实践中仍存在许多不足。我们将对年龄、性别、种族和残疾等关键特征进行深入研究，因为不同特征的群体在城市需求和使用模式上存在显著差异。这些研究将为促进心理健康和福祉的城市设计开辟新的可能性。

　　·城市移动和使用的不同模式：一个城市"基准"工作年龄的男性通常需要每天两次在高峰时间往返通勤于家和单位，而其他群体则有不同需求，但这些需求在以通勤为重点的交通系统中没有得到全面的满足。退休的老年人，幼儿园、学校和参加课后活动的儿童，需要自由独立活动的青少年，残疾人，护理人员（主要是女性，她们比男性更有可能要照顾家庭、孩子和年长的亲戚）在生活中都有不同的角色，也需要不同的交通路线和时刻表。他们需要在整个白天和晚上进行距离更短、次数更频繁、目的地更广泛的出行，而许多城市的交通系统都是为每天两次的高峰通勤而设计的。

青少年和老年人往往比工作年龄的人在城市环境中度过更久的时间，其原因有身体、感官和认知方面的限制，还在上学或在日托中心，不便获得交通，以及难以离开附近社交圈等（Garin et al.，2014）。然而与老年人相比，青少年可以使用自行车、滑板和踏板车等交通工具。

对基础设施的不同需求

·物理可达性：城市设计通常会优先考虑身体健全的人的环境可达性。联合国预计，到 2050 年，15% 的城市人口将面临残疾问题（United Nations，2016），需要满足大部分人口的物理可达性需求，以使他们能够充分利用设施和服务，并参与社会生活。婴儿车、齐默式助行架和轮椅等轮式助行工具使人们不方便进入私人和公共空间。物理可达性受限会有碍居民的独立性和自主性，不利于他们获取居住、教育、就业、保健、文化、商业和社交等有助于心理健康的机会，也不利于他们在城市中亲近自然和其他恢复性环境。

主要的物理障碍包括住宅、商业和公共建筑没有无障碍通道或没有足够宽的门可容纳轮椅通行；运动设施不适合乘坐轮椅使用；缺少无障碍卫生间；缺少助听设备；禁止导盲犬进入公园等公共场所；缺少改装自行车的停车位；交通信号灯允许通行的时间短；由于街道混乱导致的街道导航问题，例如乱放广告、路缘变化或堵塞（包括将车停在人行道上），以及卵石路面等凹凸不平的街道（House of Commons，2017）。从身体特征和需求方面来说，工作年龄的男性比女性、儿童和老年人更高、更强壮。因此他们比其他群体走得更远、更久也更快，该特征也会反映在城市设计中（Yang & Diez-Roux，2012）。对于步行难度不同或可能需要不同设施的人来说，交通时间和距离（包括不同交通方式之间的移动、十字路口的移动和上下楼梯等）更难控制。例如，行动不便的人可能依赖于长凳；女性可能由于月经、更年期、解剖学差异而更容易患尿路感染，更容易患上与分娩并发症相关的失禁，以及肠易激综合征等疾病，导致其对公共卫生间的需求增加。此外，女性比男性更有可能要照顾儿童或老年人，这些被照顾者也会更需要卫生间。而男性看护者可能会面临的障碍是一些婴儿更衣设施只设在女卫生间。

· 感知和认知的差异：不恰当的设计方法无法适应人们感知和认知的差异，为人们带来不便。例如，视觉或听觉障碍者需要视觉或听觉信息外的引导和安全提示。阅读障碍患者或特定语言读写者可能无法识别某种单一语言的书面信息，没有数字识别能力者无法识别纯数字信息。因而信息提供方式的多样性有助于方便各类人群。

城市设计倾向于仅满足神经正常人群的需求，其某些特征可能会对患有各种神经和心理健康障碍的人产生限制，尤其是对焦虑和感官过载人群。研究发现，自闭症患者在公共场所遇到荧光灯、闪光灯、各种噪音时，可能会感到困扰和不适，这会妨碍他们与他人的正常互动。包容性的城市设计特征可以改善他们对公共领域的体验——例如设计公民感到不适时所用的休息空间，具备遮阳、宽敞、空气流通、自然光、低噪音（包括良好的隔音）和低刺激性的颜色等特征（Davidson & Henderson，2016）。

· 社会心理特征和需求：儿童、青少年、护理人员和老年人的需求不同，应最大限度地促进社会化对他们心理健康的益处。对于儿童来说，尤其是住在高层的儿童，他们需要更多的在城市环境和社区中游戏和发现自我的机会（Evans，2003；Modi，2018）。青少年需要有安全的地方与朋友共度时光，培养社会资本，获得社会支持，从而降低患抑郁症、焦虑症、对立违抗性障碍和行为障碍的风险（Aneshensel & Sucoff, 1996）。护理人员需要与同龄人见面，获得社会支持，缓解焦虑和抑郁。老年人需要基础设施来缓解孤立、孤独，否则将会使其在多个功能领域的认知能力下降的风险显著增加（Mitchell & Burton, 2006）。以上都需要城市设计来增加他们的自主性和独立性，促进社会和公众参与。

· 文化权限和空间协商使用：与身体健全的工作年龄男性相比，妇女、儿童、残疾人、少数群体和老年人更难维护其对空间的合法使用权。例如，当女孩发觉公园被男孩"占领"时，她们往往会选择离开（见下文维也纳的案例）。

文化期望也会限制一些人在城市中的出行方式。在一些城市，着装、行为、沟通方式和规则等因素会影响公民使用与其性别、文化、宗教或其他属性相关的公共领域。一些文化和宗教对公共领域的限制和隔离会影响城市设计。例如性别隔离，这是沙特阿拉伯的一种文化规范（Doumato, 2009），要求在城市中设计性别隔离的公共空间，导致公共空间的某些部分由男性主导。男性几乎独占道路，女性却被限制或阻止开车。而女性专用空间在沙特阿拉伯公园和工作场所中的兴起，一方面因为保障了女性的机会而受到欢迎，另一方面又因支持隔离而受到批评，尤其是当这种隔离为一种性别提供了比另一种性别更多的机会时。

即使在没有正式实行隔离的地方，人们也会发现，他们对公共领域的使用受到相同特征的使用者的影响。例如一项研究发现，纽约市的阿拉伯移民妇女在看到能代表她们文化的其他妇女戴着伊斯兰头巾、使用阿拉伯语时，她们感到更有能力使用公共空间。光线充足的开放空间也有助于人们寻找同类特征（Johnson & Miles, 2014）。另一项研究提出了城市设计中关于文化权限的四个原则：最大限度地降低参与障碍，使多样性活动合法化，设计安静的小型静修场所，以及解决开放空间的不平等供应和使用问题（Rishbeth et al., 2018）。

· 安全：能够安全、独立地在城市中行走对所有公民都有益。然而，某些群体的权益受损尤为严重。例如，世界许多地方的妇女在公共领域仍受到安全问题的限制。研究表明，女性比男性更容易害怕性侵等犯罪行为，无论客观风险如何，这种担忧会影响她们使用城市的方式（Snedker, 2015）。作为看护人的女性也特别害怕她们的孩子受到交通危险等威胁。除了女性之外，对安全的担忧也限制了少数群体、残疾人和其他许多人的心理行动自由，影响他们对城市场所的使用选择。如果人们发觉自我保护和逃离危险的能力下降，或者觉得自己更有可能成为被攻击的目标，那么情况会尤为严重。

除了与残疾和虚弱相关的一般性障碍外，老年痴呆患者面临的一个重要安全挑战是路线识别。痴呆的症状包括记忆丧失，在思维、定向、解决问题或语言方面有困难，情绪或行为变化，以及潜在的漫游行为。公共领域的方向不明、恐惧和行动困难减少了老年人的机会，并可能对他们的心理健康产生负面影响。相反，城市设计应保证居民能够完成基本的日常活动、散步、与大自然接触以及在社区中进行社交活动，这有助于居民的独立、社会参与、感官刺激、体育活动以及身心福祉。

影响因素

城市的包容性程度受以下因素影响：（1）个人特征，包括年龄、性别、种族、民族、社会经济地位和身心健康状况；（2）个人特征与社区或者城市主要特征的匹配程度；（3）在特定地方的社会规范和文化背景下，这些特征的优势或劣势程度。而一个城市的包容性程度也受环境的安全性和包容性影响。

包容性城市的设计方法

长期以来，设计师们一直致力于为"基准"人群进行设计，满足他们的需求。然而，随着城市的扩大和发展，城市中有越来越多的不同群体，城市的经济发展也与他们的心理健康和福祉息息相关，只为"基准"人群设计已不再被接受。设计师越来越需要采用通用、包容性的设计原则，以满足所有城市用户的需求，帮助他们繁荣发展。

设计一个促进心理健康和福祉的包容性城市有两个关键原则：

减少空间隔离的负面影响

空间隔离最有可能发生在社会经济梯度较大和具有不同种族、民族、宗教、性别特征的背景下。城市设计应致力于最大限度地提高居民与附近同类群体的利益，例如社会资本、归属感和安全感，同时减少对他们心理健康、自尊、尊严的不利影响，保障他们获得恢复性城市设计的机会。实现这一目标的主要方法是：（1）设计和重新开发具有普遍吸引力的社区，减少需求梯度，避免绅士化；（2）提供经济适用住房，减少社会经济障碍，欢迎和包容多种多样的居民；（3）设计更好的街区连接，例如步行道和安全街道，方便居民在城市街区之间行动，避免居民将自己限制在某些地点；（4）设计以共愉为目的的社区，促进居民之间的偶发交往，有助于促进社会包容性、对差异文化的认同和对社区的归属感（Amin，2018；见"睦邻城市"章节）。

总体而言，尽管每种方法都发挥着重要作用，但通过鼓励具有不同身份和特征的居民融合来减少空间隔离（常见于欧洲），似乎比仅仅改善继续被隔离的社区环境，或将人们迁出较贫穷的地区（常见于美国），更能对人们的心理健康和福祉产生积极的影响（Iceland，2014）。

分散计划是将公共住房分散在不同社区，而非集中在贫穷社区。代金券方案为购房提供补贴，增加居民对居住地点的选择余地。两者都有助于促进融合和增加机会。部分城市实行了配额分配制度，在全市范围内分配住房，避免少数群体的集中和贫困社区的形成。然而，该方法并不是特别成功，而且被批评为具有歧视性（Munch，2009）。同样，住房多样化的努力——拆除旧住房，代之以大小、质量和费用各不相同的住房——也并没有明显的社区融合效果。

或许，城市设计最有趣的机会之一是增加公民的教育、经济、社会和文化机会，帮助解决贫困、排斥和健康不平等的潜在动因。这种方法的重点是将这些机会设置在可达性高的地方，并配备上让所有人都可负担的、高效的无障碍交通机会。

无家可归者是包容性城市规划和设计所面临的一个挑战。各种估计表明，世界上大约有1.5亿无家可归者，另有16亿人缺乏合适的住房，其中许多人聚集在城市中（Chamie，2017）。无家可归可能是由贫困、失业和家庭问题等与心理健康相关的因素导致的。反之，无家可归也可能会造成心理健康问题。例如由于被污名化和隔离，无家可归者被禁止在城市的公共和私人区域乞讨、游荡甚至休息。而对无家可归者最重要的因素是他们需要有家，在解决无家可归问题方面，最成功的城市设计方法是为其提供适宜的住房条件。在芬兰，国家无条件地为所有无家可归者提供永久性住房而非临时住房，并提供基于他们需求的多种支持。

从满足"基准"群体到满足不同城市用户需求（包容性/通用设计）

包容性设计意味着更公平的设计。在美国华盛顿州塔科马市，新的塔科马公平指数是基于以下四个指标：可达性（包括交通、公园和道路的质量）、宜居性（包括犯罪指数和树木密度）、经济和教育。该市对有效提高公平性的分析发现，应优先考虑使不同收入水平、不同种族和民族的居民能平等地获得社区的设施、服务和就业机会。这一发现与阿勒普（Arup, 2019）的研究结果一致，该研究强调了居民的独立自主、社会联系以及安全保障。一些关键设计要点包括：

全民宜步行：包容性城市需要建设和维护良好的步行基础设施，以满足不同路线、不同身体特征、能力的公民的多样化需求（见"活力城市"章节）。无论他们是否使用轮椅、婴儿车或助行器，也无论他们是否受身体限制或要照顾他人，设计都应该平等地重视他们。包容性的宜步行设计方法包括：

- 宽阔、维护良好的人行道
- 为无法使用台阶的居民提供人行坡道、电梯和其他替代方案
- 在考虑红绿灯时长等过路设施问题时，需顾及不同能力的通行者（如儿童、老年人和助行器使用者）
- 充足的公交车站
- 遮阳遮雨设施
- 长椅等休息设施和休息场所
- 公共淋浴设施
- 将医疗保健、日托中心、杂货店、图书馆、邮局、公园等关键设施设

置在住宅步行范围以内，这可能意味着调整将居住区和商业区分开的分区规划形式

· 确保助行工具使用者和残疾人能够方便地出入住宅、公司、商场、公共建筑和其他场所，包括开门方式、进入方式和建筑物内引导

全民交通：包容性城市应提供可负担的、高效的、便利的交通选择。这些交通选择不只在高峰时段，且能够做到全面的地理覆盖，包括学校、图书馆和医院等公共设施。城市交通通常被设计为"轮辐式"结构，连接居住区和商业区，但为了顾及通勤者以外的居民，满足多样化人群更短距离、更频繁、更本地化的出行需求，采用网格式交通结构可能会更有效。当然，所有交通选择都应方便轮类和其他助行工具的使用者。

全民安全：有大量研究城市设计如何提高城市安全性的文献。包括反对被过度"清理"的街道——这是因为有摊位的、热闹的、能被很多人看到的街道，可以增加女性和其他弱势群体的安全感。

另一个关键因素是保障视听障碍等感官和认知受限者的安全，使其能够安全、独立地四处走动。设计方法有：

· 提供视觉线索，包括土地多样化利用，建造视觉清晰、用途独特的环境地标和建筑，如尖塔教堂或有水果外摆的杂货店。（设计师和规划者应该意识到拆除历史地标的潜在负面影响，如历史建筑、市政建筑、钟楼、公园和其他活动场所，甚至是电话亭等街道设施，它们长期以来都被用作路线识别线索。）

· 设置清晰简单的路标，在例如丁字路口等容易让人混淆的地方。字体与背景应对比鲜明，且不包含多余信息。路标符号需栩栩如生。一些痴呆患者表示垂直标志比平行标志更容易识别。非导航标志不利于街道识别，而杂乱的街道环境可能会使人混乱。

·提供良好的照明和声学环境，良好的照明条件有助于人们的安全导航，包括对闪光灯敏感的人。持续的背景噪音和突然的巨大噪音会令人混乱并迷失方向，可能会使传递信号的声音（如蜂鸣器或警报器）因此被错过。

·降低车速并保证车辆与行人的距离有助于减少风险。拆除路缘石以建立共享空间的城市设计概念存在争议。尽管一些使用轮类交通工具的人群发现，没有路缘石或正式交叉口的共享空间提高了其行动能力，但这种设计可能会使一些依赖路缘石作为交通安全指示的人群感到困惑，例如视障患者和自闭症谱系障碍（简称ASD）患者（House of Commons, 2017）。因此，是否拆除路缘石还有待进一步研究。

全民舒适：满足不同需求群体舒适度的设计概念越来越受到提倡。包括设计无障碍卫生间和满足心理和神经障碍患者的特殊需求。例如，自闭症患者友好型设计通过低刺激性、可预测性和一致性、休息空间、宽敞的流通空间、自然光（避免闪烁的灯光）、低饱和度颜色，以及遮阳设施等措施来提高自闭症患者的舒适度。

全民可见：多数民族、健全者、异性恋、顺性别者、工作年龄男性等"基准"人群在城市中更为常见，但城市中更多样化的表现和叙述会对人们的归属感产生重大影响。这需要确保公共领域的设施和服务能够满足不同社区的需求，而非同质化，或将社会经济阶层较低的人排除在绅士化地区之外。此外，使用社区名人或事件命名地点，或为当地艺术品和其他有代表性的特色事物做宣传，也有利于增强社区归属感。

混合收入、混合年龄的住宅开发：拥有不同类型、规模和使用年限的优质混合住房社区，与办公、服务等设施的良好连接，为当地企业划分分区，连接其他社区的步道（以防止空间隔离），都有助于满足居民当前和未来的需求，能够吸引并留住多样化的居民。高质量的社交空间、管理良好的绿地、为所有居民服务的儿童游乐场等公共设施，以及当地的社会和文化活动，都有助于发展社会纽带和提高社会凝聚力。而良好的地方领导和治理确保了多样化社区的可持续性发展。

对无家可归者的包容性设计：城市设计可以为无家可归者提供水、卫生设施、电子设备充电站、休息和睡眠场所，以满足其基本需求并提升他们的尊严。城市设计还可以避免有敌意的建筑设计，建立社会和实际支持场所，提供安全的睡眠场所，以减少无家可归者的耻辱感。其中，最有效的方法是为无家可归者提供永久住房。

社区参与包容性规划和设计的每个阶段

为了摆脱设计上的"基准"人群思维，规划师和设计师需要明白他们是在为谁而设计。这需要与完整的社区互动，让尽可能多的当前和未来的用户参与进来。让不同的群体参与规划和设计不仅可以提高设计的包容性，避免刻板印象和象征主义，还可以增加该地区的自我价值、目标、社交互动、归属感和安全感。

设计师的首要任务是与目标社区合作，通过设计消除包容性的阻碍因素。这些阻碍涉及身体、视觉、听觉、认知和心理健康的差异，以及性别、种族、民族、性身份和习俗。虽然没有哪种单一的设计可以满足所有需求，但具有包容性、回应性和灵活性的设计能平等地重视所有居民，并提供选择方案，以便每位居民都能够使用社区场所。

社区参与应使社区成员参与磋商、工作和评估。还可以更进一步，使社区居民参与监督项目的指导小组和论坛，参与决策（例如通过参与伙伴关系委员会来协商策略选择），并作为当地合作伙伴为项目提供帮助。

促进心理健康和福祉的包容性城市设计取决于社区参与的真实和全面程

度，包括当地居民群体、当地社区群体、宗教群体以及不同种族、民族、文化、年龄和社会经济地位的群体。与社区接触的所有阶段都可能体现包容性设计，例如会议的地点和可达性、个人接触的时间以及沟通的形式和语言。参与形式也是多种多样的，需要适合的目标、参与者和当地环境。联合国与世界卫生组织合作制定了社区参与的方法和工具，以支持城市健康规划，包括社区资产测绘、共同创造、社区参与以及社区发展方法（UN-Habitat & WHO，2020）。社区参与的方法有：创造性方法（例如为参与者提供相机或艺术材料，以捕捉他们对城市环境的体验并探索其需求）；社区地图（例如绘制安全和不安全区域）；构建3D模型（探索环境、规模、结构）；调查；公开会议和论坛；讲习班和重点小组；圆桌会议；公民评委会或小组；开放空间方法（例如使用社区审核工具，捕捉空间的质量和可达性等参数，包括感官方面）；街头摊位（吸引该地区的不同居民）。

包容性城市案例

成长的博尔德：美国年轻人的社区参与

2009年，美国科罗拉多州的博尔德市发起了一项名为"成长的博尔德"（Grouing up Boulder）的儿童、青少年友好型城市倡议，它基于20世纪70年代发展起来的城市规划参与方法（Lynch，1977）。当地政府、学校、大学和非营利组织共同建立了伙伴关系。"成长的博尔德"计划使年轻人系统地参与到规划过程之中，有助于在设计和规划公园、交通系统等大型城市项目时，更注重增强其包容性，以确保其能够更好地适应人们的未来需求。该倡议采用"城市即游戏"的参与方法，包括社区评估、地图绘制、模型构建、照片网格、照片文档、访谈、参与式行动研究、向城市代表演讲、数字故事讲述和创建互动规划模型（Derr et al., 2013；图8.5）。最终使年轻人更能认识到城市人口的多样性需求，设计出更绿色、更健康、更加关注社会和环境的可持续方案。

英国约克：痴呆患者友好城市

英国的约克是一座拥有中世纪城墙的古老城市，有近20万人口，老年人的数量也在不断增加。面对老年人日益增长的社会护理需求，约克与约瑟夫·朗特里基金会成立合作基金会，使约克成为一个对痴呆患者友好的城市。该市旨在帮助痴呆患者尽可能长时间地待在家里或住所（保持支持关系并减少孤独感），支持护理人员并减少其耻辱感。该项目吸引了一些痴呆患者及其护理人员和一个跨部门工作组的参与，工作组不仅会提供卫生和社会护理服务，还会提供住房、休闲和交通等其他服务。痴呆患者在与城市中其他人互动和导航寻路时都面临困难。评估发现（Dean et al., 2015），该项目最成功的改变是提高了当地社区对痴呆的认识。改善措施包括：代际计划（如养老院和学校之间），培训当地企业的员工，明确适合老年人的体育、文化和休闲选择，以及一个社区园艺项目。在约克，老年人可以以多种方式在城市中通行，例如通过"骑行不分年龄"（Guding without Age）国际运动为老人提供免费、舒适的人力车（图8.6）。该痴呆友好城市的成功很大程度上归功于让痴呆患者参与到规划、启动、实施和评估的过程中来（Dean et al., 2015）。

奥地利维也纳：性别包容城市

1991年，策划人伊娃·凯尔（Eva Kail）在奥地利维也纳举办了一个

图 8.5　美国科罗拉多州的博尔德市，儿童在参与构想过程（图片来源：Donna Patterson）

图 8.6　英国约克的老年人力车（图片来源：约克自行车美女社区利益组织 / Olivia Brabbs）

摄影展，记录了 8 位维也纳女性的生活。这个摄影展引起了公众的广泛关注，并引发了对这座为男性需求而设计的城市的讨论。它提出了一个问题：规划如何从不同角度进行？凯尔决定积极推进这个想法，仅邀请女性建筑师（当时仅占当地建筑师的 6%）来设计社会住房项目。1997 年，由此产生了"女性－工作－城市"（Frauen-Werk-Stadt）项目。虽然最初这种日益增长的性别主流化方法并没有被普遍接受，但女性的视角为该项目带来了新的元素。例如婴儿车储藏间；通过更宽的楼梯间来鼓励社交；通过更低的建筑高度使居民能够看到街道，从而提高了安全性。新的视角后来还扩大到了地区规模，包括拓宽人行道、建设可供婴儿车使用的坡道、改善照明以增强安全感、在台阶处设置坡道和电梯。最著名的设计干预是改造了马尔加雷滕区（Margareten）的两个公园，这两个公园男孩使用比例过高，而女孩们在九岁之后就不再前往。重新设计的公园，原本以男性为主的篮球场增加了排球和羽毛球设施，修建了休息区，增加了照明和其他安全设施，使女孩们重新回到公园。如今规模扩大到整个城市，性别主流化成为城市政策，规划者对社区参与负责，配合财政奖罚措施，确保在包括公共展览（图 8.6）在内的所有项目中平衡性别问题。

包容性城市的设计原则
（一般性原则）

· 在包容性规划、设计、实施和维护的各个阶段实现社区参与，让整个目标社区的当前和未来用户都参与其中。

社区尺度（见图 8.7）

· 混合用途社区，保障居住、商业和当地设施之间的宜步行性，并为吸引多样化人群提供设施。

· 无障碍通行设施，例如宽阔的街道、人行坡道、定时过街设施、休息长椅，并为不同身体能力和行动能力人士提供全面的公共交通工具。

· 设计鼓励不同群体使用的公园和其他公共空间，避免单一群体占据，为具有不同或共同特征的人们创造聚集机会。

· 通过清晰的标识、视觉提示（包括标志性建筑、公共艺术和其他地标）、照明和声学指引来提高路线识别安全性。

· 减少犯罪，建设繁忙的、照明充足的、维护良好的能够自然监督的街道，避免不透明界面，确保公园等公共空间和外部区域的视觉联系。

· 避免通过"穷人入口"和其他社会经济隔离而让弱势群体产生羞耻感，对所有人群持欢迎态度。

城市尺度（见图8.8）

· 进行包容性的城市设计和开发，通过承认和赋予居民领导权力，让不同群体的居民参与到城市设计的各个阶段。

· 确保所有社区都能够提供高质量的居住、教育、就业、当地商业、交通、文化、医疗保健和恢复性功能，无论社区的社会经济地位如何。

· 在全市范围内为所有性别人群提供无障碍公共卫生间。

· 提供无障碍的公共交通，包括高峰时段以外的时刻表和覆盖整个城市的站点（不仅仅是居住地到办公场所之间的路线），让所有人能够到达教育、经济、文化场所和恢复性城市环境，增加安全的自行车基础设施。

· 提供连接不同社区的步行道。

· 反映城市的多样性，积极突出和表现城市的不同群体（例如通过公共艺术、地名、专用设施、节日和游行场所，以及满足不同群体需求的设施）。

恢复性城市：促进心理健康和福祉的城市设计

1. 导航地标
2. 小型静修空间
3. 无障碍公共卫生设施
4. 混合年龄、混合收入的住房
5. 多样化群体的共享空间
6. 幼托 + 养老院
7. 精心设计、间距规律的照明设备，以增加安全感
8. 社区间的无障碍步道
9. 视觉提升标识
10. 无障碍坡道
11. 自行车安全设施
12. 共享单车
13. 公交车站：候车亭 + 座位
14. 公共空间设施，饮水机、充电站、座椅
15. 功能细分的公园 / 公共空间
16. 定时控制、照明良好、有路缘分隔的安全路口

图 8.7 包容性城市：社区尺度

08 包容性城市

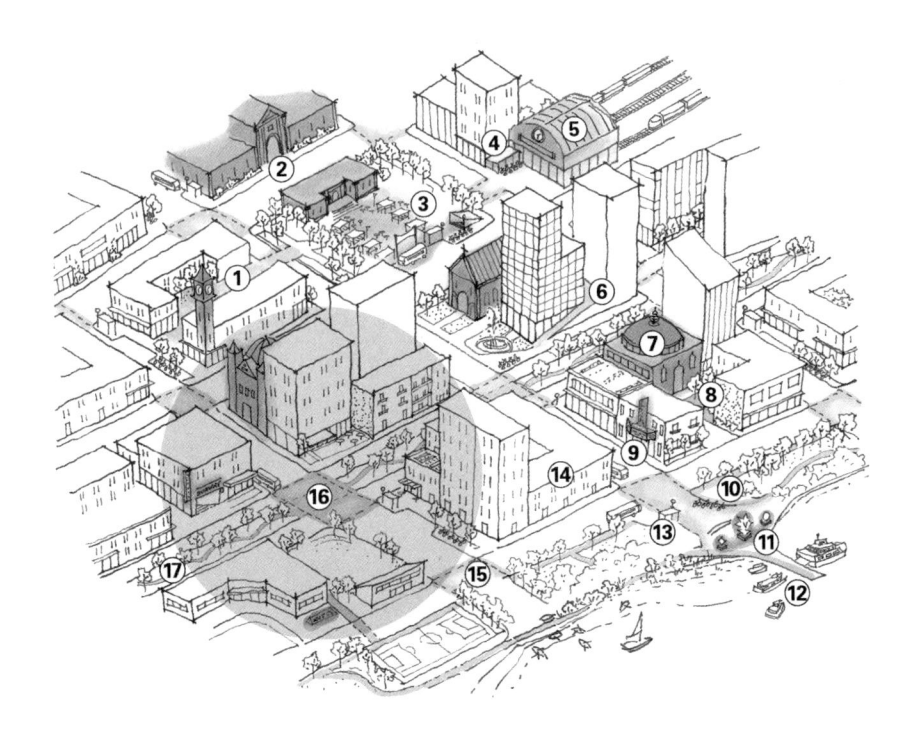

1. 混合用途的人行道连接
2. 地标建筑：市政机构
3. 多元文化市场
4. 自行车设施
5. 多模式交通枢纽
6. 无障碍坡道
7. 地标建筑：多信仰宗教场所
8. 口袋公园 + 小型静休空间
9. 地标建筑：剧院和娱乐场所
10. 自行车安全设施
11. 公共艺术
12. 无障碍的蓝色 + 绿色空间
13. 连接社区的无障碍交通设施
14. 空置办公楼改造的无家可归者住所
15. 安全的路口
16. 混合功能的紧凑型代际生活
17. 连接社区的无障碍步道

图 8.8 包容性城市：城市尺度

09

恢复性城市
The restorative city

恢复性城市主义：促进心理健康和福祉的城市设计

当涉及城市规模的心理健康和福祉时，我们考虑的范围远远超出了医院病房，责任也远远超出了任何精神科医生或临床心理学家。城市规划和设计决策在许多方面影响着人们的生活。这些决策是一个城市能否支持和促进其居民心理健康和福祉的核心，反之则会助长心理健康问题的发展。如今我们应当承认这种影响并正视城市环境的作用和机会。这就是恢复性城市主义。

恢复性城市主义：面向有利于心理健康和福祉的城市设计

随着世界各地的人们不断向城市迁移，城市环境对全球人口心理健康和福祉的影响越来越大，对城市的成功也会产生积极或消极的作用。心理健康问题会影响人们对城市生活和城市社区的参与方式，以及人们的身体健康、生活能力、经济成本等方方面面。根据经济合作与发展组织（OECD，2014）的评估，心理疾病的直接和间接成本占国内生产总值（GDP）的4%

以上，包括与心理疾病相关的医疗保健、社会护理和长期护理成本。经济合作与发展组织指出，对心理障碍的治疗不足造成了高昂的社会和经济成本。心理健康问题的间接成本涵盖了身体疾病风险的增加、教育问题、失业（心理健康问题患者的失业率根据疾病严重程度，通常比普通人群高出两到七倍）以及无家可归现象。此外，患者的家庭成员和其他护理人员因承担照顾责任而产生的成本，也会对他们的就业、休闲活动、身心健康和人际关系造成负面影响。影响心理健康的因素很多，但城市规划和设计可以让城市成为一个积极型、支持型、养护型的生活场所，以促进人们的心理健康。

本书研究了城市规划和设计对心理健康和福祉的作用，探索了城市如何利用建成环境来促进、支持和实现心理健康和福祉，同时减少或消除心理健康和福祉的威胁因素。本书将这种新的城市规划和设计思维方式定义为恢复性城市主义，该概念对未来城市的发展至关重要。

恢复性城市是有韧性的城市

韧性是指城市内的人员、社区、机构、企业和系统在面对急性冲击和长期压力时的应对、适应和发展能力（100 Resilient Cities，2020）。韧性是城市的关键特性，因为无论面临什么样的挑战，它都是城市繁荣发展的必要条件。全球数十亿城市居民都会期望无论气候变化、移民、自然灾害、流行病或恐怖袭击对他们的城市产生何种影响，城市都能保持韧性、做好准备，以确保他们的安全。政策制定者、城市规划者、设计师、工程师和其他城市专业人士都在努力提高城市的韧性。然而他们的重点往往是在物理和社会系统层面，例如适应气候变化的水系统或强大的医疗保健系统。韧性规划往往忽略居民自身的韧性，即如何促进居民的心理健康和福祉，使他们能够应对、适应急性冲击和慢性压力，甚至在其中成长。良好的心理健康恢复策略不能仅仅依赖于强大的医疗保健系统，要实现真正的韧性城市，必须关注个人和社区在生活挑战中应对、适应和发展的能力。而恢复性城市主义能够发挥关键作用。在新冠肺炎疫情期间，由于居民遭受强制隔离、地方限制和社交疏离，公共开放空间在支持心理健康方面的作用变得比以往任何时候都更加重要。

然而，个人和社区面临着引发和加剧心理健康问题的诸多挑战，包括遗传、家庭、亲属问题、就业或失业、贫困、歧视、住房问题，个人或家庭的身心疾病，以及难以获得良好的医疗保健（WHO, 2012）。在面对这些挑战时，人们如何应对、适应和发展会受到一系列因素的影响。这意味着促进公共心理健康不仅局限于传统的医疗保健，还需要整体的系统性方法。人们的心理健康韧性会受到社会和物理环境的调节，在一个动态的系统中相互作用。

城市规划者、设计师、地理学家、公共健康和心理健康专业人员，以及其他促进心理健康的相关工作人员，均有机会规划、设计、开发和呈现一座使居民宜居且繁荣的城市。无论是在道德层面、经济层面还是可持续发展层面，建设恢复性城市都有极大的必要性。

恢复性城市主义的七大支柱：理论框架

恢复性城市主义将心理健康、福祉和生活质量放在城市规划和设计的首位。认知、情感和实践需求高的城市环境可能会大量消耗人们的心理和社会资源，而恢复性城市则利用城市环境来促进人们的心理健康和福祉的韧性。因此，它自然会涵盖城市规划和设计的几乎所有领域。

实现恢复性城市主义的途径并不唯一，本书提出的模型包含了七个关键支柱，并按章节对其进行了深入探讨（见图1.3）。

绿色城市

绿色城市的理念是让人们尽可能多地直接或间接接触到绿色空间，包括城市绿化和其他自然的城市空间。这种接触应该在住所附近、交通途中（包括步行连接）、学校和工作场所以及整个公共区域都能够实现。为实现这一原则，需要确保居民能够轻松接触到花园、行道树、公园和自然景观；还需要确保绿化空间的质量、维护和管理。绿色城市有助于缓解抑郁和焦虑，改善情绪，提高思维敏捷性、记忆力和压力恢复能力，并减轻严重心理健康问题的症状。例如，在儿童时期接触绿化空间能够减轻多动症的症状和降低成年后患心理疾病的风险。此外，绿色城市还具有一系列共同健康的益处，包括增加体育活动和社交互动的机会，以及适应气候变化（如缓解热应激和吸收过量降雨）等多种韧性益处。

蓝色城市

蓝色城市的理念是让人们尽可能多地直接或间接接触到以水为主要特征的地方，包括海岸和河流等自然景观，以及运河和喷泉等人工景观。这一原则涵盖了观赏水景和与水互动，以及以水为基础的气候适应系统。蓝色城市与绿色城市一样，有助于减轻抑郁和压力，改善人们的情绪和其他心理疾病的症状。通过缓解热应激和营造更"舒适"的户外娱乐环境，蓝色城市也可以间接地缓解抑郁、激动和愤怒等情绪。随着对蓝色城市益处的研究不断深入，我们期待这些对心理健康的影响能够更清晰、更实证地被量化。

感官城市

感官城市的理念是通过有意识地利用我们的感官来最大限度地提升心理健康和福祉的效益，包括听觉、视觉、嗅觉、味觉、触觉以及更短暂的氛围感（我们的"第六感"；Pallasmaa，2005）。噪音刺激可能会导致抑郁、焦虑、压力和愤怒，影响大脑功能，甚至会通过干扰睡眠加剧大多数心理健康问题。相反，大自然友好的声音可以减轻压力，增强归属感。视觉上的单调可能使人们更容易陷入悲观的内心想法，从而导致抑郁和焦虑。颜色可以影响人们的情绪，并有助于路线识别。不愉快的气味可能会引起耻辱感，而与大自然和食物有关的气味则可以唤起积极的情绪。触觉增强了人们与环境的连接，这也是园艺和城市农业能够减轻抑郁、焦虑和心理困扰，同时提升专注度、生活质量和社区意识的部分原因。味觉可以唤起文化和地方的归属感，而获取健康的食品（如社区市场）可以减少肥胖——这既是一些心理健康问题的成因，也是一些心理健康问题的副作用——并有助于推动社区和社会的互动。

睦邻城市

睦邻城市是指通过精心设计城市环境，使人们能够建立和维持高质量的社交网络和社会支持，从而提升他们的心理韧性。定期的社交互动可以降低人们患上抑郁症、焦虑症、痴呆和产生自杀念头的风险，增强他们的自尊心和归属感，并有助于改善大脑功能。睦邻城市通过提供宜步行性、可达性、社交空间、基础设施、社交碰撞场所和参与性机会，帮助人们聚集在一起，鼓励人们建立当地的社会网络、发展社会资本、参与社区生活并增强其归属感。

活力城市

活力城市的理念是将体育活动融入日常城市生活，通过精心设计城市空间，为所有市民提供便利的移动性。除了体育锻炼对身体健康的益处外，活力城市还有助于减轻抑郁、压力和焦虑，改善大脑功能，增强社会凝聚力。在儿童和青少年时期，定期进行户外活动，如步行上下学，有助于提高学习成绩。活力城市的关键在于可达性，街道连接度，土地混合利用，以及安全、设计良好的基础设施——包括长椅、卫生间、饮水器、照明设施、自行车基础设施、公园、绿色廊道，以及步行区——使人们能够轻松地进行日常步行或骑行，包括使用轮椅、移动辅助工具、婴儿车和童车。

可玩城市

可玩城市的理念是在公共领域设计出令人愉快的功能，为所有年龄段和有能力的人提供多种方式来表现自我，体验、想象并创造性地融入环境。玩耍能够激发创造力、想象力和自信心，有助于缓解抑郁，调节压力和情绪，以及增强社会联系和归属感。可玩城市提供了能互动的公共艺术装置，人们可以在此放松、沉浸在"白日梦"中或进行创造性思考；它还提供了针对特定年龄段人群的游戏场所，如公园和游乐场（包括代际游乐场）；还有供不同年龄段人群以各种方式利用的非特定游戏环境（如跑酷和滑板）；以及在城市空地、荒地和废弃建筑中"自由放养"式的游戏机会。

包容性城市

包容性城市是指有意识地设计各种场所，以便所有人都能访问和使用。由于年龄、体型、身体、认知、性别、种族和民族身份、社会经济地位以及心理或身体疾病等个体差异，人们可能在实际上明确或含蓄地被排除在某些公共领域之外。这种排斥影响了人们的自尊、尊严、情绪和归属感，并限制了他们去获取有助于心理健康的城市环境。包容性城市从为假定的主要群体设计转向包容和接纳多样性群体，从而减少了空间隔离。包容性城市还能够减少歧视，增强社会凝聚力并防止孤立，这需要在规划、设计和管理过程的每一个环节都引入多元社区的参与和共创。

恢复性城市主义的实施

恢复性城市主义的七大支柱并非孤立存在。为了实现对心理健康的预期支持，恢复性城市应在规划和设计的每个环节中融入所有支柱要素。例如，设想一条安全且便利的人行道，沿着运河（蓝色城市）两侧种植着树木和鲜花（绿色城市），形成了美丽的自然景观。树木的沙沙声和流水的潺潺声，花的香味和地面的纹理（感官城市），为人们提供了丰富的感官体验。人行道设有轮椅和婴儿车坡道来连接附近的社区（包容性城市），提供了休息和聊天的长椅，并定期有志愿者进行清洁（睦邻城市）。人行道确保了行人、骑行者和滑板车使用者的安全，配备了自行车租赁和停车等相关设施（活力城市），并设有公园、公共艺术以及互动水景装置（可玩城市）。

恢复性城市主义可以逐步推进，但关键在于要制定全面的总体规划。随着新的资源或机会的出现，总体规划可以进行更新或修改。虽然并非每个项目都能运用到全部七个支柱，但应尽可能系统地整合更多的支柱要素。从而建设一个连接良好、交通便利的城市，拥有高效的路线识别系统、融入自然的城市核心、美观的城市形态和充满活力的多功能社区，以支持不同人群的日常活动和社会互动，并提供支持和促进其心理健康和福祉的服务、设施和功能。换言之，应用这一框架将会构建一个恢复性城市，通过城市规划和设计来促进人们的心理健康和福祉。

恢复性城市主义不仅可以而且应该在各个层面上得到实施。一个全面的城市战略当然应该包含恢复性城市主义的原则，而个人设计师也应该将这些原则融入每个项目中。例如，将公园与绿色步道相连，或者在社区咨询的基础上更进一步，积极吸引各种社区成员，共同创造一个满足他们需求和愿景的新场所。

如果将针对每个支柱的建议都整合在一起，会展现出明显的交叉和协同作用。尽管每个项目都有其独特性，且有各种创新和多样化的方法使每个项目都具有恢复性，但在城市规划和设计的实施过程中，存在以下共性特征：

公园

公园是所有支柱的重要特征，为人们接触自然、锻炼、游戏和社交提供了理想的环境。研究明确地表明，公园的数量越多，且离人们的住所和工作场所越近，恢复性效果越好。各种规模的公园都对恢复性城市有所贡献。公园也应包含特定的区域来满足附近居民的文化需求。有研究明确了公园设计支持和促进特定人群的心理健康和福祉的方式，这些特性应在社区参与的背景下满足当地群体的需求。

设计应对大型公园进行细分，增加不同用途的区域，以促进参与和包容性，包括为不同人群设定专门的游乐区；在公园与住宅、工作场所、学校之间建立绿色通道；公园位置规划时应保证能从家里和办公室中都能清晰地看到公园内的绿化；结合自然水景和感官元素；以及重新利用未使用的城市设施（例如停车场和闲置用地）来建设无障碍绿化空间。

户外公共空间

与公园一样，在大多数公共空间中都可以应用恢复性城市主义的原则，以增加这些空间对心理健康和福祉的促进作用。如何更有效地利用公共开放空间促进公共健康，将成为新冠肺炎疫情后城市规划和设计的关键问题。恢复性城市主义则是实现这一转变的重要推力。

城市设计需重新考虑公共社交空间的位置。例如，将其与学校、宗教建筑和市场等（人流量大的）设施相结合，并引入遛狗公园等社区设施，以创造更多的社交碰撞场所。

公共空间可以通过更具创造性的方式灵活使用。例如，学校的操场可以在周末向公众开放，一些开放空间可以用于市场和节日活动，空置的土地和未充分利用的设施可以改造利用以增加其公共性（例如作为社区花园或进行自我表达的快闪艺术场地）。

公共空间的包容性也十分关键。无论是新建还是改造场所，都应通过满足不同人群的需求和偏好来促进人们的心理健康，使人们不会感到羞耻，并能在公平的环境中充分参与社会活动。

智能手机应用等数字工具可以帮助人们更好地与场所互动。例如，一些城市数字游戏可以识别绿色、蓝色和娱乐空间，以及市场、地标和无障碍设施。通过趣味比赛的形式，公共空间为人们提供了一种独特的社交互动机会，让人们能够积极探索并"捕捉"城市环境的独特特征（例如地标、城市街道设施等）。

我们需要以协同思维来理解恢复性城市主义的特征如何与城市的可持续性和韧性等其他方面相互作用。像绿色城市这样的支柱理念有助于缓解气候变化带来的影响，同时，增设遮蔽处、冷却喷水或喷雾等设施，则能使人们在炎热、雨天、寒冷、风暴等多种天气条件下使用公共空间。设计可以巧妙地利用气候适应系统来创造水景和社交空间。例如，可以建设公园与水景的混合用地，在干燥天气供体育或社交活动使用，在潮湿天气时收集雨水，也可以在街道上设置迷你水道或池塘作为雨水排水系统。

街道特征

在本书中，我们介绍了许多有助于心理健康和福祉的街道特征。街道对健康的主要恢复性功能是成为一个允许人们充分进入和参与的公共空间，而公共空间的可达性对心理健康至关重要。便利的步行和骑行基础设施应当能够支持运动，特别是为不同能力的人群提供安全、连续的步行和骑行路线，包括那些使用轮椅、助行器、婴儿车、儿童车的人。其他街道特征包括行人专用区、行人通道、长椅、公共卫生间、帮助导航的独特标识和地标、自行车租赁、自行车存放处和饮水机，以及为滑板车和轮滑等其他交通方式提供机会。在新冠肺炎疫情期间，战略城市主义已被运用于增加锻炼机会（尤其是步行和骑行）和保持社交距离。米兰、巴黎和伦敦等城市正在尝试将这些临时的街道改造为永久设施，以提升人们的生活质量。

提高公共空间的可达性需要理解人们对安全的认知，进而通过城市规划和设计进行改善，主要分为三个类别：交通安全、寻路安全以及与他人相关的风险安全。本书的讨论已清楚地表明，安全并非二元概念。相反，不同人对安全有不同的理解、经验和关注点，设计解决方案时必须考虑不同人群的需求。增加安全感的设计要素包括步行和骑行的安全设施、公共交通的安全候车场所、良好的照明、自然监控、场所管理和维护。此外，还有清晰的路标、地标和其他有助于寻路的设施，以及为无家可归者提供的安全的睡眠和卫生设施。

让街道充满趣味以激发人们的好奇心，显然对恢复健康非常重要。一种可行的方法是通过精心设计的路线和设施，充分利用自然特征（如行道树、花园和水道）所带来的吸引力，使人们尽可能多地接触这些绿色和蓝色空间。也可以通过人工特征来激发人们的兴趣和参与度，例如开放式的店铺、公共艺术作品、壁画、具有"活动项目"的楼梯或桥梁（为有不同移动需求的人提供替代方案）、独特的建筑和构筑、混合用途的社区，以及具有参与性和可玩性的设施。此外，还可以寻找让单调的街区变得有趣的方法，并设计出调动所有感官的环境。

街道设计可以通过社区参与以及在艺术、建筑和设施等方面的多样性，来增强邻里关系、归属感和包容性。街道内的互动活动应包括适合各个年龄段的户外游戏设施，体育、瑜伽、太极等健身设施，跑酷、滑板和自由跑等活动设施，以及支持皮划艇、划桨等运动的水上设施。

交通

恢复性城市主义注重交通设计，以提高可达性、连接度和体育活动的参与度。因此，步行和骑行成为恢复性城市设计的重要支柱，其设计重点在于安全性、好奇性、可达性和连接度。这意味着我们不仅需要连续的路线，还需要在社区、住宅和重要设施之间设置小径，以便人们在交通过程中尽可能多地接触到自然景观。便捷、规律和综合的公共交通也至关重要。公共交通应该是负担得起的、频繁的、安全的、舒适的，并且公平地服务于全体人口，而不是优先考虑某一特定群体（例如"标准"工作时间群体）。无论是在高峰时段还是非高峰时段，都应有可靠的服务，服务于不同的目的地。在可能的情况下，应该将繁忙的机动车道与人行道和自行车道隔离开，或采取减少车辆的措施，如将车辆停放在地下或市中心以外，并配备综合公共交通设施。

住房

人们的住房应该是负担得起、方便到达，并且应与社会基础设施紧密相连的。例如配备维护得当、方便到达的公共场所、社区花园和适合不同收入群体和多代人居住的住宅。住房应配套有教育、经济、健康和文化设施，在理想情况下，这些设施应在 20 分钟的安全步行距离内，并提供公共交通的选择。

共同创造

本书中最引人注目的主题之一是共同创造和参与式的场所营造，在设计过程中的每一步体现社区的参与性和多样性，真正且可持续地满足不同群体的需求。共同设计是一种工具，它可以推动持续的社会变革，促进以人为本的设计，并建立社会公平和正义。

恢复性城市主义：究竟是谁的工作？

历史上，主要的城市设计动机往往是为了应对传染病（例如，19 世纪埃比尼泽·霍华德提出的花园城市）或非传染性疾病（例如，为应对日益严重的肥胖症和心脏病风险而设计的"宜步行"城市）。然而，通过与世界各地的建筑师、规划师、地理学家、工程师、卫生专业人员、政策制定者等工作人员进行交谈，我们发现心理健康和福祉尚未明确成为城市规划和设计的优先事项。对于许多人来说，心理健康和福祉只是结果，甚至根本没有被考虑过，大多数人也承认他们不知道从何入手。然而这不是无所作为的理由，我们需要一个新的范式。本书阐述的就是如何通过恢复性城市主义的新原则，将人们的心理健康和福祉融入所有的城市政策和发展中。

可持续并有效地应用恢复性城市主义的原则，意味着每个参与城市建设的人都能发挥重要作用。无论是摩天大楼的设计，还是城市垃圾管理系统，都应该充分认识、理解并系统地考虑其对人们心理健康、福祉和生活质量的影响。以下是一些在这个过程中发挥关键作用的"城市创造者"：

政策制定者：应将恢复性城市主义视为未来城市战略的核心组成部分。建议、鼓励或要求将恢复性城市主义的原则和支柱作为优先考虑的事项，纳入所有城市的发展规划中。

城市规划师：应深刻认识到规划决策和发展对人们心理健康与福祉的显著影响，同时，基于恢复性城市主义的指导方针和政策，需将心理健康与身体健康的影响视为同等重要的考量因素。

建筑师、景观设计师和城市设计师：应深入理解设计中的恢复性元素，并将其作为必要标准，系统、创新性地融入每一个项目中。

开发商：应认识到在开发过程中提供恢复性的健康要素的期望和需求。并致力于成为恢复性城市主义的专家，将其原则融入各项开发工作中。

客户和企业：在委托项目中赋予恢复性城市设计的价值，明确要求在所有方案中体现恢复性设计的原则。

研究人员：认识到快速发展的恢复性城市主义领域内亟待研究的需求和现有知识的不足。探讨恢复性城市主义对人们心理健康和福祉影响的评估方法，并向所有利益相关方传递这些信息，以便提出新的建议。

公共健康和心理健康从业人员：倡导将恢复性城市设计视为改善公共心理健康的重要机会，并与研究人员共同努力，证明其益处。

城市居民：应积极参与规划和设计的各个环节，确保城市设计满足不同群体的多样性需求。同时，通过参与过程，城市居民也能获得心理健康和福祉的提升。他们可以借助本书中的论证，在社区中积极倡导恢复性城市主义。

恢复性城市主义：城市规划和设计的新任务

心理健康与福祉是城市繁荣的核心，无论是在个人、社区（见图9.1）还是城市（见图9.2）层面都至关重要。城市规划与设计对此发挥着关键作用。为了建设一个能够让人们共同繁荣、享受美好生活、可持续发展的韧性城市，规划者、设计师、开发商以及所有参与城市建设的人都应致力于打造绿色、蓝色、感官、睦邻、活力、可玩和包容性的城市环境。随着研究的不断深入，恢复性城市主义已被证明能够切实有效地改善人们的心理健康和福祉，因此，建设具有恢复力的城市已成为一项有益于人类的重要任务。

图9.1 恢复性城市：社区尺度

09 恢复性城市

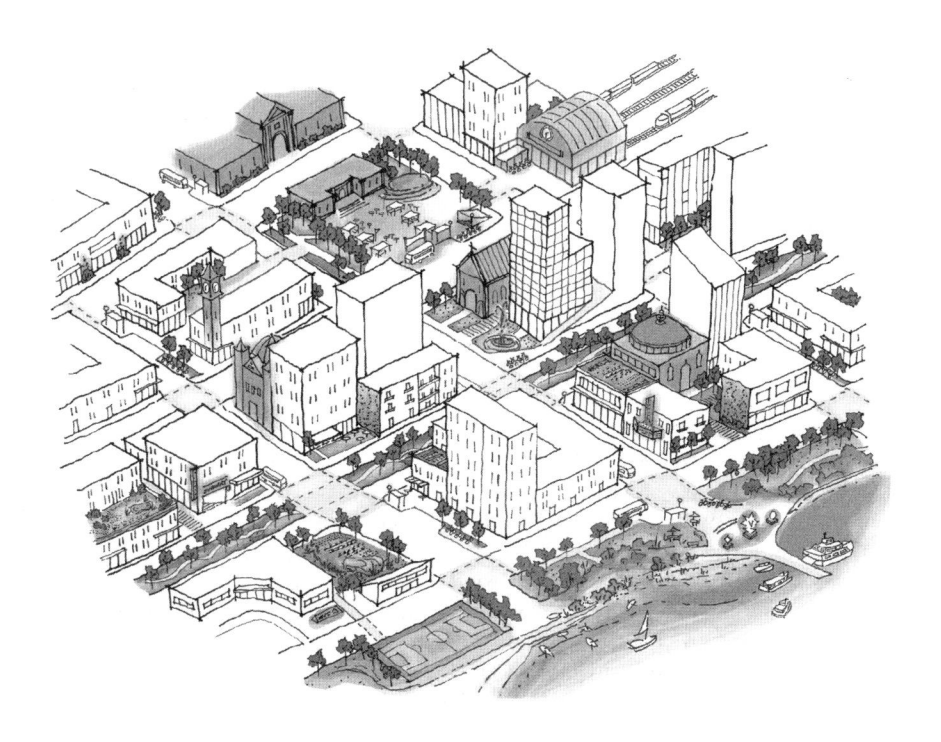

图 9.2 恢复性城市：城市尺度

参考文献

01 恢复性城市主义导论

American Psychiatric Association (2013), *Diagnostic and Statistical Manual of Mental Disorders*, 5th edn, Philadelphia: American Psychiatric Association.

Antonovsky, A. (1979), *Health, Stress and Coping*, San Francisco: Jossey-Bass.

Blau, M. and K. L. Fingerman (2009), *Consequential Strangers: The Power of People Who Don't Seem to Matter... but Really Do*, New York: W. W. Norton.

Bulleck, P. and B. Carey (2013), 'Psychiatry's Guide Is out of Touch with Science, Experts Say', *New York Times*, 6 May.

Dye, C. (2008), 'Health and Urban Living', *Science*, 319 (5864): 766-9.

Gillibrand, K. (2015), *Off the Sidelines: Speak Up, Be Fearless, and Change Your World*, New York: Ballantine Books.

Hagerhall, C. M., T. Laike, R. P. Taylor, M. Küller, R. Küller and T. P. Martin (2008), 'Investigations of Human EEG Response to Viewing Fractal Patterns', *Perception*, 37 (10): 1488-94.

Hartig, T. (2007), 'Three Steps to Understanding Restorative Environments as Health Resources', in C. Ward Thompson and P. Travlou (eds), *Open Space, People Space*, 163-80, Oxford: Taylor and Francis.

Hartig, T., R. Catalano, M. Ong and S. L. Syme (2013), 'Vacation, Collective Restoration, and Mental Health in a Population', *Society and Mental Health*, 3 (3): 221-36.

Joiner, T. E. (2005), *Why People Die by Suicide*, Cambridge: Harvard University Press.

Kaplan, R. and S. Kaplan (1989), *The Experience of Nature: A Psychological Perspective*, New York: Cambridge University Press.

Kaplan, S. (1995), 'The Restorative Benefits of Nature: Toward an Integrative Framework', *Journal of Environmental Psychology*, 15 (3): 169-82.

Keyes, C. L. M. (1998), 'Social Well-Being', *Social Psychology Quarterly*, 61 (2): 121-40.

Keyes, C. L. M. (2002), 'The Mental Health Continuum: From Languishing to Flourishing in Life', *Journal of Health and Social Behavior*, 43 (2): 207-22.

Keyes, C. L. M. (2007), 'Promoting and Protecting Mental Health as Flourishing: A Complementary Strategy for Improving National Mental Health', *American Psychologist*, 62 (2): 95-108.

Keyes, C. L. M. (2019), 'Can Biophilic Cities Promote Flourishing?', Biophilic Leadership Summit, Serenbe, 28 April.

Kunzig, R. (2019), 'Rethinking Cities', *National Geographic* (April): 70-97.

Laugesen, K., L. M. Baggesen, S. A. J. Schmidt, M. M. Glymour, M. Lasgaard, A. Milstein, H. T. Sørensen, N. E. Adler and V. Ehrenstein (2018), 'Social Isolation and All-Cause Mortality: A Population-Based Cohort Study in Denmark', *Scientific Reports*, 8 (1): 1–8.

Lederbogen, F., P. Kirsch, L. Haddad, F. Streit, H. Tost, P. Schuch, S. Wüst, J. C. Pruessner, M. Rietschel, M. Deuschle and A. Meyer-Lindenberg (2011), 'City Living and Urban Upbringing Affect Neural Social Stress Processing in Humans', *Nature*, 474 (7352): 498–501.

Lindström, B. and M. Eriksson (2005), 'Salutogenesis', *Journal of Epidemiology and Community Health*, 59 (6): 440–2.

Mitchell, R. J. (2013), 'What Is Equigenesis and How Might It Help Narrow Health Inequities?', *Centre for Research on Environment, Society and Health (CRESH)*, 8 November. Available online: https://cresh.org.uk/2013/11/08/whatis-equigenesis-and-how-might-it-help-narrow-health-inequalities/ (accessed 5 November 2019).

Mitchell, R. J., E. A. Richardson, N. K. Shortt and J. R. Pearce (2015), 'Neighborhood Environments and Socioeconomic Inequalities in Mental WellBeing', *American Journal of Preventive Medicine*, 49 (1): 80–4.

Patel, V., S. Saxena, C. Lund, G. Thornicroft, F. Baingana, P. Bolton, D. Chisholm, P. Y. Collins, J. L. Cooper, J. Eaton and H. Herrman (2018), 'The Lancet Commission on Global Mental Health and Sustainable Development', *The Lancet*, 392 (10157): 1553–98.

Richard, A., S. Rohrmann, C. L. Vandeleur, M. Schmid, J. Barth and M. Eichholzer (2017), 'Loneliness Is Adversely Associated with Physical and Mental Health and Lifestyle Factors: Results from a Swiss National Survey', *PLOS One*, 12 (7): e0181442.

Rutter, H., N. Savona, K. Glonti, J. Bibby, S. Cummins, D. T. Finegood, F. Greaves, L. Harper, P. Hawe, L. Moore and M. Petticrew (2017), 'The Need for a Complex Systems Model of Evidence for Public Health', *The Lancet*, 390 (10112): 2602–4.

Ryan, R. M. and E. L. Deci (2001), 'On Happiness and Human Potentials: A Review of Research on Hedonic and Eudaimonic Wellbeing', *Annual Review of Psychology*, 52 (1): 141–66.

Seligman, M. E. P. (2011), *Flourish: A Visionary New Understanding of Happiness and Well-Being*, New York: Free Press.

Staats, H. (2012), 'Restorative Environments', in S. D. Clayton (ed.), *The Oxford Handbook of Environmental and Conservation Psychology*, 445, New York: Oxford University Press.

Ulrich, R. S. (1983), 'Aesthetic and Affective Responses to Natural Environment', in I. Altman and J. F. Wohlwill (eds), *Behavior and the Natural Environment, Human Behavior and Environment, Advances in Theory and Research*, vol. 6, 85–125, New York: Plenum.

Ulrich, R. S., R. F. Simons, B. D. Losito, E. Fiorito, M. A. Miles and M. Zelson (1991), 'Stress Recovery during Exposure to Natural and Urban Environments', *Journal of Environmental Psychology*, 11 (3): 201–30.

UN-Habitat and WHO (2020), *Integrating Health in Urban and Territorial Planning: A Sourcebook*. Geneva: UN-HABITAT and World Health Organization.

United Nations (2016a), Agenda for Sustainable Development, *United Nations (UN)*. Available online: http://www.un.org/sustainabledevelopment/health/ (accessed 1 November 2019).

United Nations (2016b), Sustainable Development Goal 11, *United Nations (UN)*.

Available online: https://sustainabledevelopment.un.org/sdg11 (accessed 26 October 2019).
United Nations (2017), *New Urban Agenda: Quito Declaration on Sustainable Cities and Human and Human Aettlements for All*, Habitat III, Quito: United Nations.
Vos, T., R. M. Barber, B. Bell, A. Bertozzi-Villa, S. Biryukov, I. Bolliger, F. Charlson, A. Davis, L. Degenhardt, D. Dicker and L. Duan (2015), 'Global, Regional, and National Incidence, Prevalence, and Years Lived with Disability for 301 Acute and Chronic Diseases and Injuries in 188 Countries, 1990−2013: A Systematic Analysis for the Global Burden of Disease Study 2013', *The Lancet*, 386 (9995): 743−800.
WHO (2001), *Mental Health: New Understanding, New Hope*, Geneva: World Health Organization (WHO).
WHO (2004), *Promoting Mental Health: Concepts, Emerging Evidence, Practice (Summary Report)*, Geneva: World Health Organization.
WHO (2008), *Closing the Gap in a Generation: Health Equity through Action on the Social Determinants of Health*, Geneva: World Health Organization (WHO).
WHO (2016), *Global Report on Urban Health: Equitable Healthier Cities for Sustainable Development*. Geneva: World Health Organization.
WHO (2017), *International Classification of Diseases*, Geneva: World Health Organization (WHO).

02 绿色城市

Alcock, I., M. P. White, B. W. Wheeler, L. E. Fleming and M. H. Depledge (2014), 'Longitudinal Effects on Mental Health of Moving to Greener and Less Green Urban Areas', *Environmental Science and Technology*, 48 (2): 1247−55.
Amin, A. (2006), 'The Good City', *Urban Studies*, 43 (5−6): 1009−23.
Astell-Burt, T. and X. Feng (2019), 'Association of Urban Green Space with Mental Health and General Health among Adults in Australia', *JAMA Network Open*, 2 (7): e198209−e198209.
Bakolis, I., R. Hammoud, M. Smythe, J. Gibbons, N. Davidson, S. Tognin and A. Mechelli (2018), 'Urban Mind: Using Smartphone Technologies to Investigate the Impact of Nature on Mental Well-Being in Real Time', *BioScience*, 68 (2): 134−45.
Berman, M. G., J. Jonides and S. Kaplan (2008), 'The Cognitive Benefits of Interacting with Nature', *Psychological Science*, 19 (12): 1207−12.
Berman, M. G., E. Kross, K. M. Krpan, M. K. Askren, A. Burson, P. J. Deldin, S. Kaplan, L. Sherdell, I. H. Gotlib and J. Jonides (2012), 'Interacting with Nature Improves Cognition and Affect for Individuals with Depression', *Journal of Affective Disorders*, 140 (3): 300−5.
Berto, R. (2005), 'Exposure to Restorative Environments Helps Restore Attentional Capacity', *Journal of Environmental Psychology*, 25 (3): 249−59.
Beyer, K. M., A. Kaltenbach, A. Szabo, S. Bogar, F. J. Nieto and K. M. Malecki (2014), 'Exposure to Neighborhood Green Space and Mental Health: Evidence from the Survey of the Health of Wisconsin', *International Journal of Environmental Research and Public Health*, 11 (3): 3453−72.
Bos, E. H., L. Van der Meulen, M. Wichers and B. F. Jeronimus (2016), 'A Primrose Path? Moderating Effects of Age and Gender in the Association between Green Space and Mental Health', *International Journal of Environmental Research and Public Health*, 13 (5): 492.

Bowler, D. E. , L. M. Buyung-Ali, T. M. Knight and A. S. Pullin (2010), 'A Systematic Review of Evidence for the Added Benefits to Health of Exposure to Natural Environments', *BMC Public Health*, 10 (1): 456.

Bratman, G. N. , J. P. Hamilton, K. S. Hahn, G. C. Daily and J. J. Gross (2015), 'Nature Experience Reduces Rumination and Subgenual Prefrontal Cortex Activation', *Proceedings of the National Academy of Sciences*, 112 (28): 8567-72.

CABE (2010), *Urban Green Nation: Building the Evidence Base*, London: Commission for Architecture and the Built Environment (CABE).

Calogiuri, G. and S. Chroni (2014), 'The Impact of the Natural Environment on the Promotion of Active Living: An Integrative Systematic Review', *BMC Public Health*, 14 (1): 873.

Cherrie, M. P. , N. K. Shortt, R. J. Mitchell, A. M. Taylor, P. Redmond, C. W. Thompson, J. M. Starr, I. J. Deary and J. R. Pearce (2018), 'Green Space and Cognitive Ageing: A RetrospectiveLife Course Analysis in the Lothian Birth Cohort 1936', *Social Science & Medicine*, 196 (January): 56-65.

Dadvand, P. , M. J. Nieuwenhuijsen, M. Esnaola, J. Forns, X. Basagaña, M. Alvarez-Pedrerol, I. Rivas, M. López-Vicente, M. D. C. Pascual, J. Su and M. Jerrett (2015), 'Green Spaces and Cognitive Development in Primary Schoolchildren', *Proceedings of the National Academy of Sciences*, 112 (26): 7937-42.

Dadvand, P. , S. Hariri, B. Abbasi, R. Heshmat, M. Qorbani, M. E. Motlagh, X. Basagaña and R. Kelishadi (2019), 'Use of Green Spaces, Self-Satisfaction and Social Contacts in Adolescents: A Population-Based CASPIAN-V Study', *Environmental Research*, 168 (January): 171-7.

Das, K. V. , Y. Fan and S. A. French (2017), 'Park-Use Behavior and Perceptions by Race, Hispanic Origin, and Immigrant Status in Minneapolis, MN: Implications on Park Strategies for Addressing Health Disparities', *Journal of Immigrant and Minority Health*, 19 (2): 318-27.

den Bosch, V. , M. Annerstedt, P. O. Östergren, P. Grahn, E. Skärbäck and P. Währborg (2015), 'Moving to Serene Nature May Prevent Poor Mental Health: Results from a Swedish Longitudinal Cohort Study', *International Journal of Environmental Research and Public Health*, 12 (7): 7974-89.

De Ridder, K. , V. Adamec, A. Bañuelos, M. Bruse, M. Bürger, O. Damsgaard, J. Dufek, J. Hirsch, F. Lefebre, J. M. Pérez-Lacorzana and A. Thierry (2004), 'An Integrated Methodology to Assess the Benefits of Urban Green Space', *Science of the Total Environment*, 334-335 (December): 489-97.

de Vries, S. , S. M. Van Dillen, P. P. Groenewegen and P. Spreeuwenberg (2013), 'Streetscape Greenery and Health: Stress, Social Cohesion and Physical Activity as Mediators', *Social Science & Medicine*, 94 (October): 26-33.

de Vries, S. , M. Ten Have, S. van Dorsselaer, M. van Wezep, T. Hermans and R. de Graaf (2016), 'Local Availability of Green and Blue Space and Prevalence of Common Mental Disorders in the Netherlands', *BJPsych Open*, 2 (6): 366-72.

Du Toit, M. J. , S. S. Cilliers, M. Dallimer, M. Goddard, S. Guenat and S. F. Cornelius (2018), 'Urban Green Infrastructure and Ecosystem Services in Sub-Saharan Africa', *Landscape and Urban Planning*, 180 (December): 249-61.

Egorov, A. I. , S. M. Griffin, R. R. Converse, J. N. Styles, E. A. Sams, A. Wilson, L. E. Jackson and T. J. Wade (2017), 'Vegetated Land Cover near Residence Is Associated with Reduced Allostatic Load and Improved Biomarkers of Neuroendocrine, Meta-

bolic and Immune Functions', *Environmental Research*, 158 (October): 508-21.
Engemann, K., C. B. Pedersen, L. Arge, C. Tsirogiannis, P. B. Mortensen and J. C. Svenning (2019), 'Residential Green Space in Childhood Is Associated with Lower Risk of Psychiatric Disorders from Adolescence into Adulthood', *Proceedings of the National Academy of Sciences*, 116 (11): 5188-93.
Fägerstam, E. and J. Blom (2013), 'Learning Biology and Mathematics Outdoors: Effects and Attitudes in a Swedish High School Context', *Journal of Adventure Education and Outdoor Learning*, 13 (1): 56-75.
Gascon, M., M. Triguero-Mas, D. Martínez, P. Dadvand, J. Forns, A. Plasència and M. J. Nieuwenhuijsen (2015), 'Mental Health Benefits of Long-Term Exposure to Residential Green and Blue Spaces: A Systematic Review', *International Journal of Environmental Research and Public Health*, 12 (4): 4354-79.
Gilchrist, K., C. Brown and A. Montarzino (2015), 'Workplace Settings and Wellbeing: Greenspace Use and Views Contribute to Employee Wellbeing at Peri-Urban Business Sites', *Landscape and Urban Planning*, 138 (June): 32-40.
Gillie, O., ed. (2006), *Sunlight, Vitamin D and Health*, Occasional Reports No. 2, Health Research Forum, London. Available online: http://www.stjornusol.is/hfj/images/stories/greinar/sunbook.pdf (accessed 5 March 2020).
Girma, Y., H. Terefe and S. Pauleit (2019), 'Urban Green Spaces Use and Management in Rapidly Urbanizing Countries: The Case of Emerging Towns of Oromia Special Zone Surrounding Finfinne, Ethiopia', *Urban Forestry & Urban Greening*, 43 (July): 126357.
Goldy, S. P. and P. K. Piff (2019), 'Toward a Social Ecology of Prosociality: Why, When, and Where Nature Enhances Social Connection', *Current Opinion in Psychology*, 28 (32): 27-31.
Groenewegen, P. P., J. P. Zock, P. Spreeuwenberg, M. Helbich, G. Hoek, A. Ruijsbroek, M. Strak, R. Verheij, B. Volker, G. Waverijn and M. Dijst (2018), 'Neighbourhood Social and Physical Environment and General Practitioner Assessed Morbidity', *Health & Place*, 49 (January): 68-84.
Groff, E. and E. S. McCord (2012), 'The Role of Neighborhood Parks as Crime Generators', *Security Journal*, 25 (1): 1-24.
Hamilton, J. M. (2017), *Relationships between Outdoor and Classroom Task Settings and Cognition in Primary Schoolchildren*, Edinburgh: Heriot-Watt University. Available online: https://www.ros.hw.ac.uk/handle/10399/3253 (accessed 18 February 2020).
Hansen, M. M., R. Jones and K. Tocchini (2017), 'Shinrin-yoku (Forest Bathing) and Nature Therapy: A State-of-the-Art Review', *International Journal of Environmental Research and Public Health*, 14 (8): 851.
Hartig, T., R. Catalano, M. Ong and S. L. Syme (2013), 'Vacation, Collective Restoration, and Mental Health in a Population', *Society and Mental Health*, 3 (3): 221-36.
Helbich, M. (2018), 'Toward Dynamic Urban Environmental Exposure Assessments in Mental Health Research', *Environmental Research*, 161 (February): 129-35.
Helbich, M., D. De Beurs, M. P. Kwan, R. C. O'Connor and P. P. Groenewegen (2018), 'Natural Environments and Suicide Mortality in the Netherlands: A Cross-Sectional, Ecological Study', *The Lancet Planetary Health*, 2 (3): e134-e139.
Houlden, V., S. Weich, J. P. de Albuquerque, S. Jarvis and K. Rees (2018), 'The Relationship between Greenspace and the Mental Wellbeing of Adults: A Systematic Review', *PLOS One*, 13 (9): e0203000.
Irga, P. J., M. D. Burchett and F. R. Torpy (2015), 'Does Urban Forestry Have a

Quantitative Effect on Ambient Air Quality in an Urban Environment?', *Atmospheric Environment*, 120 (November): 173-81.

Kaplan, R. and S. Kaplan (1989), *The Experience of Nature: A Psychological Perspective*, New York: Cambridge University Press.

Kaplan, S. and M. G. Berman (2010), 'Directed Attention as a Common Resource for Executive Functioning and Self-Regulation', *Perspectives on Psychological Science*, 5 (1): 43-57.

Kim, G. W., G. W. Jeong, T. H. Kim, H. S. Baek, S. K. Oh, H. K. Kang, S. G. Lee, Y. S. Kim and J. K. Song (2010), 'Functional Neuroanatomy Associated with Natural and Urban Scenic Views in the Human Brain: 3.0 T Functional MR Imaging', *Korean Journal of Radiology*, 11 (5): 507-13.

Kondo, M. C., J. M. Fluehr, T. McKeon and C. C. Branas (2018), 'Urban Green Space and Its Impact on Human Health', *International Journal of Environmental Research and Public Health*, 15 (3): 445.

Lachowycz, K. and A. P. Jones (2011), 'Greenspace and Obesity: A Systematic Review of the Evidence', *Obesity Reviews*, 12 (5): e183-e189.

Lakhani, A., M. Norwood, D. P. Watling, H. Zeeman and E. Kendall (2019), 'Using the Natural Environment to Address the Psychosocial Impact of Neurological Disability: A Systematic Review', *Health & Place*, 55 (January): 188-201.

Larson, L. R., B. Barger, S. Ogletree, J. Torquati, S. Rosenberg, C. J. Gaither, J. M. Bartz, A. Gardner, E. Moody and A. Schutte (2018), 'Gray Space and Green Space Proximity Associated with Higher Anxiety in Youth with Autism', *Health & Place*, 53 (September): 94-102.

Li, Q., M. Kobayashi, Y. Wakayama, H. Inagaki, M. Katsumata, Y. Hirata, K. Hirata, T. Shimizu, T. Kawada, B. J. Park and T. Ohira (2009), 'Effect of Phytoncide from Trees on Human Natural Killer Cell Function', *International Journal of Immunopathology and Pharmacology*, 22 (4): 951-9.

Lindley, S., S. Pauleit, K. Yeshitela, S. Cilliers and C. Shackleton (2018), 'Rethinking Urban Green Infrastructure and Ecosystem Services from the Perspective of Sub-Saharan African Cities', *Landscape and Urban Planning*, 180 (December): 328-38.

Maas, J., S. M. Van Dillen, R. A. Verheij and P. P. Groenewegen (2009), 'Social Contacts as a Possible Mechanism behind the Relation between Green Space and Health', *Health & Place*, 15 (2): 586-95.

Marin, A., Ö. Bodin, S. Gelcich and B. Crona (2015), 'Social Capital in PostDisaster Recovery Trajectories: Insights from a Longitudinal Study of TsunamiImpacted Small-Scale Fisher Organizations in Chile', *Global Environmental Change*, 35 (November): 450-62.

McEachan, R. R., T. C. Yang, H. Roberts, K. E. Pickett, D. Arseneau-Powell, C. J. Gidlow, J. Wright and M. Nieuwenhuijsen (2018), 'Availability, Use of, and Satisfaction with Green Space, and Children's Mental Wellbeing at Age 4 Years in a Multicultural, Deprived, Urban Area: Results from the Born in Bradford Cohort Study', *The Lancet Planetary Health*, 2 (6): e244-e254.

Neale, C., P. Aspinall, J. Roe, S. Tilley, P. Mavros, S. Cinderby, R. Coyne, N. Thin and C. Ward Thompson (2019), 'The Impact of Walking in Different Urban Environments on Brain Activity in Older People', *Cities & Health*, 4 (1) (June): 1-13.

Nutsford, D., A. L. Pearson and S. Kingham (2013), 'An Ecological Study Investigating the Association between Access to Urban Green Space and Mental Health', *Public Health*,

127 (11): 1005-11.
Ohly, H., M. P. White, B. W. Wheeler, A. Bethel, O. C. Ukoumunne, V. Nikolaou and R. Garside (2016), 'Attention Restoration Theory: A Systematic Review of the Attention Restoration Potential of Exposure to Natural Environments', *Journal of Toxicology and Environmental Health*, Part B, 19 (7): 305-43.
Özgüner, H. (2011), 'Cultural Differences in Attitudes towards Urban Parks and Green Spaces', *Landscape Research*, 36 (5): 599-620.
Pretty, J., J. Peacock, M. Sellens and M. Griffin (2005), 'The Mental and Physical Health Outcomes of Green Exercise', *International Journal of Environmental Health Research*, 15 (5): 319-37.
Pun, V. C., J. Manjourides and H. H. Suh (2018), 'Association of Neighborhood Greenness with Self-Perceived Stress, Depression and Anxiety Symptoms in Older US Adults', *Environmental Health*, 17 (1): 39.
Roberts, H., I. Kellar, M. Conner, C. Gidlow, B. Kelly, M. Nieuwenhuijsen and R. McEachan (2019), 'Associations between Park Features, Park Satisfaction and Park Use in a Multi-Ethnic Deprived Urban Area', *Urban Forestry & Urban Greening*, 46 (December): 126485.
Roe, J. (2016), 'Cities, Green Space, and Mental Well-Being', in *Oxford Research Encyclopedia of Environmental Science* (doi. org/10. 1093/ acrefore/9780199389414. 013. 93).
Roe, J. and P. Aspinall (2011a), 'The Restorative Benefits of Walking in Urban and Rural Settings in Adults with Good and Poor Mental Health', *Health & Place*, 17 (1): 103-13.
Roe, J. and P. Aspinall (2011b), 'The Restorative Outcomes of Forest versus Indoor Settings in Young People with Varying Behaviour States', *Urban Forestry & Urban Greening*, 10 (3): 205-12.
Roe, J. and C. Ward Thompson (2011), 'The Impact of Urban Gardens and Street Trees on People's Health and Well-Being', in K. Bomans, V. Dewaelheyns and H. Gulinck (eds), *The Powerful Garden*, Philadelphia: Coronet Books.
Roe, J., C. Ward Thompson, P. A. Aspinall, M. J. Brewer, E. I. Duff, D. Miller, R. Mitchell and A. Clow (2013), 'Green Space and Stress: Evidence from Cortisol Measures in Deprived Urban Communities', *International Journal of Environmental Research and Public Health*, 10 (9): 4086-103.
Roe, J., P. A. Aspinall and C. Ward Thompson (2016), 'Understanding Relationships between Health, Ethnicity, Place and the Role of Urban Green Space in Deprived Urban Communities', *International Journal of Environmental Research and Public Health*, 13 (7): 681.
Rojas-Rueda, D., M. J. Nieuwenhuijsen, M. Gascon, D. Perez-Leon and P. Mudu (2019), 'Green Spaces and Mortality: A Systematic Review and Meta-Analysis of Cohort Studies', *The Lancet Planetary Health*, 3 (11): e469-e477.
Rook, G. A. (2013), 'Regulation of the Immune System by Biodiversity from the Natural Environment: An Ecosystem Service Essential to Health', *Proceedings of the National Academy of Sciences*, 110 (46): 18360-7.
Salmond, J. A., M. Tadaki, S. Vardoulakis, K. Arbuthnott, A. Coutts, M. Demuzere, K. N. Dirks, C. Heaviside, S. Lim, H. Macintyre and R. N. McInnes (2016), 'Health and Climate Related Ecosystem Services Provided by Street Trees in the Urban Environment', *Environmental Health*, 15 (1): 95-111.
Sarkar, C., C. Webster and J. Gallacher (2018a), 'Residential Greenness and Prevalence of Major Depressive Disorders: A Cross-Sectional, Observational, Associational Study of

94,879 Adult UK Biobank Participants', *The Lancet Planetary Health*, 2 (4): e162-e173.

Sarkar, C., C. Webster and J. Gallacher (2018b), 'Neighbourhood Walkability and Incidence of Hypertension: Findings from the Study of 429,334 UK Biobank Participants', *International Journal of Hygiene and Environmental Health*, 221 (3): 458-68.

Shagdarsuren, T., K. Nakamura and L. McCay (2017), 'Association between Perceived Neighborhood Environment and Health of Middle-Aged Women Living in Rapidly Changing Urban Mongolia', *Environmental Health and Preventive Medicine*, 22 (1): 50.

South, E. C., B. C. Hohl, M. C. Kondo, J. M. MacDonald and C. C. Branas (2018), 'Effect of Greening Vacant Land on Mental Health of Community-Dwelling Adults: A Cluster Randomized Trial', *JAMA Network Open*, 1 (3): e180298-e180298.

Stigsdotter, U. K., S. S. Corazon, U. Sidenius, P. K. Nyed, H. B. Larsen and L. O. Fjorback (2018), 'Efficacy of Nature-Based Therapy for Individuals with Stress-Related Illnesses: Randomised Controlled Trial', *British Journal of Psychiatry*, 213 (1): 404-11.

Taylor, A. F. and F. E. Kuo (2011), 'Could Exposure to Everyday Green Spaces Help Treat ADHD? Evidence from Children's Play Settings', *Applied Psychology: Health and Well-Being*, 3 (3): 281-303.

Taylor, A. F., M. Kuo and W. Sullivan (2002), 'Views of Nature and Self-Discipline: Evidence from Inner City Children', *Journal of Environmental Psychology*, 22 (1): 49-63.

Taylor, M. S., B. W. Wheeler, M. P. White, T. Economou and N. J. Osborne (2015), 'Research Note: Urban Street Tree Density and Antidepressant Prescription Rates: A Cross-Sectional Study in London, UK', *Landscape and Urban Planning*, 136 (April): 174-9.

Triguero-Mas, M., P. Dadvand, M. Cirach, D. Martínez, A. Medina, A. Mompart, X. Basagaña, R. Gražulevičienė and M. J. Nieuwenhuijsen (2015), 'Natural Outdoor Environments and Mental and Physical Health: Relationships and Mechanisms', *Environment International*, 77 (April): 35-41.

Triguero-Mas, M., D. Donaire-Gonzalez, E. Seto, A. Valentín, D. Martínez, G. Smith, G. Hurst, G. Carrasco-Turigas, D. Masterson, M. van den Berg and A. Ambròs (2017), 'Natural Outdoor Environments and Mental Health: Stress as a Possible Mechanism', *Environmental Research*, 159 (November): 629-38.

Tsunetsugu, Y., B. J. Park and Y. Miyazaki (2010), 'Trends in Research Related to "Shinrin-yoku" (Taking in the Forest Atmosphere or Forest Bathing) in Japan', *Environmental Health and Preventive Medicine*, 15 (1): 27.

Twohig-Bennett, C. and A. Jones (2018), 'The Health Benefits of the Great Outdoors: A Systematic Review and Meta-Analysis of Greenspace Exposure and Health Outcomes', *Environmental Research*, 166 (October): 628-37.

Ulrich, R. S. (1983), 'Aesthetic and Affective Response to Natural Environment', in I. Altman and J. F. Wohlwill (eds), *Behavior and the Natural Environment*, 85-125, Boston: Springer.

van den Berg, A. E. and C. G. Van den Berg (2011), 'A Comparison of Children with ADHD in a Natural and Built Setting', *Child: Care, Health and Development*, 37 (3): 430-9.

van den Berg, M., W. Wendel-Vos, M. van Poppel, H. Kemper, W. van Mechelen and J. Maas (2015), 'Health Benefits of Green Spaces in the Living Environment: A Systematic Review of Epidemiological Studies', *Urban Forestry & Urban Greening*, 14 (4): 806-16.

Vemuri, A. W., J. Morgan Grove, M. A. Wilson and W. R. Burch Jr (2011), 'A Tale of Two Scales: Evaluating the Relationship among Life Satisfaction, Social Capital, Income, and the Natural Environment at Individual and Neighborhood Levels in Metropolitan Baltimore', *Environment and Behavior*, 43 (1): 3-25.

Waite, S. and B. Davis (2007), 'The Contribution of Free Play and Structured Activities in Forest School to Learning beyond Cognition: An English Case', in N. Kryger and B. Ravn (eds), *Learning beyond Cognition*, 257-74, Copenhagen: Danish University of Education Press.

Waite, S., J. Evans and S. Rogers (2013), *Educational Opportunities from Outdoor Learning as Children Begin the Primary Curriculum: Briefing Report*, Swindon ESRC.

Ward Thompson, C., P. Aspinall and J. Roe (2014), 'Access to Green Space in Disadvantaged Urban Communities: Evidence of Salutogenic Effects Based on Biomarker and Self-Report Measures of Wellbeing', *Procedia Social and Behavioral Sciences*, 153 (October): 10-22.

Ward Thompson, C., P. Aspinall, J. Roe, L. Robertson and D. Miller (2016), 'Mitigating Stress and Supporting Health in Deprived Urban Communities: The Importance of Green Space and the Social Environment', *International Journal of Environmental Research and Public Health*, 13 (4): 440.

Wells, N. M. (2000), 'At Home with Nature: Effects of "Greenness" on Children's Cognitive Functioning', *Environment and Behavior*, 32 (6): 775-95.

White, M. P., I. Alcock, J. Grellier, B. W. Wheeler, T. Hartig, S. L. Warber, A. Bone, M. H. Depledge and L. E. Fleming (2019), 'Spending at Least 120 Minutes a Week in Nature Is Associated with Good Health and Wellbeing', *Scientific Reports*, 9 (1): 1-11.

Wilson, E. O. (1984), *Biophilia*, Cambridge: Harvard University Press.

Wolch, J. R., J. Byrne and J. P. Newell (2014), 'Urban Green Space, Public Health, and Environmental Justice: The Challenge of Making Cities "Just Green Enough"', *Landscape and Urban Planning*, 125 (May): 234-44.

Wood, E., A. Harsant, M. Dallimer, A. Cronin de Chavez, R. R. McEachan and C. Hassall (2018), 'Not All Green Space Is Created Equal: Biodiversity Predicts Psychological Restorative Benefits from Urban Green Space', *Frontiers in Psychology*, 9 (November): 2320.

World Health Organization (2016), *Urban Green Spaces and Health*, Copenhagen: WHO Regional Office for Europe.

Wu, J. and L. Jackson (2017), 'Inverse Relationship between Urban Green Space and Childhood Autism in California Elementary School Districts', *Environment International*, 107 (October): 140-6.

Zacks, S. (2018), 'Soft Power in Moscow', *Landscape Architecture Magazine*, April: 160-73. Available online: https://landscapearchitecturemagazine.org/2018/04/05/soft-power-in-moscow/ (accessed 18 February 2020).

03 蓝色城市

Alcock, I., M. P. White, R. Lovell, S. L. Higgins, N. J. Osborne, K. Husk and B. W. Wheeler (2015), 'What Accounts for "England's Green and Pleasant Land"? A Panel Data Analysis of Mental Health and Land Cover Types in Rural England', *Landscape and Urban Planning*, 142 (October): 38-46.

Amoly, E., P. Dadvand, J. Forns, M. López-Vicente, X. Basagaña, J. Julvez, M. Alvarez-Pedrerol, M. J. Nieuwenhuijsen and J. Sunyer (2014), 'Green and Blue Spaces

and Behavioral Development in Barcelona Schoolchildren: The BREATHE Project', *Environmental Health Perspectives*, 122 (12): 1351–8.
Barker, A., N. Manning and A. Sirriyeh (2014), '*The Great Meeting Place*: *A Study of Bradford's City Park*, Bradford: University of Bradford. Available online: http://eprints.whiterose.ac.uk/79357/1/_The_Great_Meeting_Place_A_Study_of_Bradford_s_City_Park_Final_Report.pdf (accessed 19 November 2019).
Bell, S. L., C. Phoenix, R. Lovell and B. W. Wheeler (2015), 'Seeking Everyday Wellbeing: The Coast as a Therapeutic Landscape', *Social Science & Medicine*, 142 (October): 56–67.
Bouchama, A., M. Dehbi, G. Mohamed, F. Matthies, M. Shoukri and B. Menne (2007), 'Prognostic Factors in Heat Wave – Related Deaths: A Meta-Analysis', *Archives of Internal Medicine*, 167 (20): 2170–6.
Britton, E., G. Kindermann, C. Domegan and C. Carlin (2020), 'Blue Care: A Systematic Review of Blue Space Interventions for Health and Wellbeing', *Health Promotion International*, 35 (1): 50–69.
Burmil, S., T. C. Daniel and J. D. Hetherington (1999), 'Human Values and Perceptions of Water in Arid Landscapes', *Landscape and Urban Planning*, 44 (2–3): 99–109.
CABE (2010), *Community Green: Using Local Spaces to Tackle Inequality and Improve Health*, London: Commission for Architecture and the Built Environment (CABE).
Capaldi, C. A., R. L. Dopko and J. M. Zelenski (2014), 'The Relationship between Nature Connectedness and Happiness: A Meta-Analysis', *Frontiers in Psychology*, 5 (September): 976.
Coleman, T. and R. Kearns (2015), 'The Role of Blue Spaces in Experiencing Place, Aging and Wellbeing: Insights from Waiheke Island, New Zealand', *Health & Place*, 35 (September): 206–17.
Connolly, N. D. (2014), *A World More Concrete: Real Estate and the Remaking of Jim Crow South Florida*, vol. 114, Chicago: University of Chicago Press.
Dempsey, S., M. T. Devine, T. Gillespie, S. Lyons and A. Nolan (2018), 'Coastal Blue Space and Depression in Older Adults', *Health & Place*, 54 (November): 110–17.
Finlay, J., T. Franke, H. McKay and J. Sims-Gould (2015), 'Therapeutic Landscapes and Wellbeing in Later Life: Impacts of Blue and Green Spaces for Older Adults', *Health & Place*, 34 (July): 97–106.
Foley, R. (2010), *Healing Waters: Therapeutic Landscapes in Historic and Contemporary Ireland*, Farnham: Ashgate.
Foley, R., R. Kearns, T. Kistemann and B. Wheeler, eds (2019), 'Conclusion: New Directions', in *Blue Space, Health and Wellbeing: Hydrophilia Unbounded*, London: Routledge.
Garrett, J. K., T. J. Clitherow, M. P. White, B. W. Wheeler and L. E. Fleming (2019a), 'Coastal Proximity and Mental Health among Urban Adults in England: The Moderating Effect of Household Income', *Health & Place*, 59 (September): 102200.
Garrett, J. K., M. P. White, J. Huang, S. Ng, Z. Hui, C. Leung, L. A. Tse, F. Fung, L. R. Elliott, M. H. Depledge and M. C. Wong (2019b), 'Urban Blue Space and Health and Wellbeing in Hong Kong: Results from a Survey of Older Adults', *Health & Place*, 55 (January): 100–10.
Gascon, M., M. Triguero-Mas, D. Martínez, P. Dadvand, J. Forns, A. Plasència and M. J. Nieuwenhuijsen (2015), 'Mental Health Benefits of Long-Term Exposure to Residential Green and Blue Spaces: A Systematic Review', *International Journal of Environ-

mental Research and Public Health, 12（4）：4354–79.

Gascon, M., G. Sánchez-Benavides, P. Dadvand, D. Martínez, N. Gramunt, X. Gotsens, M. Cirach, C. Vert, J. L. Molinuevo, M. Crous-Bou and M. Nieuwenhuijsen（2018），'Long-Term Exposure to Residential Green and Blue Spaces and Anxiety and Depression in Adults: A Cross-Sectional Study', *Environmental Research*, 162（April）：231–9.

Gesler, W. M.（1993），'Therapeutic Landscapes: Theory and a Case Study of Epidauros, Greece', *Environment and Planning D: Society and Space*, 11（2）：171–89.

Gesler, W. M.（1996），'Lourdes: Healing in a Place of Pilgrimage', *Health & Place*, 2（2）：95–105.

Grellier, J., M. P. White, M. Albin, S. Bell, L. R. Elliott, M. Gascón, S. Gualdi, L. Mancini, M. J. Nieuwenhuijsen, D. A. Sarigiannis and M. Van Den Bosch（2017），'BlueHealth: A Study Programme Protocol for Mapping and Quantifying the Potential Benefits to Public Health and Well-Being from Europe's Blue Spaces', *BMJ Open*, 7（6）：e016188.

Haeffner, M., D. Jackson-Smith, M. Buchert and J. Risley（2017），'Accessing Blue Spaces: Social and Geographic Factors Structuring Familiarity with, Use of, and Appreciation of Urban Waterways', *Landscape and Urban Planning*, 167（November）：136–46.

Hancock, P. A. and I. Vasmatzidis（2003），'Effects of Heat Stress on Cognitive Performance: The Current State of Knowledge', *International Journal of Hyperthermia*, 19（3）：355–72.

Hsiang, S. M., M. Burke and E. Miguel（2013），'Quantifying the Influence of Climate on Human Conflict', *Science*, 341（6151）：1235367.

Huynh, Q., W. Craig, I. Janssen and W. Pickett（2013），'Exposure to Public Natural Space as a Protective Factor for Emotional Well-Being among Young People in Canada', *BMC Public Health*, 13（1）：407.

Jing, L.（2019），'Inside China's Leading "Sponge City": Wuhan's War with Water', *Guardian*, 23 January. Available online: https://www.theguardian.com/cities/2019/jan/23/inside-chinas-leading-sponge-city-wuhans-war-with-water（accessed 21 February 2020）.

Kaplan, R. and S. Kaplan（1989），*The Experience of Nature: A Psychological Perspective*, New York: Cambridge University Press.

Leeworthy, V. R.（2001），*National Survey on Recreation and Environment（NSRE）: Preliminary Estimates from Versions 1–6: Coastal Recreation Participation*, U. S. Department of Commerce. Available online: http://www.elkhornsloughctp.org/uploads/files/148478105421_NSRE_Coastal_Recreation_Participation_V1-6_May-2001.pdf（accessed 12 November 2019）.

MacKerron, G. and S. Mourato（2013），'Happiness Is Greater in Natural Environments', *Global Environmental Change*, 23（5）：992–1000.

Marshall, C.（2016），'Story of Cities #50: The Reclaimed Stream Bringing Life to the Heart of Seoul', *Guardian*, 25 May. Available online: https://www.theguardian.com/cities/2016/may/25/story-cities-reclaimed-stream-heart-seoulcheonggyecheon（accessed 21 February 2020）.

Nutsford, D., A. L. Pearson, S. Kingham and F. Reitsma（2016），'Residential Exposure to Visible Blue Space（but Not Green Space）Associated with Lower Psychological Distress in a Capital City', *Health & Place*, 39（May）：70–8.

Okamoto-Mizuno, K. and K. Mizuno（2012），'Effects of Thermal Environment on Sleep and Circadian Rhythm', *Journal of Physiological Anthropology*, 31（1）：14.

Oldfield, P. (2018), 'What Would a Heat-Proof City Look Like?', *Guardian*, 15 August. Available online: https://www.theguardian.com/cities/2018/aug/15/what-heat-proof-city-look-like (accessed 21 February 2020).

Page, L. A., S. Hajat and R. S. Kovats (2007), 'Relationship between Daily Suicide Counts and Temperature in England and Wales', *British Journal of Psychiatry*, 191 (2): 106-12.

Pitt, H. (2018), 'Muddying the Waters: What Urban Waterways Reveal about Blue Spaces and Wellbeing', *Geoforum*, 92 (June): 161-70.

Pitt, H. (2019), 'What Prevents People Accessing Urban Bluespaces? A Qualitative Study', *Urban Forestry & Urban Greening*, 39 (March): 89-97.

Roe, J., L. Barnes, N. J. Napoli and J. Thibodeaux (2019), 'The Restorative Health Benefits of a Tactical Urban Intervention: An Urban Waterfront Study', *Frontiers in Built Environment*, 5 (June): 71.

Smith, D. G., G. F. Croker and K. A. Y. McFarlane (1995), 'Human Perception of Water Appearance: 1. Clarity and Colour for Bathing and Aesthetics', *New Zealand Journal of Marine and Freshwater Research*, 29 (1): 29-43.

Tanja-Dijkstra, K., S. Pahl, M. P. White, M. Auvray, R. J. Stone, J. Andrade, J. May, I. Mills and D. R. Moles (2018), 'The Soothing Sea: A Virtual Coastal Walk Can Reduce Experienced and Recollected Pain', *Environment and Behavior*, 50 (6): 599-625.

Triguero-Mas, M., P. Dadvand, M. Cirach, D. Martínez, A. Medina, A. Mompart, X. Basagaña, R. Gražulevičienė and M. J. Nieuwenhuijsen (2015), 'Natural Outdoor Environments and Mental and Physical Health: Relationships and Mechanisms', *Environment International*, 77 (April): 35-41.

Vert, C., M. Nieuwenhuijsen, M. Gascon, J. Grellier, L. E. Fleming, M. P. White and D. Rojas-Rueda (2019), 'Health Benefits of Physical Activity Related to an Urban Riverside Regeneration', *International Journal of Environmental Research and Public Health*, 16 (3): 462.

Völker, S. and T. Kistemann (2011), 'The Impact of Blue Space on Human Health and Well-Being – Salutogenetic Health Effects of Inland Surface Waters: A Review', *International Journal of Hygiene and Environmental Health*, 214 (6): 449-60.

White, M. P., I. Alcock, B. W. Wheeler and M. H. Depledge (2013a), 'Coastal Proximity, Health and Well-Being: Results from a Longitudinal Panel Survey', *Health & Place*, 23 (September): 97-103.

White, M. P., I. Alcock, B. W. Wheeler and M. H. Depledge (2013b), 'Would You Be Happier Living in a Greener Urban Area? A Fixed-Effects Analysis of Panel Data', *Psychological Science*, 24 (6): 920-8.

Wolch, J. and J. Zhang (2004), 'Beach Recreation, Cultural Diversity and Attitudes toward Nature', *Journal of Leisure Research*, 36 (3): 414-43.

Wood, E., A. Harsant, M. Dallimer, A. Cronin de Chavez, R. R. McEachan and C. Hassall (2018), 'Not All Green Space Is Created Equal: Biodiversity Predicts Psychological Restorative Benefits from Urban Green Space', *Frontiers in Psychology*, 9 (November): 2320.

04 感官城市

Abram, D. (1997), *The Spell of the Sensuous: Perception and Language in a More-Than-Human World*, New York: Vintage Publishing.

Aletta, F., T. Oberman and J. Kang (2018), 'Associations between Positive Health Related Effects and Soundscapes Perceptual Constructs: A Systematic Review', *International Journal of Environmental Research and Public Health*, 15 (11): 2392.
Ardiel, E. L. and C. H. Rankin (2010), 'The Importance of Touch in Development', *Paediatrics and Child Health*, 15 (3): 153–6.
Barker, E., K. Kolves and D. De Leo (2017), 'Rail-Suicide Prevention: Systematic Literature Review of Evidence-based Activities', *Asia Pacific Psychiatry*, 9 (3): e12246.
Basner, M., W. Babisch, A. Davis, M. Brink, C. Clark, S. Janssen and S. Stansfeld (2014), 'Auditory and Non-auditory Effects of Noise on Health', *The Lancet*, 383 (9925): 1325–32.
Basner, M. and S. McGuire (2018), 'WHO Environmental Noise Guidelines for the European Region: A Systematic Review on Environmental Noise and Effects on Sleep', *International Journal of Environmental Research and Public Health*, 15 (3): E519.
Basner, M., U. Müller and E. M. Elmenhorst (2011), 'Single and Combined Effects of Air, Road, and Rail Traffic Noise on Sleep and Recuperation', *Sleep*, 34: 11–23.
Billot, P. E., P. Andrieu, A. Biondi, S. Vieillard, T. Moulin and J. L. Millot (2017), 'Cerebral Bases of Emotion Regulation toward Odours: A First Approach', *Behavioural Brain Research*, 317: 37–45.
Bingley, A. (2003), 'In Here and Out There: Sensations between Self and Landscape', *Social and Cultural Geography*, 4 (3): 329–45.
Bissell, D. (2010), 'Passenger Mobilities: Affective Atmospheres and the Sociality of Public Transport'. *Environment and Planning D: Society and Space*, 28 (2): 270–89.
Brino, G. and F. Rosso (1980), *Colore e citta . Il piano del colore di Torino: 1800–1850*, 1st edn, Milan: Idea Editions.
Brown, K. M. (2017), 'The Haptic Pleasures of Ground-Feel: The Role of Textured Terrain in Motivating Regular Exercise', *Health and Place*, 46: 307–14.
Chalfin, A., B. Hansen, J. Lerner and L. Parker (2019), 'Reducing Crime through Environmental Design: Evidence from a Randomized Experiment of Street Lighting in New York City', *National Bureau of Economic Research*. Available online: https://urbanlabs.uchicago.edu/attachments/e95d751f7d91d0bcfeb209ddf6adcb4296868c12/store/cca92342e666b1ffb1c15be63b484e9b9687b57249dce44ad55ea92b1ec0/lights_04242016.pdf (accessed 4 June 2020).
Chesney, E., G. M. Goodwin and S. Fazel (2014), 'Risks of All-Cause and Suicide Mortality in Mental Disorders: A Meta-review', *World Psychiatry*, 13: 153–60.
Cozens, P., G. Saville and D. Hiller (2005), 'Crime Prevention through Environmental Design (CPTED): A Review and Modern Bibliography', *Property Management*, 23 (5): 328–56.
Diaz-Roux, A., J. Nieto, L. Caulfield, H. Tyroler, R. Watson and M. Szklo (1999), 'Neighborhood Differences in Diet: The Atherosclerosis Risk in Communities (ARIC) Study'. *Journal of Epidemiology and Community Health*, 53(1):55–63.
Dzhambov, A. M. (2015), 'Long-term Noise Exposure and the Risk for Type 2 Diabetes: A Meta-analysis', *Noise and Health*, 17 (74): 23–33.
Echevarria, G. (2016), 'Bridging the Gap between Architecture/City Planning and Urban Noise Control', *INTER-NOISE and NOISE-CON Congress and Conference Proceedings*, InterNoise16, Hamburg GERMANY, pages 5848–6840, pp. 6579–85 (7). Available online: https://pdfs.semanticscholar.org/3f24/b6ca281012b6538992b425ad55ce730fa9b1.pdf (accessed 4 June 2020).

Ellard, C. (2017), 'A New Agenda for Urban Psychology: Out of the Laboratory and Onto the Streets', *Journal of Urban Design and Mental Health*, 2: 3.

Engelhart, M. J., M. I. Geerlings, A. Ruitenberg, J. C. van Swieten, A. Hofman, J. C. Witteman and M. M. Breteler (2002), 'Dietary Intake of Antioxidants and Risk of Alzheimer Disease', *JAMA*, 287 (24): 3223-9.

Firth, J., W. Marx, S. Dash, R. Carney, S. B. Teasdale, M. Solmi, B. Stubbs, F. B. Schuch, A. F. Carvalho, F. Jacka and J. Sarris (2019), 'The Effects of Dietary Improvement on Symptoms of Depression and Anxiety − A MetaAnalysis of Randomized Controlled Trials', *Psychosomatic Medicine*, 81 (3): 265-80.

Gehl, J. (1996), *Life between Buildings: Using Public Space*, Washington, DC: Island Press.

Gehl, J. (2011), *Cities for People*, Washington, DC: Island Press.

Gillis, K. and B. Gatersleben (2015), 'A Review of Psychological Literature on the Health and Wellbeing Benefits of Biophilic Design', *Buildings*, 5 (3): 948-63.

Gilroy, P. (2005), *Postcolonial Melancholia*, London: Routledge.

Gonzalez, M. T. and M. Kirkevold (2015), 'Clinical Use of Sensory Gardens and Outdoor Environments in Norwegian Nursing Homes: A Cross-Sectional E-mail Survey', *Issues in Mental Health Nursing*, 36: 35-43.

Gorman, R. (2017), 'Smelling Therapeutic Landscapes: Embodied Encounters within Spaces of Care Farming', *Health and Place*, 47: 22-8.

Hanada, M. (2018), 'Correspondence Analysis of Color-Emotion Associations', *Color Research and Application*, 43: 224-37.

Hansen, M. M., R. Jones and K. Tocchini (2017), 'Shinrin-Yoku (Forest Bathing) and Nature Therapy: A State-of-the-Art Review', *International Journal of Environmental Research and Public Health*, 14 (8): 851.

Hanssen, I. and B. M. Kuven (2016), 'Moments of Joy and Delight: The Meaning of Traditional Food in Dementia Care', *Journal of Clinical Nursing*: 25: 5-6.

Henshaw, V. (2014), *Urban Smellscapes: Understanding and Designing Urban Smell Environments*, New York: Routledge.

Hiss, T. (1991), *The Experience of Place*, New York: Random House.

Hong, J. Y. and J. Y. Jeon (2013), 'Designing Sound and Visual Components for Enhancement of Urban Soundscapes', *The Journal of the Acoustical Society of America*, 134: 2026-36.

Howes, D. (2014), 'Introduction to Sensory Museology', *The Senses and Society*, 9 (3): 259-67.

Hughes, R. W. and D. M. Jones (2003), 'Indispensable Benefits and Unavoidable Costs of Unattended Sound for Cognitive Functioning', *Noise Health*; 6: 63-76.

Hussein, H. (2014), 'Experiencing and Engaging Attributes in a Sensory Garden as Part of a Multi-sensory Environment', *Journal of Special Needs Education*, 2: 38-50.

Jaśkiewicz, M. (2015), 'Place Attachment, Place Identity and Aesthetic Appraisal of Urban Landscape', *Polish Psychological Bulletin*, 46 (4): 573-8.

Jeon, J. Y., P. J. Lee and J. You (2012), 'Acoustical Characteristics of Water Sounds for Soundscape Enhancement in Urban Open Spaces', *The Journal of the Acoustical Society of America*, 131 (3): 10.1121/1.3681938.

Kohli, P., Z. M. Soler, S. A. Nguyen, J. S. Muus and R. J. Schlosser (2016), 'The Association between Olfaction and Depression: A Systematic Review', *Chemical Senses*, 41 (6): 479-86.

Kolotkin, R. L., P. K. Corey Lisle, R. D. Crosby, J. M. Swanson, A. V. Tuomari,

G. J. L'Italien and J. E. Mitchell (2012), 'Impact of Obesity on Health-related Quality of Life in Schizophrenia and Bipolar Disorder', *Obesity*, 16 (4): 749-54.

Lenclos, J. P. and D. Lenclos (1999), Couleurs de L'Europe: Geographie de La Couleur. Paris: Editions Le Moniteur.

Lindstrom, M. (2005), 'Broad Sensory Branding', *Journal of Product and Brand Management*, 14 (2): 84-7.

Luppino, F. S., L. M. de Wit, P. F. Bouvy, T. Stijnen, P. Cuijpers and B. W. J. H. Penninx (2010), 'Overweight, Obesity, and Depression: A Systematic Review and Meta-Analysis of Longitudinal Studies', *Archives of General Psychiatry*, 67: 220-9.

McGregor, J. A., I. Jones, S. C. Lee, J. T. R. Walters, M. J. Owen, M. O'Donovan, M. Delpozo-Banos, D. Berridge and K. Lloyd (2018), 'Premature Mortality among People with Severe Mental Illness – New Evidence from Linked Primary Care Data', *Schizophrenia Research*, 199: 154-62.

Ministry for the Environment. (2016), *Good Practice Guide for Assessing and Managing Odour*, Wellington: Ministry for the Environment.

Mitchell, L. and E. Burton (2006), 'Neighbourhoods for Life: Designing Dementiafriendly Outdoor Environments', *Quality in Ageing and Older Adults*, 7: 26-33.

Moughtin, C. (1992), *Urban Design Street and Square*, Oxford: Butterworth Architecture.

Münzel, T., F. P. Schmidt, S. Steven, J. Herzog, A. Daiber and M. Sørensen (2018), 'Environmental Noise and the Cardiovascular System', *Journal of the American College of Cardiology*, 71: 688-97.

Nasar, J. L. (1994), 'Urban Design Aesthetics: The Evaluative Qualities of Building Exteriors'. *Environment and Behavior*, 26, 377-401.

Nia, H. A. and R. Atun (2015), 'Aesthetic Design Thinking Model for Urban Environments: A Survey Based on a Review of the Literature', *Urban Design International*, 21: 0. 1057/udi. 2015. 25.

Nicell, J. A. (2009), 'Assessment and Regulation of Odour Impacts', *Atmospheric Environment*, 43: 196-206.

Ohiduzzaman, M. D., O. Sirin, E. Kassem and J. L. Rochat (2016), 'State-of-the-Art Review on Sustainable Design and Construction of Quieter Pavements – Part 1: Traffic Noise Measurement and Abatement Techniques', *Sustainability*, 8:742.

O'Neil, A., S. E. Quirk, S. Housden, S. L. Brennan, L. J. Williams, J. A. Pasco and F. N. Jacka (2014), 'Relationship between Diet and Mental Health in Children and Adolescents: A Systematic Review', *American Journal of Public Health*, 104(10), e31-e42.

Orban, E., K. McDonald and R. Sutcliffe (2015), 'Residential Road Traffic Noise and High Depressive Symptoms after Five Years of Follow-up: Results from the Heinz Nixdorf Recall Study', *Environmental Health Perspectives*, 124: 5.

Orians, G. (1986), 'An Ecological and Evolutionary Approach to Landscape Aesthetics', in E. C. Penning-Rowsell and D. Lowenthal (eds), *Landscape Meaning and Values*, 3-25, London: Allen and Unwin.

Pallasmaa, J. (2014), 'Space, Place and Atmosphere. Emotion and Peripheral Perception in Architectural Experience', *Lebenswelt: Aesthetics and Philosophy of Experience*, 10. 13130/2240-9599/4202.

Park, B. J., Y. Tsunetsugu, T. Kasetani, T. Kagawa and Y. Miyazaki (2010), 'The Physiological Effects of Shinrin-yoku (Taking in the Forest Atmosphere or Forest Bathing): Evidence from Field Experiments in 24 Forests across Japan', *Environmental Health and Preventive Medicine* 15: 18-26.

Paul, K. C., M. Haan, E. R. Mayeda and B. R. Ritz (2019), 'Ambient Air Pollution, Noise, and Late-Life Cognitive Decline and Dementia Risk', *Annual Review of Public Health* 40 (1): 203-20.

Payne, S. R. (2010), 'Urban Park Soundscapes and Their Perceived Restorativeness', *Proceedings of the Institute of Acoustics*, 3 (32): 264-71.

Payne, S. R. (2013), The Production of a Perceived Restorativeness Soundscape Scale. *Applied Acoustics*, 74 (2): 255-63.

Perron, S., C. Plante, M. S. Ragettli, D. J. Kaiser, S. Goudreau and A. Smargiassi (2016), 'Sleep Disturbance from Road Traffic, Railways, Airplanes and from Total Environmental Noise Levels in Montreal', *International Journal of Environmental Research and Public Health*, 13 (8): 809.

Pheasant, R. J., M. N. Fisher, G. R. Watts, D. J. Whitaker and K. V. Horoshenkov (2010), 'The Importance of Auditory-Visual Interaction in the Construction of "Tranquil Space"', *Journal of Environmental Psychology*, 30: 501-09.

Porteous, J. (1990), *Landscapes of the Mind: Worlds of Sense and Metaphor*. Toronto; Buffalo; London: University of Toronto Press.

Quercia, D., L. M. Aiello and R. Schifanella (2016), 'The Emotional and Chromatic Layers of Urban Smells', *Proceedings of the Tenth International AAAI Conference on Web and Social Media*, 309-18.

Quercia, D., L. M. Aiello and S. Schifanella (2017), 'Mapping towards a Good City Life', *Journal of Urban Design and Mental Health*, 3: 3.

Rapoport, A. (1990), *History and Precedent in Environmental Design*, New York: Springer.

Ratcliffe, E., B. Gatersleben and P. T. Sowden (2018), 'Predicting the Perceived Restorative Potential of Bird Sounds through Acoustics and Aesthetics', *Environment and Behavior*, 52 (4): 371-400.

Rhys-Taylor, A. (2013), 'The Essences of Multiculture: A Sensory Exploration of an Inner-City Street Market', *Identities*, 20 (4): 393-406.

Soga, M., K. J. Gasrton and Y. Yamaurax (2017), 'Gardening Is Beneficial for Health: A Meta-Analysis', *Preventive Medicine Reports*, 5: 92-9.

Spencer, J. and R. Alwani (2018), 'Using Art and Design to Create Shared Safe Space in Urban Areas: A Case Study of the Banks and Bridges of the River Foyle in Derry/Londonderry Northern Ireland', *Journal of Urban Design and Mental Health*, 5: 6.

Stansfeld, S. A. and M. P. Matheson (2003), 'Noise Pollution: Non-auditory Effects on Health', *British Medical Bulletin*, 68 (1): 243-57.

Stansfeld, S. and C. Clark (2015), 'Health Effects of Noise Exposure in Children', *Early Life Environmental Health*; 2: 171-8.

Taylor, R. P. and B. Spehar (2016), 'Fractal Fluency: An Intimate Relationship between the Brain and Processing of Fractal Stimuli', in A. Di Leva (ed.), *The Fractal Geometry of the Brain*, New York: Springer, 485-96.

The Japan Times (2001), 'Ministry Compiles List of Nation's 100 Best-Smelling Spots', 31 October 2001, retrieved from https://www.japantimes.co.jp/news/2001/10/31/national/ministry-compiles-list-of-nations-100-best-smelling-spots/.

Thibaud, J. P. (2011), 'The Sensory Fabric of Urban Ambiances', *The Senses and Society*, 6 (2): 203-15.

Thombre, L. and C. Kapshe (2020), 'Conviviality as a Spatial Planning Goal for Public Open Spaces', *International Journal of Recent Technology and Engineering*, 8(5): 10.35940/ijrte.e7038.018520.

Vianna, K. Md. P. , M. R. A. Cardoso and R. M. C. Rodrigues (2015), 'Noise Pollution and Annoyance: An Urban Soundscapes Study', *Noise and Health*, 17 (76): 125–33.

Winz, M. (2018), 'An Atmospheric Approach to the City-psychosis Nexus. Perspectives for Researching Embodied Urban Experiences of People Diagnosed with Schizophrenia', *Ambiances*, 10. 4000/ambiances. 1163.

Wright, B. , E. Peters, U. Ettinger, E. Kuipers and V. Kumari (2014), 'Understanding Noise Stress–Induced Cognitive Impairment in Healthy Adults and Its Implications for Schizophrenia', *Noise Health*, 16 (70): 166–76.

Xiao, J. , M. Tait and J. Kang (2018), 'A Perceptual Model of Smellscape Pleasantness', *Cities*, 76: 105–15.

05 睦邻城市

Arentshorst, M. E. , R. R. Kloet and A. Peine (2019), 'Intergenerational Housing: The Case of Humanitas Netherlands', *Journal of Housing for the Elderly*, 33 (3): 244–56.

Attree, P. , B. French and B. Milton (2011), 'The Experience of Community Engagement for Individuals', *Health and Social Care in the Community*, 19: 250–60.

Baba, Y. (2017), 'Case Study: Developing Comprehensive Community Care in Japan – Urban Planning Implications for Long Term Dementia Care', *Journal of Urban Design and Mental Health*, 3: 6.

Badcock, J. C. , S. Shah, A. Mackinnon, H. J. Stain, C. Galletly, A. Jablensky and V. A. Morgan (2015), 'Loneliness in Psychotic Disorders and Its Association with Cognitive Function and Symptom Profile', *Schizophrenia Research*, 169: 268–73.

Bagnall, A. M. , J. South, S. Di Martino, B. Mitchell, G. Pilkington and R. Newton (2017), *A Systematic Scoping Review of Reviews of the Evidence for 'What Works to Boost Social Relations' and Its Relationship to Community Wellbeing*, London: What Works Centre for Wellbeing.

Barros, P. , L. N. Fat, L. M. Garcia, A. D. Slovic, N. Thomopoulos, T. H. de Sá and J. S. Mindell (2019), 'Social Consequences and Mental Health Outcomes of Living in High-Rise Residential Buildings and the Influence of Planning, Urban Design and Architectural Decisions: A Systematic Review', *Cities*, 93: 263–72.

Bennett, K. , T. Gualtieri and B. Kazmierczyk (2018), 'Undoing Solitary Urban Design: A Review of Risk Factors and Mental Health Outcomes Associated with Living in Aocial Isolation', *Journal of Urban Design and Mental Health*, 4:7.

Bentley, R. , E. Baker, K. Simons, J. A. Simpson and T. Blakely (2018), 'The Impact of Social Housing on Mental Health: Longitudinal Analyses Using Marginal Structural Models and Machine Learning-Generated Weights', *International Journal of Epidemiology*, 47 (5): 1414–22.

Beutel, M. E. , E. M. Klein, E. Brähler, I. Reiner, C. Jünger, M. Michal, J. Wiltink, P. S. Wild, T Münzel, K. J. Lackner and A. N. Tibubos (2017), 'Loneliness in the General Population: Prevalence, Determinants and Relations to Mental Health', *BMC Psychiatry*, 17: 97.

Bierman, A. , E. M. Fazio and M. A. Milkie (2006), 'A Multifaceted Approach to the Mental Health Advantage of the Married. Assessing How Explanations Vary by Outcome Measure and Unmarried Group', *Journal of Family Issues*, 27 (4): 554–82.

Brackertz, N. , A. Wilkinson and J. Davison (2018), 'Housing, Homelessness and Mental Health: Towards System Change', *Australian Housing and Urban Research Institute*, 10.

31235/osf. io/48ujp.

Buonfino, A. and P. Hilder (2006), *Neighbouring in Contemporary Britain*, York: Joseph Rowntree Foundation.

Celata, F., C. Y. Hendrickson and V. S. Sanna (2017), 'The Sharing Economy as Community Marketplace? Trust, Reciprocity and Belonging in Peer-to-Peer Accommodation Platforms', *Cambridge Journal of Regions, Economy and Society*, 10 (2): 349-63.

Clark, C., R. Myron, S. Stansfeld and B. Candy (2006), 'A Systematic Review on the Effect of the Built and Physical Environment on Mental Health', *Journal of Public Mental Health*, 6 (2): 14-27.

Cohen-Cline, H., S. A. Beresford, W. Barrington, R. Matsueda, J. Wakefield and G. E. Duncan (2018), 'Associations between Social Capital and Depression: A Study of Adult Twins', *Health and Place*, 50: 162-7.

Courtin, E. and M. Knapp (2015), Social Isolation, Loneliness and Health in Old Age: A Scoping Review, *Health and Social Care in the Community*, 3: 799-812.

Cruwys, T., S. A. Haslam and G. A. Dingle (2014), 'Depression and Social Identity: An Integrative Review', *Personality and Social Psychology Review*, 18: 215-38.

Dempsey, N., H. Smith and M. Burton (2014), *Place-Keeping: Open Space Management in Practice*, Oxford: Routledge.

Dines, N. and V. Cattell (2006), *Public Spaces, Social Relations and Well-Being in East London*, Joseph Rowntree Foundation, Plymouth, GB: Latimer Trend Printing Group.

Ehsan, A. M. and M. J. De Silva (2015), 'Social Capital and Common Mental Disorder: A Systematic Review', *Journal of Epidemiology and Community Health*, 69: 1021-8.

Ellard, C. (2015), 'Streets with No Game'. *Aeon*, 1 September. Available online: https://aeon.co/essays/why-boring-streets-make-pedestrians-stressed-andunhappy (accessed 4 June 2020).

Evans, G. W. (2003), 'The Built Environment and Mental Health', *Journal of Urban Health: Bulletin of the New York Academy of Medicine*, 80: 4.

Garin, N., B. Olaya, M. Miret, J. L. Ayuso-mateos, M. Power, P. Bucciarelli and J. M. Haro (2014), 'Built Environment and Elderly Population Health : A Comprehensive Literature Review', *Clinical Practice and Epidemiology in Mental Health*, 10: 103-15.

Gehl, J. (1987), *Life between Buildings-Using Public Spaces*, New York: Van Nostrand Reinhold Company Inc.

Generaal, E., E. Timmermans, J. Dekkers, J. Smit and B. Penninx (2019), 'Not Urbanization Level but Socioeconomic, Physical and Social Neighbourhood Characteristics Are Associated with Presence and Severity of Depressive and Anxiety Disorders', *Psychological Medicine*, 49 (1): 149-61.

Gillespie, S., M. T. LeVasseur and Y. L. Michael (2017), 'Neighbourhood Amenities and Depressive Symptoms in Urban-Dwelling Older Adults', *Journal of Urban Design and Mental Health*, 2: 4.

Hatcher, S. and O. Stubbersfield (2013), 'Sense of Belonging and Suicide: A Systematic Review', *Canadian Journal of Psychiatry*, 58: 432.

Heinz, A., L. Deserno and U. Reininghaus (2013), 'Urbanicity, Social Adversity and Psychosis', *World Psychiatry*, 12 (3): 187-97.

Holvast, F., H. Burger, M. M. W. de Waal, H. W. J. van Marwijk, H. C. Comijs and P. F. M. Verhaak (2015), 'Loneliness Is Associated with Poor Prognosis in Late life Depression: Longitudinal Analysis of the Netherlands Study of Depression in Older Persons', *Journal of Affective Disorders*, 185: 1-7.

Horn, E. E., Y. Xu, C. R. Beam, E. Turkheimer and R. E. Emery (2013), 'Accounting for the Physical and Mental Health Benefits of Entry into Marriage: A Genetically Informed Study of Selection and Causation', *Journal of Family Psychology*, 27 (1): 30–41.

Kawachi, I. and L. F. Berkman (2001), 'Social Ties and Mental Health', *Journal of Urban Health*, 78: 458–67.

Kuiper, J. S., M. Zuidersma, R. C. O. Voshaar, S. U. Zuidema, E. R. van den Heuvel and R. P. Stolk (2015), 'Social Relationships and Risk of Dementia: A Systematic Review and Meta-Analysis of Longitudinal Cohort Studies', *Ageing Research Review*, 22: 39e57.

Krieger, J. and D. L. Higgins (2002), 'Housing and Health: Time Again for Public Health Action', *American Journal of Public Health*, 92 (5), 758–68.

Johnson, G. and C. Chamberlain (2011), 'Are the Homeless Mentally Ill?', *Australian Journal of Social Issues*, 46 (1): 29–48.

Joiner, T. (2009), 'The Interpersonal-Psychological Theory of Suicidal Behavior: Current Empirical Status'. *Psychological Science Agenda*, American Psychological Association. Available online: https://www.apa.org/science/about/psa/2009/06/sci-brief (accessed 4 June 2020).

Lai, L. and P. Rios (2017), 'Housing Design for Socialisation and Wellbeing', *Journal of Urban Design and Mental Health*, 3: 12.

Lasgaard, M., K. Friis and M. Shevlin (2016), 'Where Are All the Lonely People? A Populationbased Study of High-Risk Groups across the Life Span', *Social Psychiatry and Psychiatric Epidemiology*, 51 (10): 1373–84.

Law, C. K., Y. C. Wong, E. Chui, K. M. Lee, Y. Y. Pong, R. Yu and V. Lee (2009), *A Study on Tin Shui Wai New Town*, Hong Kong: Hong Kong University.

Leigh-Hunt, N., D. Bagguley, K. Bash, V. Turner, S. Turnbull, N. Valtorta and W. Caan (2017), 'An Overview of Systematic Reviews on the Public Health. Consequences of Social Isolation and Loneliness', *Public Health*, 152: 157–71.

Madanipour, A. (2004), 'Marginal Public Spaces in European Cities', *Journal of Urban Design*, 9 (3): 267–86.

McCay, L. and L. Lai (2018), 'Urban Design and Mental Health in Hong Kong: A City Case Study', *Journal of Urban Design and Mental Health*, 4: 9.

Meltzer, H., P. Bebbington, M. S. Dennis, R. Jenkins, S. McManus and T. S. Brugha (2013), 'Feelings of Loneliness among Adults with Mental Disorder', *Social Psychiatry and Psychiatric Epidemiology*, 48 (1): 5–13.

Milton, B., P. Attree, B. French, S. Povall, M. Whitehead and J. Popay (2011), 'The Impact of Community Engagement on Health and Social Outcomes: A Systematic Review', *Community Development Journal*, 47: 316–34.

Mitchell, L. and E. Burton (2006), 'Neighbourhoods for Life: Designing DementiaFriendly Outdoor Environments', *Quality in Ageing and Older Adults*, 7: 1:26–33.

Muennig, P., B. Jiao and E. Singer (2017), 'Living with Parents or Grandparents Increases Social Capital and Survival: 2014 General Social Survey-National Death Index', *SSM - Population Health*, 4: 71–5.

Newman, O. (1976), *Design Guidelines for Creating Defensible Space*, United States: National Institute of Law Enforcement and Criminal Justice.

NICE Guideline (NG44) (2016), *Community Engagement: Improving Health and Wellbeing and Reducing Health Inequalities*, United Kingdom: National Institute for Health and Care Excellence.

Nikkhah, H. , M. Nia, S. Sadeghi and M. Fani (2015), 'The Mean Difference of Religiosity between Residents of Rural Areas and Urban Areas of
Mahmoudabad City', *Asian Social Science*, 11: 10. 5539/ass. v11n2p144.
Osborne, C. , C. Baldwin and D. Thomsen (2016), 'Contributions of Social Capital to Best Practice Urban Planning Outcomes', *Urban Policy and Research*, 34: 212-24.
Peplau, L. A. and D. Perlman (1982), *Loneliness: A Sourcebook of Current Theory, Research, and Therapy*, New York: Wiley Interscience.
Petty, J. (2016), 'The London Spikes Controversy: Homelessness, Urban Securitisation and the Question of "Hostile Architecture"', *International Journal for Crime, Justice and Social Democracy*, 5 (1): 67-81.
Putnam, R. (1993), *Making Democracy Work: Civic Traditions in Modern Italy*, Princeton, NJ: Princeton University Press.
Rico-Uribe, L. A. , F. F. Caballero, N. Martín-Marín, M. Cabello, J. L. Ayuso-Mateos and M. Miret (2018), 'Association of Loneliness with All-Cause Mortality: A Meta-Analysis', *PloS One*, 13 (1): e0190033.
Santini, Z. I. , A. Koyanagi, S. Tyrovolas, C. Mason and J. M. Haro (2015), 'The Association between Social Relationships and Depression: A Systematic Review', *Journal of Affective Disorders*, 175: 53-65.
Shaw, M. (2004), 'Housing and Public Health', *Annual Review of Public Health*, 25: 397-418.
Sorensen, A. , H. Koizumi and A. Miyamoto (2009), 'Machizukuri, Civil Society, and Community Space in Japan', *Political Science*. 10. 4324/9780203892770-11.
Srinivasan, S. , L. R. O'Fallon and A. Dearry (2003), 'Creating Healthy Communities, Healthy Homes, Healthy People: Initiating a Research Agenda on the Built Environment and Public Health', *American Journal of Public Health*, 93 (9): 1446-50.
Stahl, S. T. , S. R. Beach, D. Musa and R. Schulz (2017), 'Living Alone and Depression: The Modifying Role of the Perceived Neighborhood Environment', *Ageing and Mental Health*, 21(10): 1065-71.
Teo, A. R. , R. Lerrigo and M. A. M. Rogers (2013), 'The Role of Social Isolation in Social Anxiety Disorder: A Systematic Review and Metaanalysis', *Journal of Anxiety Disorders*, 27: 353e64.
Thombre, L. and C. Kapshe (2020), 'Conviviality as a Spatial Planning Goal for Public Open Spaces', *International Journal of Recent Technology and Engineering*, 8(5): 10. 35940/ijrte. e7038. 018520.
Umberson, D. and J. K. Montez (2010), 'Social Relationships and Health: A Flashpoint for Health Policy', *Journal of Health and Social Behaviour*, 51(1): 54-66.
United Nations, Department of Economic and Social Affairs, Population Division, UNDESA (2018), *World Urbanization Prospects: The 2018 Revision (ST/ESA/ SER. A/420)*, New York: United Nations.
UN-Habitat (2009), *State of the World's Cities Report 2008/9: Harmonious Cities*, London: Earthscan.
UN-Habitat and WHO (2020), *Integrating Health in Urban and Territorial Planning: A Sourcebook*, Geneva: UN-HABITAT and World Health Organization.
Visentini, C. , M. Cassidy, V. J. Bird and S. Priebea (2018), 'Social Networks of Patients with Chronic Depression: A Systematic Review', *Journal of Affective Disorders*, 241: 571-8.
Wang, J. , F. Mann, B. Lloyd-Evans, R. Ma and S. Johnson (2018a), 'Associations be-

tween Loneliness and Perceived Social Support and Outcomes of Mental Health Problems: A Systematic Review', *BMC Psychiatry*, 18: 156.

Wang, R., D. Xue, Y. Liu, H. Chen and Y. Qui (2018b), 'The Relationship between Urbanization and Depression in China: The Mediating Role of Neighborhood Social Capital', *International Journal for Equity in Health*, 17: 105.

Wilson, C. and B. Moulton (2010), *Loneliness among Older Adults: A National Survey of Adults 45+*, Washington, DC: AARP.

Wirth, L. (1938), 'Urbanism as a Way of Life', *American Journal of Sociology*, 44 (1): 1-24.

Wright, P. A. and B. Kloos (2007), 'Housing Environment and Mental Health Outcomes: A Levels of Analysis Perspective', *Journal of Environmental Psychology*, 27 (1): 79-89.

Wood, L., K. Martin, H. Christian, A. Nathan, C. Lauritsen, S. Houghton, I. Kawachi and S. McCune (2015), 'The Pet Factor – Companion Animals as a Conduit for Getting to Know People, Friendship Formation and Social Support', *PLOS ONE*, 10 (4): e0122085.

Yeung, J. W. K., Z. Zhang and T. Y. Kim (2018), 'Volunteering and Health Benefits in General Adults: Cumulative Effects and Forms', *BMC Public Health*, 18 (8): 10.1186/s12889-017-4561-8.

06 活力城市

Age UK (2011), *Healthy Aging Evidence Review*, London: Age UK.

Ahmadi, E. and G. Taniguchi (2007), 'Influential Factors on Children's Spatial Knowledge and Mobility in Home – School Travel: A Case Study in the City of Tehran', *Journal of Asian Architecture and Building Engineering*, 6 (2): 275-82.

Arup (2017), *Cities Alive: Designing for Urban Childhoods*, London: Arup Group. Available online: https://www.arup.com/perspectives/publications/research/section/cities-alive-designing-for-urban-childhoods (accessed 20 February 2020).

Badland, H. M., G. M. Schofield and N. Garrett (2008), 'Travel Behavior and Objectively Measured Urban Design Variables: Associations for Adults Traveling to Work', *Health & Place*, 14 (1): 85-95.

Bakolis, I., R. Hammoud, M. Smythe, J. Gibbons, N. Davidson, S. Tognin and A. Mechelli (2018), 'Urban Mind: Using Smartphone Technologies to Investigate the Impact of Nature on Mental Well-Being in Real Time', *BioScience*, 68 (2): 134-45.

Barbour, K. A., T. M. Edenfield and J. A. Blumenthal (2007), 'Exercise as a Treatment for Depression and Other Psychiatric Disorders: A Review', *Journal of Cardiopulmonary Rehabilitation and Prevention*, 27 (6): 359-67.

Barros, P., L. N. Fat, L. M. Garcia, A. D. Slovic, N. Thomopoulos, T. H. de Sá, P. Morais and J. S. Mindell (2019), 'Social Consequences and Mental Health Outcomes of Living in High-Rise Residential Buildings and the Influence of Planning, Urban Design and Architectural Decisions: A Systematic Review', *Cities*, 93 (October): 263-72.

Barton, J. and J. Pretty (2010), 'What Is the Best Dose of Nature and Green Exercise for Improving Mental Health? A Multi-Study Analysis', *Environmental Science and Technology*, 44 (10): 3947-55.

Besser, L. M., M. Marcus and H. Frumkin (2008), 'Commute Time and Social Capital in the US', *American Journal of Preventive Medicine*, 34 (3): 207-11.

Biddle, S. J. and M. Asare (2011), 'Physical Activity and Mental Health in Children and Adolescents: A Review of Reviews', *British Journal of Sports Medicine*, 45 (11): 886-95.

Blackwell, D. L. and T. C. Clarke (2018), *State Variation in Meeting the 2008 Federal Guidelines for Both Aerobic and Muscle-Strengthening Activities through Leisure-Time Physical Activity among Adults Aged 18-64: United States*, 2010-2015, National Health Statistics Report No. 112, Hyattsville: Centers for Disease Control and Prevention.

Booth, F. W., C. K. Roberts and M. J. Laye (2011), 'Lack of Exercise Is a Major Cause of Chronic Diseases', *Comprehensive Physiology*, 2 (2): 1143-211.

Bornioli, A., G. Parkhurst and P. L. Morgan (2018), 'Psychological Wellbeing Benefits of Simulated Exposure to Five Urban Settings: An Experimental Study from the Pedestrian's Perspective', *Journal of Transport & Health*, 9 (June): 105-16.

Bornioli, A., G. Parkhurst and P. L. Morgan (2019), 'Affective Experiences of Built Environments and the Promotion of Urban Walking', *Transportation Research Part A: Policy and Practice*, 123 (May): 200-15.

Center for Active Design (2010), *Civic Design Guidelines*. Available online: https:// centerforactivedesign. org/guidelines/ (accessed 22 February 2020).

Center for Active Design (2016), *Designed to Move Active Cities* (available from alr@ ucsd. edu).

Chalmin-Pui, L. S., A. Griffiths, J. J. Roe and R. W. Cameron (2019), 'Bringing Fronts Back: A Research Agenda to Investigate the Health and Well-Being Impacts of Front Gardens', *Challenges*, 10 (2): 37.

Christian, T. J. (2012), 'Automobile Commuting Duration and the Quantity of Time Spent with Spouse, Children, and Friends', *Preventive Medicine*, 55 (3): 215-18.

Dale, L. P., L. Vanderloo, S. Moore and G. Faulkner (2019), 'Physical Activity and Depression, Anxiety, and Self-Esteem in Children and Youth: An Umbrella Systematic Review', *Mental Health and Physical Activity*, 16 (March): 66-79.

Delmelle, E. C., E. Haslauer and T. Prinz (2013), 'Social Satisfaction, Commuting and Neighborhoods', *Journal of Transport Geography*, 30 (April): 110-16.

Donnelly, J. E., C. H. Hillman, D. Castelli, J. L. Etnier, S. Lee, P. Tomporowski, K. Lambourne and A. N. Szabo-Reed (2016), 'Physical Activity, Fitness, Cognitive Function, and Academic Achievement in Children: A Systematic Review', *Medicine and Science in Sports and Exercise*, 48 (6): 1197.

Durand, C. P., M. Andalib, G. F. Dunton, J. Wolch and M. A. Pentz (2011), 'A Systematic Review of Built Environment Factors Related to Physical Activity and Obesity Risk: Implications for Smart Growth Urban Planning', *Obesity Reviews*, 12 (5): e173-e182.

Erickson, K. I., M. W. Voss, R. S. Prakash, C. Basak, A. Szabo, L. Chaddock, J. S. Kim, S. Heo, H. Alves, S. M. White and T. R. Wojcicki (2011), 'Exercise Training Increases Size of Hippocampus and Improves Memory', *Proceedings of the National Academy of Sciences*, 108 (7): 3017-22.

Faber Taylor, A. and F. E. Kuo (2009), 'Children with Attention Deficits Concentrate Better after Walk in the Park', *Journal of Attention Disorders*, 12 (5): 402-9.

Falck, R. S., J. C. Davis, J. R. Best, R. A. Crockett and T. Liu-Ambrose (2019), 'Impact of Exercise Training on Physical and Cognitive Function among Older Adults: A Systematic Review and Meta-Analysis', *Neurobiology of Aging*, 79 (July): 119-30.

GDCI (2016), *Global Street Design Guide*, New York: Global Designing Cities Initiative (GDCI). Available online: https://globaldesigningcities. org/publication/ global-street-design-guide/ (accessed 22 February 2020).

Gehl, J. (1986), '"Soft Edges" in Residential Streets', *Scandinavian Housing and Planning Research*, 3 (2): 89–102.

Gorelick, P. B., K. L. Furie, C. Iadecola, E. E. Smith, S. P. Waddy, D. M. Lloyd-Jones, H. J. Bae, M. A. Bauman, M. Dichgans, P. W. Duncan and M. Girgus (2017), 'Defining Optimal Brain Health in Adults: A Presidential Advisory from the American Heart Association/American Stroke Association', *Stroke*, 48 (10): e284–e303.

Gössling, S., A. Choi, K. Dekker and D. Metzler (2019), 'The Social Cost of Automobility, Cycling and Walking in the European Union', *Ecological Economics*, 158 (April): 65–74.

Hajrasouliha, A. and L. Yin (2015), 'The Impact of Street Network Connectivity on Pedestrian Volume', *Urban Studies*, 52 (13): 2483–97.

Handy, S., R. G. Paterson and K. S. Butler (2003), *Planning for Street Connectivity: Getting from Here to There*, APA Planning Advisory Service Report 515, Chicago: American Planning Association (APA).

Hillier, B. and J. Hanson (1989), *The Social Logic of Space*, Cambridge: Cambridge University Press.

Hillier, B., J. Hanson and H. Graham (1987), 'Ideas Are in Things: An Application of the Space Syntax Method to Discovering House Genotypes', *Environment and Planning B: Planning and Design*, 14 (4): 363–85.

Hillman, C. H., M. B. Pontifex, L. B. Raine, D. M. Castelli, E. E. Hall and A. F. Kramer (2009), 'The Effect of Acute Treadmill Walking on Cognitive Control and Academic Achievement in Preadolescent Children', *Neuroscience*, 159 (3): 1044–54.

Hipp, J., A. Eyler and J. Kuhlberg (2013), 'Target Population Involvement in Urban Ciclovias: A Preliminary Evaluation of St. Louis Open Streets', *Journal of Urban Health*, 90 (6): 1010–15.

Holt-Lunstad, J., T. B. Smith and J. B. Layton (2010), 'Social Relationships and Mortality Risk: A Meta-Analytic Review', *PLOS Med*, 7 (7): e1000316.

Hörder, H., L. Johansson, X. Guo, G. Grimby, S. Kern, S. Östling and I. Skoog (2018), 'Midlife Cardiovascular Fitness and Dementia: A 44-Year Longitudinal Population Study in Women', *Neurology*, 90 (15): e1298–e1305.

Javadi, A. H., B. Emo, L. R. Howard, F. E. Zisch, Y. Yu, R. Knight, J. P. Silva and H. J. Spiers (2017), 'Hippocampal and Prefrontal Processing of Network Topology to Simulate the Future', *Nature Communications*, 8 (1): 1–11.

Jensen, O. B., M. Sheller and S. Wind (2015), 'Together and Apart: Affective Ambiences and Negotiation in Families' Everyday Life and Mobility', *Mobilities*, 10 (3): 363–82.

Jones, A., A. Goodman, H. Roberts, R. Steinbach and J. Green (2013), 'Entitlement to Concessionary Public Transport and Wellbeing: A Qualitative Study of Young People and Older Citizens in London, UK', *Social Science & Medicine*, 91 (August): 202–9.

Kamijo, K., M. B. Pontifex, K. C. O'Leary, M. R. Scudder, C. T. Wu, D. M. Castelli and C. H. Hillman (2011), 'The Effects of an Afterschool Physical Activity Program on Working Memory in Preadolescent Children', *Developmental Science*, 14 (5): 1046–58.

Kibbe, D. L., J. Hackett, M. Hurley, A. McFarland, K. G. Schubert, A. Schultz and S. Harris (2011), 'Ten Years of TAKE 10!ⓒ: Integrating Physical Activity with Academic Concepts in Elementary School Classrooms', *Preventive Medicine*, 52 (June): S43–

S50.

Knöll, M., M. H. Miranda, T. Cleff and A. Rudolph-Cleff (2019), 'Public Space and Pedestrian Stress Perception: Insights from Darmstadt, Germany', in A. Pearson, A. Gershim, G. DeVerteuil and A. Allen (eds), *Handbook of Global Urban Health*, 269, London: Routledge.

Kondo, M. C., S. F. Jacoby and E. C. South (2018), 'Does Spending Time Outdoors Reduce Stress? A Review of Real-Time Stress Response to Outdoor Environments', *Health & Place*, 51 (May): 136-50.

Koohsari, M. J., T. Sugiyama, K. E. Lamb, K. Villanueva and N. Owen (2014), 'Street Connectivity and Walking for Transport: Role of Neighborhood Destinations', *Preventive Medicine*, 66 (September): 118-22.

Koohsari, M. J., K. Oka, N. Owen and T. Sugiyama (2019), 'Natural Movement: A Space Syntax Theory Linking Urban Form and Function with Walking for Transport', *Health & Place*, 58 (July): 102072.

Kweon, B. S., W. C. Sullivan and A. R. Wiley (1998), 'Green Common Spaces and the Social Integration of Inner-City Older Adults', *Environment and Behavior*, 30 (6): 832-58.

Lerman, Y., Y. Rofè and I. Omer (2014), 'Using Space Syntax to Model Pedestrian Movement in Urban Transportation Planning', *Geographical Analysis*, 46 (4): 392-410.

Lindal, P. J. and T. Hartig (2013), 'Architectural Variation, Building Height, and the Restorative Quality of Urban Residential Streetscapes', *Journal of Environmental Psychology*, 33 (March): 26-36.

Livingston, G., A. Sommerlad, V. Orgeta, S. G. Costafreda, J. Huntley, D. Ames, C. Ballard, S. Banerjee, A. Burns, J. Cohen-Mansfield and C. Cooper (2017), 'Dementia Prevention, Intervention, and Care', *The Lancet*, 390 (10113): 2673-734.

Lubans, D., J. Richards, C. Hillman, G. Faulkner, M. Beauchamp, M. Nilsson, P. Kelly, J. Smith, L. Raine and S. Biddle (2016), 'Physical Activity for Cognitive and Mental Health in Youth: A Systematic Review of Mechanisms', *Pediatrics*, 138 (3): e20161642.

Lynch, K. (1960), *The Image of the City*, Boston: MIT Press.

Maas, J., S. M. Van Dillen, R. A. Verheij and P. P. Groenewegen (2009), 'Social Contacts as a Possible Mechanism behind the Relation between Green Space and Health', *Health & Place*, 15 (2): 586-95.

MacKerron, G. and S. Mourato (2013), 'Happiness Is Greater in Natural Environments', *Global Environmental Change*, 23 (5): 992-1000.

Macpherson, H., W. P. Teo, L. A. Schneider and A. E. Smith (2017), 'A Life Long Approach to Physical Activity for Brain Health', *Frontiers in Aging Neuroscience*, 9 (May): 147.

Martinsen, E. W. (2008), 'Physical Activity in the Prevention and Treatment of Anxiety and Depression', *Nordic Journal of Psychiatry*, 62 (47): 25-9.

Mattisson, K., C. Håkansson and K. Jakobsson (2015), 'Relationships between Commuting and Social Capital among Men and Women in Southern Sweden', *Environment and Behavior*, 47 (7): 734-53.

Mazumdar, S., V. Learnihan, T. Cochrane and R. Davey (2018), 'The Built Environment and Social Capital: A Systematic Review', *Environment and Behavior*, 50 (2): 119-58.

Mondschein, A. (2018), 'Healthy Transportation: A Question of Mobility or Accessibility', in T. Beatley, C. Jones and R. Rainey (eds), *Healthy Environments, Healing Spaces*, Charlottesville: University of Virginia Press, 11-30.

Mueller, N., D. Rojas-Rueda, H. Khreis, M. Cirach, D. Andrés, J. Ballester, X. Bartoll, C. Daher, A. Deluca, C. Echave and C. Milà (2020), 'Changing the Urban Design of Cities for Health: The Superblock Model', *Environment International*, 134 (January): 105132.

Neale, C., P. Aspinall, J. Roe, S. Tilley, P. Mavros, S. Cinderby, R. Coyne, N. Thin and C. Ward Thompson (2019), 'The Impact of Walking in Different Urban Environments on Brain Activity in Older People', *Cities & Health*, 4 (1) (June): 94-106.

North, T. C., P. McCullagh and Z. V. Tran (1990), 'Effect of Exercise on Depression', *Exercise and Sport Sciences Reviews*, 18 (1): 379-416.

Panter, J., C. Guell, D. Humphryes and D. Ogilvie (2019), 'Can Changing the Physical Environment Promote Walking and Cycling? A Systematic Review of What Works and How', *Health & Place*, 58 (July): 102161.

Pesce, C., C. Crova, L. Cereatti, R. Casella and M. Bellucci (2009), 'Physical Activity and Mental Performance in Preadolescents: Effects of Acute Exercise on Free-Recall Memory', *Mental Health and Physical Activity*, 2 (1): 16-22.

Pollard, E. L. and P. D. Lee (2003), 'Child Well-Being: A Systematic Review of the Literature', *Social Indicators Research*, 61 (1): 59-78.

Powers, M. B., G. J. Asmundson and J. A. Smits (2015), 'Exercise for Mood and Anxiety Disorders: The State-of-the Science', *Cognitive Behaviour Therapy*, 44 (4): 237-9.

Ramanathan, S., C. O'Brien, G. Faulkner and M. Stone (2014), 'Happiness in Motion: Emotions, Well-Being, and Active School Travel', *Journal of School Health*, 84 (8): 516-23.

Roberts, D. (2019), 'Cars Dominate Cities Today. Barcelona Has Set Out to Change That', *Vox*, 8 April. Available online: https://www.vox.com/energyand-environment/2019/4/8/18273893/barcelona-spain-urban-planning-cars (accessed 20 February 2020).

Roe, J. and A. Roe (2019), 'Urban Design for Adolescent Mental Health', in D. Bhugra (ed.), *Urban Mental Health*, 189-203, Oxford: Oxford University Press.

Roe, J. and P. A. Aspinall (2011), 'The Restorative Benefits of Walking in Urban and Rural Settings in Adults with Good and Poor Mental Health', *Health & Place*, 17 (1): 103-13.

Romero, V. (2010), 'Children's Views of Independent Mobility during Their School Travels', *Children, Youth and Environments*, 20 (2): 46-66.

Rovio, S., I. Kåreholt, E. L. Helkala, M. Viitanen, B. Winblad, J. Tuomilehto, H. Soininen, A. Nissinen and M. Kivipelto (2005), 'Leisure-Time Physical Activity at Midlife and the Risk of Dementia and Alzheimer's Disease', *The Lancet Neurology*, 4 (11): 705-11.

Sallis, J. F., M. F. Floyd, D. A. Rodríguez and B. E. Saelens (2012), 'Role of Built Environments in Physical Activity, Obesity, and Cardiovascular Disease', *Circulation*, 125 (5): 729-37.

Sallis, J. F., C. Spoon, N. Cavill, J. K. Engelberg, K. Gebel, M. Parker, C. M. Thornton, D. Lou, A. L. Wilson, C. L. Cutter and D. Ding (2015), 'Co-Benefits of Designing Communities for Active Living: An Exploration of Literature', *International Journal of Behavioral Nutrition and Physical Activity*, 12 (1): 30.

Sallis, J. F., E. Cerin, T. L. Conway, M. A. Adams, L. D. Frank, M. Pratt, D. Sal-

vo, J. Schipperijn, G. Smith, K. L. Cain and R. Davey (2016), 'Physical Activity in Relation to Urban Environments in 14 Cities Worldwide: A Cross-Sectional Study', *The Lancet*, 387 (10034): 2207-17.
Smith, J. C., K. A. Nielson, P. Antuono, J. A. Lyons, R. J. Hanson, A. M. Butts, N. C. Hantke and M. D. Verber (2013), 'Semantic Memory Functional MRI and Cognitive Function after Exercise Intervention in Mild Cognitive Impairment', *Journal of Alzheimer's Disease*, 37 (1): 197-215.
Smits, J. A., A. C. Berry, D. Rosenfield, M. B. Powers, E. Behar and M. W. Otto (2008), 'Reducing Anxiety Sensitivity with Exercise', *Depression and Anxiety*, 25 (8): 689-99.
Spartano, N. L., K. L. Davis-Plourde, J. J. Himali, C. Andersson, M. P. Pase, P. Maillard, C. DeCarli, J. M. Murabito, A. S. Beiser, R. S. Vasan and S. Seshadri (2019), 'Association of Accelerometer-Measured Light-Intensity Physical Activity with Brain Volume: The Framingham Heart Study', *JAMA Network Open*, 2 (4): e192745-e192745.
Stroth, S., K. Hille, M. Spitzer and R. Reinhardt (2009), 'Aerobic Endurance Exercise Benefits Memory and Affect in Young Adults', *Neuropsychological Rehabilitation*, 19 (2): 223-43.
Tinker, A. and J. Ginn (2015), *An Age Friendly City: How Far Has London Come?*, London: King's College London.
UNICEF (2018), *Child Friendly Cities and Communities Handbook*, New York: UNICEF.
van den Berg, P., A. Kemperman, B. de Kleijn and A. Borgers (2016), 'Ageing and Loneliness: The Role of Mobility and the Built Environment', *Travel Behaviour and Society*, 5 (September): 48-55.
van Vliet, W. (1983), 'Children's Travel Behavior', *Ekistics*, 50 (298): 61-5.
Ward Thompson, C., P. Aspinall, J. Roe, L. Robertson and D. Miller (2016), 'Mitigating Stress and Supporting Health in Deprived Urban Communities: The Importance of Green Space and the Social Environment', *International Journal of Environmental Research and Public Health*, 13 (4): 440.
Waygood, E. O. D., M. Friman, L. E. Olsson and A. Taniguchi (2017), 'Transport and Child Well-Being: An Integrative Review', *Travel Behaviour and Society*, 9 (October): 32-49.
Westman, J., M. Johansson, L. E. Olsson, F. Mårtensson and M. Friman (2013), 'Children's Affective Experience of Every-Day Travel', *Journal of Transport Geography*, 29 (May): 95-102.
WHO (2007), *Global Age-Friendly Cities: A Guide*, Geneva: World Health Organization (WHO). Available online: https://www.who.int/ageing/publications/Global_age_friendly_cities_Guide_English.pdf (accessed 22 February 2020).
WHO (2011), *Global Recommendations on Physical Activity for Health*, Geneva: World Health Organization (WHO). Available online: https://www.who.int/dietphysicalactivity/pa/en/ (accessed 22 February 2020).
Won, J., A. J. Alfini, L. R. Weiss, C. S. Michelson, D. D. Callow, S. M. Ranadive, R. J. Gentili and J. C. Smith (2019), 'Semantic Memory Activation after Acute Exercise in Healthy Older Adults', *Journal of the International Neuropsychological Society*, 25 (6): 557-68.
Wood, L., L. D. Frank and B. Giles-Corti (2010), 'Sense of Community and Its Relationship with Walking and Neighborhood Design', *Social Science & Medicine*, 70 (9):

1381-90.

07 可玩城市

Ackermann, J., A. Rauscher and D. Stein, eds (2016), 'Introduction', in 'Playin' the City: Artistic and Scientific Approaches to Playful Urban Arts', special issue, *Navigationen*, 16 (1): 7-24.

Age UK (2018), 'How Care Homes and Nurseries Are Coming Together for Good', Age UK, 26 April. Available online: https://www.ageukmobility.co.uk/mobilitynews/article/intergenerational-care (accessed 20 February 2020).

Arup (2017), *Cities Alive: Designing for Urban Childhoods*, London: Arup Group. Available online: https://www.arup.com/perspectives/publications/research/section/cities-alive-designing-for-urban-childhoods (accessed 20 February 2020).

Baggini, J. (2014), 'Playable Cities: The City That Plays Together, Stays Together', *Guardian*, 4 September. Available online: https://www.theguardian.com/cities/2014/sep/04/playable-cities-the-city-that-plays-together-stays-together (accessed 20 February 2020).

Barnett, T. A., A. S. Kelly, D. R. Young, C. K. Perry, C. A. Pratt, N. M. Edwards, G. Rao and M. B. Vos (2018), 'Sedentary Behaviors in Today's Youth: Approaches to the Prevention and Management of Childhood Obesity: A Scientific Statement from the American Heart Association', *Circulation*, 138 (11): e142-e159.

Berk, L. E. (2013) *Child Development*, 9th edn, New Jersey: Pearson.

Brussoni, M., R. Gibbons, C. Gray, T. Ishikawa, E. B. H. Sandseter, A. Bienenstock, G. Chabot, P. Fuselli, S. Herrington, I. Janssen and W. Pickett (2015), 'What Is the Relationship between Risky Outdoor Play and Health in Children? A Systematic Review', *International Journal of Environmental Research and Public Health*, 12 (6): 6423-54.

Chawla, L. (2015), 'Benefits of Nature Contact for Children', *Journal of Planning Literature*, 30 (4): 433-52.

Cortinez-O'Ryan, A., A. Albagli, K. P. Sadarangani and N. Aguilar-Farias (2017), 'Reclaiming Streets for Outdoor Play: A Process and Impact Evaluation of "Juega en Tu Barrio" (Play in Your Neighborhood), an Intervention to Increase Physical Activity and Opportunities for Play', *PLOS One*, 12 (7): e0180172.

Csikszentmihalyi, M. (2008), *Flow: The Psychology of Optimal Experience*, New York: Harper Perennial Modern Classics.

D'Haese, S., D. Van Dyck, I. De Bourdeaudhuij, B. Deforche and G. Cardon (2015), 'Organizing "Play Streets" during School Vacations Can Increase Physical Activity and Decrease Sedentary Time in Children', *International Journal of Behavioral Nutrition and Physical Activity*, 12 (1): 14.

Donoff, G. and R. Bridgman (2017), 'The Playful City: Constructing a Typology for Urban Design Interventions', *International Journal of Play*, 6 (3): 294-307.

El-hage, T. (2011), 'Sébastien Foucan: Founder of Free Running', *Guardian*, 20 July. Available online: https://www.theguardian.com/lifeandstyle/2011/jul/20/sebastien-foucan-founder-free-running (accessed 20 February 2020).

Erikson, E. H. (1968), *Identity: Youth and Crisis*, New York: W. W. Norton. Fabian, C. (2016), 'Der Beitrag partizipativer Prozesse bei der Freiraumentwicklung für die Gesundheit von Kindern', *Umweltpsychologie*, 20 (2): 112-36.

Fearn, M. and J. Howard (2011), 'Play as a Resource for Children Facing Adversity: An

Exploration of Indicative Case Studies', *Children and Society*, 26 (6): 456-68.
Frost, J. L. (1988) 'Neuroscience, play and brain development'. Paper presented at: IPA/USA Triennial National Conference; Longmont, CO; 18-21 June. Available at: www. eric. ed. gov/ERICDocs/data/ericdocs2/content_ storage_01/0000000b/80/11/56/d6. pdf.
Gibson, J. J. (1979), *The Ecological Approach to Visual Perception*, Boston: Houghton Mifflin.
Gill, T. (2005), 'Let Our Children Roam Free', *Ecologist*, 35 (8). Available online: https://theecologist. org/2005/sep/23/let-our-children-roam-free (accessed 20 February 2020).
Gill, T. (2014), 'The Benefits of Children's Engagement with Nature: A Systematic Literature Review', *Children, Youth and Environments*, 24 (2): 10-34.
Ginsburg, K. R. (2007), 'The Importance of Play in Promoting Healthy Child Development and Maintaining Strong Parent-Child Bonds', *Paediatrics*, 119 (1): 182-91.
Graham, K. L. and G. M. Burghardt (2010), 'Current Perspectives on the Biological Study of Play: Signs of Progress', *Quarterly Review of Biology*, 85 (4): 393-418.
Gray, P. (2011), 'The Decline of Play and the Rise of Psychopathology in Children and Adolescents', *American Journal of Play*, 3 (4): 443-63.
Halblaub, M. M. and M. Knöll (2016), 'Stadtflucht: Learning about Healthy Places with a Location-Based Game', in J. Ackermann, A. Rauscher and D. Stein (eds), 'Playin' the City: Artistic and Scientific Approaches to Playful Urban Arts', special issue, *Navigationen*, 16 (1): 101-18.
Harris, M. A. (2018), 'Beat the Street: A Pilot Evaluation of a Community-Wide Gamification-Based Physical Activity Intervention', *Games for Health Journal*, 7 (3): 208-12.
Hart, R. (1978), *Children's Experience of Place*, New York: Irvington Publishers. Heft, H. (1988), 'Affordances of Children's Environments: A Functional Approach to Environmental Description', *Children's Environments Quarterly*, 5 (3): 29-37.
Huizinga, J. (1938), *Homo Ludens: A Study of the Play-Element in Culture*, New York: Angelico Press.
Hutchinson, S. L., C. M. Yarnal, J. Staffordson and D. L. Kerstetter (2008), 'Beyond Fun and Friendship: The Red Hat Society as a Coping Resource for Older Women', *Ageing and Society*, 28 (7): 979-99.
Jensen, S. A., J. N. Biesen and E. R. Graham (2017), 'A Meta-Analytic Review of Play Therapy with Emphasis on Outcome Measures', *Professional Psychology: Research and Practice*, 48 (5): 390-400.
Kashdan, T. B. and P. J. Silvia (2009), 'Curiosity and Interest: The Benefits of Thriving on Novelty and Challenge', in S. J. Lopez and C. R. Snyder (eds), *Oxford Handbook of Positive Psychology*, 367-74, Oxford: Oxford University Press.
Knöll, M. (2016), 'Bewertung von Aufenthaltsqualität durch Location-Based Games: Altersspezifische Anforderungen in der Studie "Stadtflucht" in Frankfurt am Main', in G. Marquardt (ed.), *MATI: Mensch-Architektur-Technik-Interaktion für demografische Nachhaltigkeit*, 266-77, Dresden: Fraunhofer IRB Verlag.
Knöll, M. and J. Roe (2016), 'Pokemon Go: A Tool to Help Urban Design Improve Mental Health?', Centre for Urban Design and Mental Health (July). Available online: https://www. urbandesignmentalhealth. com/blog/archives/07-2016 (accessed 20 February 2020).
Kyttä, M. (2006), 'Environmental Child-Friendliness in the Light of the Bullerby Model', in C. Spencer and M. Blades (eds), *Children and Their Environments: Learning, U-*

sing and Designing Spaces, 141-58, Cambridge: Cambridge University Press.
Lester, S. and W. Russell (2008), Play for a Change, Play Policy and Practice: A Review of Contemporary Perspectives, London: Play England.
Lester, S. and W. Russell (2010), Children's Right to Play: An Examination of the Importance of Play in the Lives of Children Worldwide, The Hague: Bernard van Leer Foundation.
Louv, R. (2008), Last Child in the Woods: Saving Our Children from Nature-Deficit Disorder, 2nd edn, Chapel Hill: Algonquin.
Magnuson, C. D. and L. A. Barnett (2013), 'The Playful Advantage: How Playfulness Enhances Coping with Stress', Leisure Sciences, 35 (2): 129-44.
Mahdjoubi, L. and B. Spencer (2015), 'Healthy Play for All Ages in Public Open Spaces', in H. Barton, S. Thompson, S. Burgess and M. Grant (eds), The Routledge Handbook of Planning for Health and Well-being, 136-49, London: Routledge.
Miller, M. H. (2019), 'Tyree Guyton Turned a Detroit Street into a Museum. Why Is He Taking It Down?', New York Times, 9 May. Available online: https://www.nytimes.com/2019/05/09/magazine/tyree-guyton-art-detroit.html?action=click and-module=Editors%20Picksandpgtype=Homepage (accessed 20 February 2020).
Moss, S. (2012), Natural Childhood, Swindon: National Trust.
Murray, J. and C. Devecchi (2016), 'The Hantown Street Play Project', International Journal of Play, 5 (2): 196-211.
Natural England (2010), Wild Adventure Space, Worcester: Natural England.
NEF (2011), Five Ways to Wellbeing: New Applications, New Ways of Thinking, London: New Economics Foundation (NEF).
Nijhof, S. L., C. H. Vinkers, S. M. van Geelen, S. N. Duijff, E. M. Achterberg, J. Van Der Net, R. C. Veltkamp, M. A. Grootenhuis, E. M. van de Putte, M. H. Hillegers and A. W. van der Brug (2018), 'Healthy Play, Better Coping: The Importance of Play for the Development of Children in Health and Disease', Neuroscience and Biobehavioral Reviews, 95 (December): 421-9.
O'Sullivan, F. (2016), 'The Problem with "Playable" Cities', City Lab, 7 November. Available online: https://www.citylab.com/design/2016/11/playable-cities projects-crosswalk-party/506528/ (accessed 20 February 2020).
Panksepp, J. (2007), 'Can PLAY Diminish ADHD and Facilitate the Construction of the Social Brain?', Journal of the Canadian Academy of Child and Adolescent Psychiatry, 16 (2): 57.
Pellis, S. M. and V. C. Pellis (2010), The Playful Brain: Venturing to the Limits of Neuroscience, London: Oneworld Publications.
Proyer, R. T. (2017), 'A Multidisciplinary Perspective on Adult Play and Playfulness', International Journal of Play, 6 (3): 241-3.
Roe, J. and A. Roe (2019), 'Urban Design for Adolescent Mental Health', in D. Bhugra (ed.), Urban Mental Health, Oxford: Oxford University Press, 189-203.
Roe, J. J. and P. A. Aspinall (2012), 'Adolescents' Daily Activities and the Restorative Niches That Support Them', International Journal of Environmental Research and Public Health, 9 (9): 3227-44.
Sakaki, M., A. Yagi and K. Murayama (2018), 'Curiosity in Old Age: A Possible Key to Achieving Adaptive Aging', Neuroscience & Biobehavioral Reviews, 88 (May): 106-16.
Shonkoff J. P. and D. A. Phillips, eds (2000), From Neurons to Neighborhoods: The Science of Early Childhood Development. Washington, DC: National Academy Press
Sicart, M. (2014), Play Matters, Boston: MIT Press.

Sicart, M. (2016), 'Play and the City', in J. Ackermann, A. Rauscher and D. Stein (eds), '*Playin' the City: Artistic and Scientific Approaches to Playful Urban Arts*', special issue, *Navigationen*, 16 (1): 25-40.

Stein, D. (2016), 'Playing the City: The Heidelberg Project in Detroit', in J. Ackermann, A. Rauscher and D. Stein (eds), 'Playin' the City: Artistic and Scientific Approaches to Playful Urban Arts', special issue, *Navigationen*, 16 (1): 53-70.

Sutton-Smith, B. (2008) 'Play Theory – A Personal Journey of New Thoughts', *Am. J. Play*, 1: 80-123

Tamis-LeMonda, C. S., J. D. Shannon, N. J. Cabrera and M. E. Lamb (2004), 'Fathers and Mothers at Play with Their 2- and 3-Year-Olds: Contributions to Language and Cognitive Development', *Child Development*, 75 (6): 1806-20.

Thomas, M. (2017), 'Public Art as Public Health', *Public Health Post*, 3 March. Available online: https://www.publichealthpost.org/research/public-art-as public-health/ (accessed 20 February 2020).

Umstattd-Meyer, M. R. U., C. N. Bridges, T. L. Schmid, A. A. Hecht and K. M. P. Porter (2019), 'Systematic Review of How Play Streets Impact Opportunities for Active Play, Physical Activity, Neighborhoods, and Communities', *BMC Public Health*, 19 (1): 335.

United, Generations and Eisner Foundation (2019), *The Best of Both Worlds: A Closer Look at Creating Spaces That Connect Young and Old*, Washington, DC: Generations United/Eisner Foundation. Available online: https://www.gu.org/app/uploads/2019/06/Intergenerational-Report-BestofBothWorlds.pdf (accessed 20 February 2020).

UN (1989), *Convention on the Rights of the Child*, New York: United Nations (UN).

UN (2013), *General Comment No. 17 (2013) on the Right of the Child to Rest, Leisure, Play, Recreational Activities, Cultural Life and the Arts* (Art. 31), CRC/C/GC/17, New York: UN Committee on the Rights of the Child. Available online: https://www.refworld.org/docid/51ef9bcc4.html (accessed 20 February 2020).

UN-Habitat (2013), 'Streets as Public Spaces and Drivers of Urban Prosperity', United Nations Human Settlements Programme, Nairobi: UN-Habitat.

United for All Ages (2019), *The Next Generation: How Intergenerational Interaction Improves Life Chances of Children and Young People*, Norfolk: United for All Ages.

Whitebread, D. (2017), 'Free Play and Children's Mental Health', *The Lancet Child and Adolescent Health*, 1 (3): 167-9.

World Health Organization (2010) Global Recommendations on Physical Activity for Health, https://www.who.int/publications/i/item/9789241599979 (accessed 15 January 2021).

Zieff, S. G., A. Chaudhuri and E. Musselman (2016), 'Creating Neighborhood Recreational Space for Youth and Children in the Urban Environment: Play (ing in the) Streets in San Francisco', *Children and Youth Services Review*, 70 (November): 95-101.

08 包容性城市

Aneshensel, C. S. and C. Sucoff (1996), 'The Neighborhood Context of Adolescent Mental Health', *Journal of Health and Social Behavior*, 37 (4): 293-310.

Amin, A. (2018), 'Collective Culture and Urban Public Space', *City*, 12(1): 5-24.

Arup (2019), *Cities Alive: Designing for Ageing Communities*, London: Arup.

Atkinson, R. and S. Blandy (2006), *Gated Communities: International Perspectives*, London: Routledge.

Bhalla, A. and S. Anand (2018), 'A City of Happy Captives: A Study of Perceived Liveability in Contemporary Urban Gurgaon, India', *Journal of Urban Design and Mental Health*, 4:8.

CABE (2010), *Urban Green Nation: Building the Evidence Base*, London: CABE.

Cantor-Graae, E. and J. P. Selten (2005), 'Schizophrenia and Migration: A Meta Analysis and Review', *American Journal of Psychiatry*, 162: 12-24.

Chamie, J. (2017), 'As Cities Grow, So Do the Numbers of Homeless', *Yale Global Online*, 13 July. Available online: https://yaleglobal.yale.edu/content/cities grow-so-do-numbers-homeless (accessed 4 June 2020).

Cheshire, J. (2012), 'Featured Graphic. Lives on the Line: Mapping Life Expectancy along the London Tube Network', *Environment and Planning A*, 44: 1525-28.

Clarkson, P. J., R. Coleman and S. Keates (2003), *Inclusive Design: Design for the Whole Population*, New York: Springer.

Davidson, J. and V. L. Henderson (2016), 'The Sensory City: Autism, Design and Care', in C. Bates, R. Imrie and K. Kullman, *Care and Design: Bodies, Buildings, Cities*, Chichester: Wiley, 74-94.

Dean, J., K. Silversides, J. Crampton and J. Wrigley (2015), *Evaluation of the York Dementia Friendly Communities Programme*, York: Joseph Rowntree Foundation.

de Fine Licht, K. P. (2017), 'Hostile Urban Architecture: A Critical Discussion of the Seemingly Offensive Art of Keeping People Away', *Nordic Journal of Applied Ethics*, 11 (2): 27-44.

Derr, V. and G. K. Ildikó (2017), 'How Participatory Processes Impact Children and Contribute to Planning: A Case Study of Neighborhood Design from Boulder, Colorado, USA', *Journal of Urbanism*, 10:1, 29-4.

Derr, V., L. Chawla, M. Mintzer, D. Cushing and W. Vliet (2013), 'A City for All Citizens: Integrating Children and Youth from Marginalized Populations into City Planning', *Buildings*, 3: 482-505.

Doumato, E. (2009), 'Obstacles to Equality for Saudi Women', in *The Kingdom of Saudi Arabia, 1979-2009: Evolution of a Pivotal State*, Washington, DC: The Middle East Institute, https://www.mei.edu/publications/obstacles-equality saudi-women (accessed 15 January 2021).

McGovern, P. (2014), 'Why Should Mental Health Have a Place in the Post-2015 Global Health Agenda?', *International Journal of Mental Health Systems*, 118 (1): 38.

Meyer, I. H. (2003), 'Prejudice, Social Stress, and Mental Health in Lesbian, Gay, and Bisexual Populations: Conceptual Issues and Research Evidence', *Psychological Bulletin*, 129: 674-97.

Mitchell, L. and E. Burton (2006), 'Neighbourhoods for Life: Designing DementiaFriendly Outdoor Environments', *Quality in Ageing and Older Adults*, 7(1): 26-33.

Modi, S. (2018), 'An Analysis of High-Rise Living in Terms of Provision of Appropriate Social Spaces for Children', *Journal of Urban Design and Mental Health*, 5: 4.

Mohdin, H. G. A. and C. Michael (2019), 'More Segregated Playgrounds Revealed: "We Just Play in the Car Park"', *The Guardian*, 30 March. Available online: https://www.theguardian.com/cities/2019/mar/30/we-just-play-in-the-carpark more-segregated-playgrounds-revealed (accessed 4 June 2020).

Munch, S. (2009), 'It's All in the Mix: Constructing Ethnic Segregation as a Social Problem in Germany', *Journal of Housing and the Built Environment*, 24: 441-55.

Musterd, S., S. Marcińczak, M. van Ham and T. Tammaru (2017), 'Socioeconomic

Segregation in European Capital Cities. Increasing Separation between Poor and Rich', *Urban Geography*, 38 (7): 1062–83.

Oliver, C., M. Blythe and J. Roe (2018), 'Negotiating Sameness and Difference in Geographies of Older Age', *Area*, 50 (4): 444–51.

Palis, H., K. Marchand and E. Oviedo-Joekes (2018), 'The Relationship between Sense of Community Belonging and Self-rated Mental Health among Canadians with Mental or Substance Use Disorders', *Journal of Mental Health*, 9 (2): 168–75.

Preiser, W. F. E. and E. Ostroff (2001), *Universal Design Handbook*, New York: McGraw-Hill.

Reiss, F. (2013), 'Socioeconomic Inequalities and Mental Health Problems in Children and Adolescents: A Systematic Review', *Social Science and Medicine*, 90: 24–31.

Rishbeth, C., F. Ganji and G. Vodicka (2018), 'Ethnographic Understandings of Ethnically Diverse Neighbourhoods to Inform Urban Design Practice', *Local Environment*, 23 (1): 36–53.

Roe, J. and A. Roe (2018), 'Restorative Environments and Subjective Wellbeing and Mobility Outcomes in Older People', in S. R. Nyman, A. Barker, T Haines, K. Horton, C. Musselwhite, G. Peeters, C. R. Victor and J. K. Wolff (eds), *The Palgrave Handbook of Ageing and Physical Activity Promotion*, Palgrave Macmillan, 485–506.

Santiago, C. D., M. E. Wadsworth and J. Stump (2011), 'Socioeconomic Status, Neighborhood Disadvantage, and Poverty-Related Stress: Prospective Effects on Psychological Syndromes among Diverse Low-Income Families', *Journal of Economic Psychology*, 32(2): 218–30.

Shaw, R. J., K. Atkin, L. Bécares, C. B. Albor, M. Stafford, K. E. Kiernan, J. Y. Nazroo, R. G. Wilkinson and K. E. Pickett (2012), 'Impact of Ethnic Density on Adult Mental Disorders: Narrative Review', *British Journal of Psychiatry*, 201 (1): 11–19.

Shiue, I. (2015), 'Neighborhood Epidemiological Monitoring and Adult Mental Health: European Quality of Life Survey, 2007–2012', *Environmental Science and Pollution Research*, 22 (8): 6095–103.

Snedker, K. A. (2015), 'Neighborhood Conditions and Fear of Crime: A Reconsideration of Sex Differences', *Crime and Delinquency*, 61(1): 45–70.

Tammaru, T., S. Musterd, M. van Ham and S. Marcińczak (2016), 'A Multi-factor Approach to Understanding Socio-Economic Segregation in European Capital Cities', in T. Tammaru, S. Marcińczak, M. van Ham and S. Musterd (eds), *Socioeconomic Segregation in European Capital Cities. East Meets West*, London: Routledge, 1–29.

Tunstall, H. V. Z., M. Shaw and D. Dorling (2004), 'Places and Health', *Journal of Epidemiology and Community Health*, 58: 6–10.

United Nations (2016), *Good Practices of Accessible Urban Development*. ST/ESA/364.

Van Bekkum, J., J. M. Williams and P. G. Morris (2011), 'Cycle Commuting and Perceptions of Barriers: Stages of Change, Gender and Occupation', *Health Education*, 111 (6): 476–97.

Verma, R. (2018). 'It Was Standard to See Signs Saying, "No Blacks, No Dogs, No Irish"', *Each Other*. Available online: https://eachother.org.uk/racism-1960-sbritain/ (accessed 13 December 2019).

Wright, N. and T. Stickley (2013), 'Concepts of Social Inclusion, Exclusion and Mental Health: A Review of the International Literature', *Journal of Psychiatric and Mental Health Nursing*, 20: 71–81.

Wu, D. and Z. Wu (2012), 'Crime, Inequality and Unemployment in England and

Wales', *Applied Economics*, 44: 3765-75.
Yang, Y. and A. V. Diez-Roux (2012), 'Walking Distance by Trip Purpose and Population Subgroups', *American Journal of Preventative Medicine*, 43(1): 11-19.
Yeh, J. C., J. Walsh, C. Spensley and M. Wallhagen (2016), 'Building Inclusion: Toward an Aging- and Disability-Friendly City', *American Journal of Public Health*, 106: 1947-49.

09 恢复性城市

100 Resilient Cities (2020), 'What Is Urban Resilience?' Available online: https://www.100resilientcities.org/resources/ (accessed 14 March 2020).
OECD (2014), 'Focus on Mental Health: Making Mental Health Count', *OECD*.
Available online: https://www.oecd.org/els/health-systems/Focus-on-Health-Making-Mental-Health-Count.pdf (accessed 4 June 2020).
Pallasmaa, J. (2005), *The Eyes of the Skin. Architecture and the Senses*, New York: John Wiley.
WHO (2012), *Risks to Mental Health: An Overview of Vulnerabilities and Risk Factors*, Background paper by WHO Secretariat for the Development of a Comprehensive Mental Health Action Plan. Available online: https://www.who.int/mental_health/mhgap/risks_to_mental_health_EN_27_08_12.pdf (accessed 4 June 2020).

索 引

A

Abram, David 65	大卫·亚伯兰
accessibility	可达性
active cities 123	活力城市
blue cities and water settings 50-1, 53-4	蓝色城市和水环境
to green space 12, 17, 31, 38, 121	到绿化空间
and inclusive cities 160-1, 164, 179	与包容性城市
physical accessibility 173-4	物理可达性
to restorative soundscapes 76-7	到恢复性声景
active cities 113-33, 195	活力城市
accessibility 123	可达性
active living 114	活力生活
active travel 114, 119-20, 125-7	活力出行
all-age active cities, urban design characteristics 125	全龄活力城市,城市设计特征
Barcelona (Spain) 127-9	巴塞罗那(西班牙)
brain health 114	大脑健康
characteristics and features 114-15	特征
city scale 130-2	城市尺度
cognitive function 114	认知功能
dementia, reduction of 120	缓解痴呆
design approaches 122-7	设计方法
design principles and guidelines 129-33	设计原则和导则
examples of 127-9	案例

271

exercise and sleep 117	运动和睡眠
impact on mental health 117, 118–21	对心理健康的影响
improvements in children's and young people's mental wellbeing 119–20	改善儿童和青少年的心理健康与福祉
key concepts 114	关键概念
mixed land use 114, 123–4, 130	土地混合利用
modifiers of impact 122	影响因素
mood and physical activity 117	情绪和体育活动
multi-modal street design 114, 121	多模式街道设计
neighbourhood scale 130–2	社区尺度
neurobiological mechanism hypothesis 116–17	神经生物学机制假说
parks and street trees 124–5	公园和行道树
place aesthetics 126	场所美学
policy and promotion 132	政策与推广
and positive mental health/wellbeing 116–17	积极的心理健康/福祉
reducing depression, anxiety and stress 119	缓解抑郁、焦虑和压力
residential density 122–4	居住密度
safe routes 123	安全路线
social wellbeing improvements 121	改善社会幸福感
space syntax 127	空间句法
spatial cognition and wayfinding 120	空间认知和路线识别
street connectivity 114, 122, 123, 127	街道连接度
addiction 51	成瘾
adolescents. *See* children and young people	青少年.见儿童和年轻人
affective atmosphere 75	情感气氛
air quality 8, 9, 21, 99, 164, 166–7	空气质量
allotments 81	分配
ambience 64, 67, 75, 194	氛围
Antonovsky, Aaron 8	艾伦·安东诺夫斯基
anxiety 4, 5, 6, 17, 25, 27, 33, 91, 96, 195	焦虑/焦虑症
reduction of, in active cities 119	缓解焦虑,在活力城市中
and sensations 67	与感觉/感官体验
and touch 72–3	与触觉
attention deficit hyperactivity disorder (ADHD) 6, 17, 26, 119, 143, 194	注意力缺陷多动障碍
attention restoration theory (ART) 10–11, 20, 44, 66, 79	注意力恢复理论

Australia 32, 97-8 | 澳大利亚
Austria | 奥地利
    Vienna, gender inclusiveness 185-6 | 维也纳,性别包容
autism spectrum disorder (ASD) 6,26-7,174,180-1 | 自闭症谱系障碍

B

Barcelona (Spain) 53, 127-9 | 巴斯罗那(西班牙)
Beijing (China) 1 | 北京(中国)
belongingness 67,68,73-4,75,77,85,91,96,98, 161,177,181 | 归属感
    belonging-in-place 90 | 地方归属感
    and smell 78 | 与嗅觉/气味
    and taste 80-1, 195 | 与味觉
Berlin (Germany) 30 | 柏林(德国)
    Das Netz (The Net) 153, 154 | "网绳"
biochemical mechanisms 20 | 生化机制
biodiversity 17, 33, 47 | 生物多样性
biophilia hypothesis 20 | 亲生命性假说
Biophilic Cities network 20 | 亲生命性城市网络
bipolar disorder 6, 74 | 双相情感障碍
birdsong 24, 69 | 鸟鸣
black and minority ethnic people (BME) 29,53-4,74,91,175 | 黑人和少数群体/民族
    ethnic density hypothesis 170-1 | 种族密度假说
    self-segregation notion 167 | 自我隔离的概念
#BlackLivesMatter movement 161 | 黑人的命也是命运动
blue cities and water settings 41-61, 194 | 蓝色城市和水环境
    accessibility 50-1, 53-4 | 可达性
    Blue Active Tool 53 | 蓝色活动工具
    blue care interventions 41, 42, 46, 51 | 蓝色护理干预措施
    Bradford (UK) 54-5 | 布拉德福德(英国)
    canals and inland waterways 49, 50-1, 194 | 运河和内陆河道
    characteristics and features 42-3 | 特征
    children and young people 45 | 儿童和年轻人
    city scale 60-1 | 城市尺度

coasts/coastal cities 46, 48, 49, 50, 54	沿海地区/沿海城市
compared with green space 43	与绿化空间相比
depression and mood improvement 47–8, 51	缓解抑郁和改善情绪
design approaches 50–4	设计方法
design principles and guidelines 59–61	设计原则和导则
examples of 54–9	案例
fountains 14, 35–6, 42–3, 50, 52, 55–6, 60, 69, 147, 151, 194	喷泉
freshwater blue space 46	淡水蓝色空间
heat island effect 42	热岛效应
heat stress and mental health 51–2	热应激和心理健康
inclusive environments 53–4	包容性环境
key concepts 42	关键概念
life span experiential variations 45	人生阶段的体验变化
mental health, impact on 46–9	对心理健康的影响
Middelfart, Denmark 56–7	米泽尔法特,丹麦
modifiers of impact 49	影响因素
multisensory experiences 43, 47	多感官体验
neighbourhood scale 59, 60	社区尺度
older people 46, 47–8	老年人
physical activities 43, 45, 51, 53	体育活动
physical contact with water 45	水与身体的直接接触
relationship with mental health, theory of 43–6	与心理健康的关系,理论的
rivers 35–6, 42, 50–1, 53, 58–9, 194	河流
safety fears 45	安全担忧
Seoul (South Korea) 58–9	首尔(韩国)
Sheffield (UK) 55–6	谢菲尔德(英国)
social health, support for 49	社会健康,支持
stress reduction 48	减轻压力
sustainability and economic drivers of development 53	可持续发展和经济驱动力
therapeutic blue space design 51	治愈性蓝色空间设计
unhealthy aspects 49	不健康的方面
urban blue space 42–3	城市蓝色空间
water contact, type of 44–5	与水的接触,类型
water cure facilities 42	水疗设施

water misters 52, 198	喷雾/喷雾器
water quality 49	水质
water sensitive urban design (WSUD) 42	水敏感城市设计
Bogotá (Colombia) 146	波哥大(哥伦比亚)
Boulder (US), Growing Up Boulder initiative 182-3	博尔德(美国),成长的博尔德计划
Bradford (UK) 54-5, 151	布拉德福德(英国)
brain activity. See cognitive function	大脑活动.见认知功能
Brazil 151	巴西
bumping places 74, 81, 86, 89, 94, 101, 102, 105, 109, 195, 198	碰撞场所/碰撞交流场所

C

Canada 67-8	加拿大
carers 174, 175	护理人员
Chicago (US), Cloud Gate 138, 147-8	芝加哥(美国),"云门"
children and young people 17, 29, 82, 166, 172, 195	儿童和年轻人
adverse childhood experiences and play 143	不幸的童年经历和游戏
attention deficit hyperactivity disorder (ADHD) 6, 17, 26, 119, 143, 194	注意力缺陷多动障碍
behavioural problems 26, 175	行为问题
child-friendly city initiative (UNICEF) 125, 136	儿童友好城市倡议
child-friendly urban design 136	儿童友好城市设计
cognitive function 27-8, 119	认知功能
community engagement for 182-3	社区参与
Declaration of the Rights of the Child (UN) 140	《儿童权利宣言》(联合国)
free play 144, 148	自由玩耍
green cities and space, benefits of 23	绿色城市和空间,益处
intergenerational play 152-4	代际游戏
loneliness 97	孤独
mental wellbeing improvements in active cities 119-20	活力城市对心理福祉的促进
multi-generational living 100-1, 107	代际生活/多代人共同生活
and nature 17, 148	与自然
noise and sound, effects of 69	噪音和声音,影响
play, importance for adolescents 140	游戏,对青少年的重要性

social cohesion 29	社会凝聚力
social/emotional development and play 140	社交/情感发展和游戏
socialization needs 174–5	社会化需要
water experiences 45, 48	与水接触的体验
China 2, 96	中国
Chongquing 52	重庆
Shanghai 52	上海
churches and spiritual places 77, 102, 109, 198	教堂和精神场所
church bells 69	教堂钟声
city typologies. See active cities; blue cities and water settings; green cities and space; inclusive cities/inclusion; neighbourly cities; playable cities; restorative urbanism/cities; sensory cities	城市类型. 见活力城市;蓝色城市和水环境;绿色城市和空间;包容性城市;睦邻城市;可玩城市;恢复性城市主义/城市;感官城市
garden cities 2, 18	田园城市
regenerative cities 10	再生城市
resilient cities 10, 34, 42, 192–3	韧性城市
vertical cities 2, 3	垂直城市
climate 33, 46, 194, 198–9	气候
coasts. See water settings	海岸. 见水环境
cognitive function 17, 20, 26, 45, 51, 64, 65, 91, 96, 113, 114, 120, 141, 152, 194	认知功能
children and young people 27–8, 119	儿童和年轻人
cognitive overload 124–5	认知过载
electroencephalograms (EEG) 27	脑电图
green cities, effects on brain	绿色城市,对大脑活动的影响
magnetic resonance imaging (MRI) 27	磁共振成像
memory 27, 45, 64, 69, 91, 116–17, 119, 120, 152, 176, 194	记忆力
neurobiological mechanism hypothesis 116–17	神经生物学机制假说
noise and sound, effects of 69–70	噪音和声音,影响
and physical accessibility 174	与物理可达性
and playful cities 142	与可玩城市
Colombia 146	哥伦比亚
colour geography and planning 70–1, 84–5, 194	色彩地理学与规划
community engagement 105–6, 200–1	社区参与
for inclusive planning and design 181–2	包容性规划和设计

for young people 182-3 年轻人
consequential strangers 11-12 重要的陌生人
conviviality 90, 102, 177 共愉/共愉性
Covid-19 1, 9, 31, 32, 80, 123, 153, 193, 199 新冠肺炎/新冠疫情
crime 94, 164, 169, 171, 176, 187 犯罪
Crime Prevention Through Environmental Design (CPTED) 79-80 环境设计预防犯罪理论
culture 29, 29-30, 74, 81, 122, 143, 167 文化
 cultural competency and negotiating use of space 175-6 文化权限和空间协商使用
cycling 36, 53, 80, 86, 115, 119, 122, 123, 126, 130-1, 199 骑行/骑自行车
 Cycling without Age movement 184 "骑行不分年龄"运动
 and women 162 与女性

D

Darmstaft (Germany) 127 达姆施塔特(德国)
dementia 5, 6, 17, 28, 53, 70, 72, 74, 79, 82, 142, 175, 180, 195 痴呆/痴呆症
 and active cities 120 与活力城市
 Frankfurt, *Stadtflucht* (Urban Flight) 149, 154-5 法兰克福,"城市飞行"游戏
 and neighbourly cities 96 与睦邻城市
 York (UK): a dementia friendly city 183-4 约克(英国):痴呆症友好城市
demography 29 人口统计
Denmark 23, 24-5 丹麦
 Middelfart 56-7, 57 米泽尔法特
density, residential density 122-4 密度,居住密度
depression 1, 4, 5-6, 8, 17, 22, 33, 91, 114, 195 抑郁/抑郁症
 blue cities and water settings, effects of 47-8, 51 蓝色城市和水环境,影响
 green cities and space, effects of 23-4 绿色城市和空间,影响
 neighbourly cities and reduction of depression 96 睦邻城市和缓解抑郁
 and noise 69 与噪音
 and obesity 73-4 与肥胖/肥胖症
 reduction of, in active cities 119 缓解,在活力城市
 reduction of, in playable cities 141, 142 缓解,在可玩城市

and sense of smell 72	与嗅觉
sight, and the reduction of depression 70–1	视觉,和缓解抑郁
and touch 72–3	与触觉
Derry/Londonderry(Northern Ireland, UK) 82–3	德里/伦敦德里(北爱尔兰,英国)
design principles and guidelines	设计原则和导则
active cities 129–33	活力城市
blue cities and water settings 59–61	蓝色城市和水环境
green cities and space 37–9	绿色城市和空间
inclusive cities 186–7	包容性城市
neighbourly cities 108–11	睦邻城市
playable cities 155–6	可玩城市
sensory cities 85–8	感官城市
Detroit (US), Heidelberg Project 149, 150	底特律(美国),海德堡项目
Deventer (Netherlands) 107	代芬特尔(荷兰)
disability-adjusted life years (DALYS) 53	残疾调整生命年
disease 8–9, 18, 21, 25, 49, 53, 73, 114, 144, 201, 202	疾病
dose-response relationship 18, 23–4, 26, 34	量效关系

E

Ebbsfleet (UK) 2	艾贝斯费特(英国)
ecological momentary assessments (EMAs) 24	生态瞬时评估
education 8, 12, 27, 82, 119–20, 171, 192	教育
electroencephalogram (EEG) 27	脑电图
employment 164, 167, 171, 173, 179, 192, 193	就业
Epidauros (Greece) 51	埃皮达罗斯(希腊)
equigenesis 12	平等源
ethnic density hypothesis 170–1	种族密度假说
ethnic enclaves 91	民族飞地
evidence-based practice (EBP) 14	循证实践
evidence-informed practice (EIP) 14, 41	知证实践
evolutionary psychology 65	进化心理学
exclusion. See inclusive cities	排斥. 见包容性城市
exercise and physical activity 20, 199	运动和体育活动
in blue space 43, 45, 51, 53	在蓝色空间

green exercise 8, 34, 117, 119 (see also active cities)	绿色运动
Exeter (UK) 34	埃克塞特(英国)

F

families 90, 91, 94, 97, 108, 121, 146, 152, 166, 167, 178, 192, 193	家庭
Finland 178	芬兰
flourishing 5–7	心盛
fomites 80, 153	污染物
food/foodscapes 63, 73–4, 80–1, 86	食物/食物环境
forest bathing (*shinrin yoku*) 25, 82	森林浴
Foucan, Sébastien 150	塞巴斯蒂安·弗坎
fountains. *See* blue cities and water settings	喷泉.见蓝色城市和水环境
Frankfurt (Germany), Stadtflucht (Urban Flight) 149, 154–5	法兰克福(德国),"城市飞行"游戏
Fullilove, Mindy, *Root Shock* 166, 170	明迪·富利洛夫,《根源性冲击》

G

garden cities 2, 18	田园城市
gardens 9, 17, 29, 73, 74, 109, 121, 194, 195	花园
sensory gardens 82, 86	感官花园
Geddes, Patrick 18	帕特里克·格迪斯
Gehl, Jan 2, 66, 79	扬·盖尔
gender aspects 122, 160	性别方面
gender inclusiveness 185–6	性别包容
gender segregation 175	性别隔离
women and cycling 162	女性和骑行
gentrification 30, 50, 53, 129, 169–70, 171, 177	绅士化
Germany 149	德国
Berlin 30, 153, 154	柏林
Darmstaft 127	达姆施塔特
Frankfurt, *Stadtflucht* (Urban Flight) 149, 154–5	法兰克福,"城市飞行"游戏
Glass, Ruth 170	露丝·格拉斯

graffiti 80	涂鸦
Granada (Spain) 52	格拉纳达(西班牙)
Greece 51	希腊
green cities and space 7, 8, 17–39, 124–6, 193–4, 198	绿色城市和空间
accessibility 12, 17, 31, 38, 121	可达性
amount of space 31	空间数量
biodiversity quality 33	生物多样性质量
brain activity, effects on 27–8	大脑活动,影响
characteristics and features 18	特征
children, effects on 23	儿童,影响
city scale 37, 39	城市规模
climate and seasonability 33	气候和季节性
compared with blue space 43	与蓝色空间相比
cultural aspects 29–30	文化方面
demographic and socioeconomic factors 29	人口和社会经济因素
depression 23–4	抑郁/抑郁症
design approaches 31–3	设计方法
design principles and guidelines 37–9	设计原则和导则
examples of 34–7	案例
gardens 9, 17, 29	花园
green prescribing 33–4	绿色处方
green walls 17	墙面绿化
health equity 30	健康公平
key concepts 17–18	关键概念
mental health, impact on 21–2	心理健康,影响
modifiers of impact 29–30	影响因素
mood and emotional regulation 23–4	心情和情绪调节
Moscow (Russia) 35–7	莫斯科(俄罗斯)
neighbourhood scale 37–8	社区规模
Paris (France) 34–5	巴黎(法国)
quality perceptions 32–3	质量感知
relationship with mental health, theory of 19–21	与心理健康的关系,理论
schizophrenia/psychotic disorders, mitigation of 25–7	精神分裂症/精神病,缓解
and social cohesion 28–9	与社会凝聚力

stress disorders, reduction of 24-5	应激障碍,缓解
time spent 33	时间花费
types of space 31-2	空间类型
urban green space 17	城市绿化空间
views 32	视觉
grey (built-up) space 27	灰色(建成)空间
Guyton, Tyree 150	泰里·盖顿

H

Happy City's Happy Home Toolkit 101	幸福城市的幸福之家工具包
heat stress 21, 27, 34, 42, 45-7, 103, 194	热应激
and mental health 51-2	与心理健康
homelessness 53, 97-8, 192, 199	无家可归
anti-homeless spikes 98, 170	反无家可归的尖刺
homeless person-inclusive design 181	对无家可归者的包容性设计
and housing affordability/availability 98-9	住房可负担性/可用性
and urban design 178	与城市设计
Hong Kong 2, 47-8, 103	香港
sitting out area concept 104	户外休憩处概念
housing 12, 54, 89, 98-101, 178, 193, 200-1	住房
adequacy and quality 99	适用性和质量
availability/affordability 98-9	可用性/可负担性
cohousing/cooperative housing 100-1, 107-8	共同居住/合作住房
design for social opportunity 101	促进社交机会的设计
high-rise living 101, 124	高层住宅生活
homeless person-inclusive design 181	对无家可归者的包容性设计
location 99-100	位置
mixed-income, mixed-age residential development 181	混合收入、混合年龄的住宅开发
multi-generational living 100-1, 107	代际生活/多代人共同生活
privacy 101	隐私
social housing 99, 100, 129, 185-6	社会住房
stigma 100	耻辱/耻辱感/污名化
Howard, Ebenezer 2, 18	埃比尼泽·霍华德

I

Illinois University 26 伊利诺伊大学
inclusive cities/inclusion 53-4, 94, 159-89, 196 包容性城市/包容性
    accessibility 160-1, 164 可达性
    age-friendly urban design 172 老年友好型城市设计
    age-segregated environments 171 年龄隔离环境
    characteristics and features 160-3 特征
    city scale 187, 189 城市尺度
    comfort for all 180-1 全民舒适
    community engagement for inclusive planning and design 181-2 社区参与包容性规划和设计
    cultural competency and negotiating use of space 175-6 文化权限和空间协商使用
    defensive or hostile architecture 170 防御性或敌对性建筑
    design approaches 177-82 设计方法
    design for the baseline 172-3 基准设计
    design principles and guidelines 186-9 设计原则和导则
    different needs for infrastructure and facilities 173-6 对基础设施的不同需求
    ethnic density hypothesis 170-1 种族密度假说
    examples of 182-6 案例
    exposure to inferior settings 164 接触不良环境
    gaybourhoods 171 同性恋社区
    gender mainstreaming 160 性别主流化
    geographical exclusion 164, 166-7 地理排斥
    Growing Up Boulder 182-3 成长的博尔德
    impact on mental health 164-76 对心理健康的影响
    key concepts 160 关键概念
    mental health and positive impacts of segregation 170-1 隔离对心理健康的积极影响
    minority stress theory 160, 164 少数群体压力理论
    mixed-income, mixed-age residential development 181 混合收入、混合年龄的住宅开发
    modifiers of impact 175-6 影响因素
    movement and use of the city, patterns of 172-3 城市移动和使用,模式

neighbourhood scale 186-7 社区规模
neighbourhood spatial segregation, rise of 166-7 社区空间隔离,兴起
perceptive and cognitive differences 174 感知和认知差异
physical accessibility 173-4 物理可达性
physical segregation in shared residential areas 169 共享居住区的物理隔离
psychological segregation in shared residential areas 169-70 共享居住区的心理隔离
psychosocial characteristics and needs 174-5 社会心理特征和需求
residential/spatial location 160 居住/空间位置
safety 176, 177, 180 安全/安全性
segregation 159, 160, 161, 165-71 隔离
shared spaces and segregation 167-70 共享空间与隔离
spatial segregation 165-6, 177-8 空间隔离
stigma of exclusion 164 排斥产生的耻辱
theory of relationship with mental health 163-4 与心理健康相关的理论
transit for all 179 全民交通
universal/inclusive design 160, 161, 178-81 通用/包容性设计
Vienna (Austria) and gender inclusiveness 185-6 维也纳(奥地利)与性别包容
visibility of minorities 181 少数群体可见性
walkability for all 179 全民宜步行
York (UK): a dementia friendly city 183-4 约克(英国):痴呆症友好城市

intergenerational aspects 代际方面
    housing 100-1, 107 住宅
    intergenerational longevity 94 代际持续性
    play 152-4 游戏
investment 89, 94 投资
Iran 29 伊朗
Ireland 48 爱尔兰
isolation 1, 7, 89, 90, 91, 93, 161, 175 孤立
Italy 意大利
    Milan 199 米兰
    Rome 136 罗马
    Turin 71, 84-5 都灵

J

Japan 25, 33, 65, 78, 168 日本

machizukuri 106	社区营造
Tokyo 83-4, 83, 99-100	东京
Joseph Rowntree Foundation 183-4	约瑟夫·朗特里基金会

K

Kail, Eva 185	伊娃·凯尔
Kaplan, Rachel 10-11, 20	瑞秋·卡普兰
Kaplan, Stephen 10-11, 20	史蒂芬·卡普兰
Kapoor, Anish 147	阿尼什·卡普尔
Keyes, Corey L. M. 5-6	科里·L. M. 凯斯

L

land use 102, 123-4, 130, 195	土地利用
Le Corbusier 2	勒·柯布西耶
libraries 94, 102, 103, 109, 179	图书馆
life expectancy 73, 167	预期寿命
lighting 20, 70, 79-80, 83, 86, 162, 174, 180	照明
blue light 83-4	蓝光
litter 49, 94	垃圾
live-work space 114	住职空间
London (UK) 18, 34, 54, 136, 151, 167, 170, 199	伦敦(英国)
loneliness 1,7,12,28,89,90,91,93,96,97,121,175	孤独
Los Angeles (US) 53	洛杉矶(美国)
Lourdes (France) 51	卢尔德(法国)
low-and middle-income countries 14, 30, 122, 160	中低收入国家

M

magnetic resonance imaging (MRI) 27	磁共振成像
markets 74, 80, 81, 86, 103, 104, 198	市场
marriage 100	婚姻
Melbourne (Australia) 97-8	墨尔本(澳大利亚)
mental health and illness 1	心理健康和疾病
blue space, impact on mental health 46-9	蓝色空间,对心理健康的影响

costs of mental illness 191-2	心理疾病成本
definition of 5-7	定义
design for mental health and wellbeing 191-2	促进心理健康和福祉的设计
and green prescribing 33-4	与绿色处方
green space, impact on mental health 21-2	绿色空间,对心理健康的影响
and heat stress 51-2	与热应激
impact of physical activity 117, 118-21	体育活动的影响
inclusive cities, impact of 164-76	包容性城市,影响
life expectancy 73	预期寿命
nature, benefits of 19, 20, 24	自然,益处
neighbourly cities, impact on mental health 95-7	睦邻城市,对心理健康的影响
playable cities, benefits of 139-41	可玩城市,益处
playable cities, impact of 141-3	可玩城市,益处
relationship with inclusive cities 161-4	与包容性城市的关系
sensory cities, impact of 64-5	感官城市,影响
sensory cities, relationship with 65-8	感官城市,关系
systems approach to 8-9	系统方法
theory of relationship with active cities 116-7	与活力城市关系的理论
theory of relationship with blue space 43-6	与蓝色城市关系的理论
theory of relationship with neighbourly cities 92-4	与睦邻城市关系的理论
theory of relationship with urban green space 19-21	与城市绿化空间关系的理论
urban paradigm for 4-5	城市范式
Middelfart (Denmark) 56-7	米泽尔法特(丹麦)
migration 91, 97, 167	移民
Milan (Italy) 199	米兰(意大利)
minority stress theory 160, 164	少数群体压力理论
monotony 70, 73, 76, 79, 194	单调
Montreal (Canada) 67-8	蒙特利尔(加拿大)
mood and emotional regulation 23-4, 48	心情和情绪调节
noise and sound, effect of 69-70	噪音和声音,影响
and physical activity 117	与体育活动
sight, effects of 70-1	视觉,影响
smell, effects of 71-2	嗅觉,影响
Moore, Patricia 161	特里夏·摩尔
Moscow (Russia) 35-7	莫斯科(俄罗斯)
multi-generational living 100-1, 107	代际生活/多代人共同生活

multisensory experiences 43, 47	多感官体验
murals 80, 200	壁画
museums 11, 73	博物馆

N

National Trust 144	国民信托
nature 2, 4, 7, 10-11, 17, 18, 79, 94, 194, 196	自然/大自然
benefits for mental health 19, 20, 24	对心理健康的益处
birdsong 69	鸟鸣
brain activity, effects on 27-8	大脑活动, 影响
and children 17, 148	与儿童
incidental nature exposure 18	偶发接触自然
intentional nature exposure 18	有意接触自然
nature deficit disorder 148	自然缺失症
nature immersion 81-2	沉浸与自然
and sensations 66-7	与感官/感官体验
and stress disorders 24-5	与应激障碍
views 32	视觉
neighbourly cities 89-111, 195	睦邻城市
age 97	年龄
anxiety reduction 96	缓解焦虑
bumping places 74, 81, 86, 89, 101, 102, 105, 109, 195, 198	碰撞场所/碰撞交流场所
characteristics and features 90-2	特征
city scale 109-10, 111	城市尺度
community 90	社区
conviviality 90, 102	共愉/共愉性
dementia symptoms 96	痴呆症症状
depression, reduction of 96	抑郁, 缓解
design approaches 98-107	设计方法
design principles and guidelines 108-11	设计原则和导则
Deventer (Netherlands) 107	代芬特尔(荷兰)
examples of 107-8	案例
homelessness 97-8	无家可归
housing 98-101	住房

key concepts 90	关键概念
loneliness 90, 91, 93, 96, 97	孤独
machizukuri (Japan) 106	社区营造(日本)
mental health, impact on 95-7	心理健康,影响
migration 91, 97	移民
modifiers of impact 97-8	影响因素
neighbourhood scale 109, 110	社区尺度
neighbourliness 90, 94, 98-9	睦邻友好/睦邻
participatory settings in the neighbourhood 105-6	社区内的参与式环境
pets 105, 109	宠物
protection against psychosis 96	预防精神病
relationship with mental health, theory of 92-4	与心理健康的关系,理论
shared services 103	共享服务
social capital 90, 92-3, 96, 98, 106	社会资本
social cohesion 90, 92, 96, 98, 99, 106	社会凝聚力
social isolation 90, 91, 93, 97	社会孤立
social overload 92	社交过载
social support 90-2	社会支持
stewardship of meeting places 103	社交场所维护
and suicide 97	与自杀
third spaces 103-4, 109	第三空间
transit design 106-7	交通设计
wider neighbourhood social settings 102-4	更大社区的社交环境
Zurich (Switzerland) 107-8	苏黎世(瑞士)
Netherlands 23-4, 28	荷兰
Deventer 107	代芬特尔
neurobiological mechanism hypothesis 116-17	神经生物学机制假说
New York City (US) 18, 30, 79, 136, 175	纽约(美国)
NIMBYism 106	邻避主义
noise and sound 63, 64, 66, 67, 174, 194	噪音和声音
effects on mood, stress and cognitive function 69-70	对情绪、压力和认知功能的影响
noise management 77	噪音管理
salutogenic soundscapes 64, 77, 85-6	有益健康的声景
sleep disruption 67-8	影响睡眠
unwanted noise reduction and access to restorative soundscapes 76-7	有害噪音减少和恢复性声景获取

O

obesity 73-4, 114, 149 肥胖/肥胖症
older people 17, 20, 28, 29, 32, 45, 82, 96, 121, 142, 172, 175 老年人
    age-segregated environments 171 年龄隔离环境
    and exercise 115, 120 与运动
    housing 99-100 住房
    intergenerational play 152-4 代际游戏
    loneliness 97, 175 孤独
    multi-generational living 100-1, 107 代际生活/多代人共同生活
    noise and sound, effects of 69 噪音和声音，影响
    urban environment experiences 161 城市环境体验
    and water settings 46, 47-8 与水环境
Organisation for Economic Cooperation and Development (OECD) 191-2 经济合作与发展组织

P

Pallasmaa, Juhani 64 尤哈尼·帕拉斯玛
Paris (France) 30, 199 巴黎(法国)
    Isles of Coolness 34, 35 清凉岛
parkour 36, 137, 138, 150-1, 196, 200 跑酷
parks 7, 9, 17, 18, 27-8, 29, 30, 33, 77, 89, 104, 121, 130, 194 公园
    biodiversity 33 生物多样性
    Moscow (Russia) 35-7 莫斯科(俄罗斯)
    Paris (France) 34, 35 巴黎(法国)
    redesign of, for female use 186 重新设计，女性使用
    and restorative design 196-7 与恢复性设计
people with disabilities 51, 53, 160, 161, 172, 175 残疾人
    physical accessibility needs 173-4, 179 物理可达性需求
    and street design 180 与街道设计
perception 64-5 感知
pets 105, 109 宠物

Philadelphia (US) 32	费城(美国)
physical activities. *See* active cities	物理可达性. 见活力城市
physiological biomarkers 25	生理生物标志物
place attachment/identity 28-9, 71, 74	地方依恋/认同
playable cities 135-8, 195-6, 200	可玩城市
adult play 136-7, 137, 140	成年人的游戏
adverse childhood experiences, risk reduction 143	不幸的童年经历,降低风险
appropriative play 136, 144, 149, 150-1	适用的游戏
Beat the Street 149	"走在起跑点"竞赛
benefits for mental and physical health 139-41	对心理和身体健康的益处
Berlin (Germany) Das Netz (TheNet) 153-4	柏林(德国)的"网绳"
brain function improvement 142	改善大脑功能
characteristics and features 136-8	特征
city scale 156, 158	城市规模
curiosity and novelty seeking 141, 154	好奇和求新
depression and stress reduction 141-2	缓解抑郁和压力
design approaches 143-53	设计方法
design principles and guidelines 155-8	设计原则和导则
digital play 144, 148-9, 156, 198	数字游戏
examples of 153-5	案例
flow 137	心流
Frankfurt (Germany) *Stadtflucht* (Urban Flight) 149, 154-5	法兰克福(德国)"城市飞行"游戏
free play 144, 148	自由玩耍
future developments 152	未来发展
Heidelberg Project, Detroit (US) 149, 150	海德堡项目,底特律(美国)
impact on mental health 141-3	对心理健康的影响
interactive art 147-8	互动艺术
intergenerational play 152-4	代际游戏
key concepts 135-6	关键概念
ludic urban design 144	玩耍的城市设计
and mental freedom 138	与精神自由
modifiers of impact 143	影响因素
neighbourhood scale 155-7	社区尺度
new play movements and playable technologies 151-2	新型游戏运动和可玩技术

non-defined play contexts 148	无定义的游戏环境
parkour 36, 137, 138, 150-1, 196, 200	跑酷
and physical activity 141	与体育活动
play 135, 137	游戏/玩耍
play-able context 136, 147-9	可玩环境
play affordance 135	可游戏性
play areas/playgrounds 17, 26, 94, 145	游戏区/游乐场
playfulness 135, 137-8, 140-1, 149-51	趣味性
playful rebellion 149, 150	趣味反抗
play streets 145-6, 152, 156	游戏街道
Pokémon Go 138, 149	《宝可梦 GO》
pure-play contexts 136, 145-6	纯游戏环境
resilience 140-1, 143	韧性
safety fears 143, 144	安全担忧
social and emotional development of young people 140	年轻人的社交和情感发展
trash, use of 149, 150	垃圾,利用
urban play settings, impact of 141	城市游戏环境,影响
water play 45	水上游戏
Playable City movement 151, 154	可玩城市运动
pollution 27, 166-7	污染
post-traumatic stress disorder (PTSD) 4, 6, 25, 41, 51, 143	创伤后应激障碍
poverty 8, 12, 166, 178, 193	贫穷/贫困
preferenda 11	喜恶
privacy 101	隐私
psychosis 25, 93, 96, 171	精神病
public art 79, 80, 83, 86, 138, 141, 196	公共艺术
gender inclusiveness 185-6	性别包容
interactive art 147-8	互动艺术

R

racism 54, 169	种族主义
randomized controlled trials (RCTs) 14, 32	随机对照试验
regenerative city concept 10	再生城市概念

religion 51, 91, 93, 175	宗教
resilience 6, 8, 29, 46, 92	韧性
and play 140-1, 143	与游戏
resilient city concept 10, 34, 42, 192-3	韧性城市概念
restorative environment theory 3, 9, 10-12, 124-5	恢复性环境理论
attention restoration theory (ART) 10-11, 20, 44, 66, 79	注意力恢复理论
collective restoration 11-12, 28	集体恢复
dyad restoration 11, 28	双人恢复
individual restoration 28	个人恢复
stress reduction theory (SRT) 10, 11, 20, 44	压力减轻理论
restorative urbanism/cities 9-13	恢复性城市主义/城市
city scale 204	城市尺度
co-creation 199	共同创造/共创
design for mental health and wellbeing 191-2	促进心理健康和福祉的设计
framework for 12-13, 193-6	框架
and health inequity 12	与健康不平等
housing 199	住房
neighbourhood scale 203	社区尺度
parks 197-8	公园
practical implementation of 196-201	实施
public open space 197-8	公共开放空间
reasons for 1-4	理由
research and evidence 13-14	研究和证据
responsibility for creation of 201-2	创造的责任
street features 198-9	街道特征
transportation 199	交通
urban paradigm for mental health 4-5	促进心理健康的城市范式
urban planning and design, new mandate for 201-2	城市规划和设计,新任务
Rio de Janeiro (Brazil) 151	里约热内卢(巴西)
rivers. See blue cities and water settings	河流,见蓝色城市和水环境
Rome (Italy) 136	罗马(意大利)
Russia	俄罗斯
Moscow 35-7	莫斯科

S

safety 45, 70, 79-80, 94, 103, 123, 143, 144, 162, 176, 177, 180, 199	安全
salutogenesis theory 3, 6, 8-9	健康本源学
smellscapes 78, 85-6	气味景观
soundscapes 64, 77, 85-6	声景
San Francisco (US) 171	旧金山(美国)
Saudi Arabia 175	沙特阿拉伯
savanna hypothesis 65	稀树草原假说
schizophrenia 4, 5, 6, 17, 23, 74, 75, 96	精神分裂症
green cities and space, effects of 25-6	绿色城市和空间,影响
schools 82, 119-20, 131, 179, 198	学校
Scotland 27-8	苏格兰
seating 38, 48, 49, 56, 57, 103, 104, 109, 110, 125, 174	座位/座椅
segregation 12, 100, 159, 161, 165-71, 196	隔离
age-segregated environments 171	年龄隔离环境
defensive or hostile architecture 170	防御性或敌对性建筑
donut-hole pattern 167	甜甜圈模式
ethnic density hypothesis 170-1	种族密度假说
gaybourhoods 171	同性恋社区
gender segregation 175	性别隔离
neighbourhood spatial segregation, rise of 166-7	社区空间隔离,兴起
poor doors 169, 187	穷人入口
and positive impacts on mental health 170-1	对心理健康的积极影响
psychological segregation in shared residential areas 169-70	共享居住区的心理隔离
self-segregation notion 167	自我隔离的概念
shared residential areas 169	共享居住区
in shared spaces 167-70	在共享空间
spatial segregation 165-6, 177-8	空间隔离
west-east divide 166-7	东西方分隔
sensory cities 63-88, 194-5	感官城市
ambience 64, 75	氛围

characteristics and features 64-5	特征
city scale 88	城市尺度
cognition 64, 65, 69-70	认知
colour geography and planning 70-1, 84-5	色彩地理学与规划
combined sensory design 81-2	多感官的设计
Derry/Londonderry (Northern Ireland, UK) 82-3	德里/伦敦德里(北爱尔兰,英国)
design approaches 76-82	设计方法
design principles and guidelines 85-8	设计原则和导则
examples of 82-5	案例
ground-feel 72-3, 80, 86	脚踏实地感
key concepts 63-4	关键概念
lighting 70, 79-80, 82-4, 86	照明
mental health, impact on 64-5, 68	心理健康,影响
modifiers of impact 75-6	影响因素
monotony 70, 73, 76, 79, 194	单调
neighbourhood scale 87	社区尺度
noise management 77	噪音管理
perception 64, 65	感知
public art 79, 80, 83, 86	公共艺术
reducing exposure to unpleasant sensations 86-7	减少接触不愉快的感官体验
reducing unpleasant smells 78	减少不愉快的气味
relationship with mental health, theory of 65-8	与心理健康的关系,理论
salutogenic soundscape/smellscape 64, 77, 78, 85-6	有益健康的声景/气味景观
savanna hypothesis 65	稀树草原假说
sensation 63, 65	感官/感官体验
sight and reduction of depression 70-1	视觉和缓解抑郁
smell and belongingness 78	嗅觉/气味与归属感
smells and mood disorders 71-2	嗅觉/气味与情绪障碍
sounds, effects of 69-70, 194	声音/听觉/声音 影响
street views 70	街景
tastes, physical health and belongingness 73-4, 80-1, 195	味觉/味道,身体健康和归属感
touch and haptic experience 80	触觉和触觉体验
touch, effects of on depression and anxiety 72-3, 194-5	触觉,对抑郁和焦虑的影响

unwanted noise reduction and access to restorative soundscapes 76-7	有害噪音减少和恢复性声景获取
visual impact of cities 78-80	城市的视觉影响
Sheffield (UK) 49, 55-6	谢菲尔德(英国)
shinrin yoku (forest bathing) 25, 82	森林浴
shops/stores 74, 79, 80, 86, 103	商店
Sicart, Miguel 137, 144, 149, 153	米格尔·西卡特
sight	视觉
reducing monotony 79	减少单调
and reduction of depression 70-1	缓解抑郁
visual impact of cities 78-80	城市的视觉影响
Singapore 2, 3	新加坡
Situationist movement 136	情境主义运动
sleep 45, 63, 67-8, 117, 194	睡眠
smartphones 24, 48, 126-7, 198	智能手机
smell 63, 64, 67, 194	嗅觉/气味
and creation of belongingness 78	与创造归属感
and mood disorders 71-2	与情绪障碍
reducing unpleasant smells 78	减少不愉快的气味
salutogenic smellscapes 78, 85-6	有益健康的气味景观
social capital 7, 81, 89, 90, 92-3, 96, 98, 106, 167, 170, 171, 177	社会资本
social cohesion 7, 28-9, 90, 92, 96, 99, 106, 121, 161, 169	社会凝聚力
social health 7, 29, 43, 49, 121, 124	社会健康
social networks 1, 9, 29, 90, 91, 92-3, 95, 96, 97, 98, 105, 144, 195	社会网络
social prescribing 8, 33-4	社会处方
socioeconomic aspects 12, 29, 94, 100, 164	社会经济方面
solistalgia 53	乡痛症
space syntax 127	空间句法
Spain	西班牙
Barcelona 53, 127-9	巴塞罗那
Bilbao 50	毕尔巴鄂
Granada 52	格拉纳达
Valencia 50	瓦伦西亚

spatial cognition 120	空间认知
stigma 100, 101, 160, 169, 178, 181, 187	耻辱/耻辱感/污名化
of exclusion 164	排斥的
streets/street views 70, 77, 104, 130	街道/街景
multi-modal street design 114, 121	多模式街道设计
play streets 145-6, 152, 156	游戏街道
and restorative principles 199-200	与恢复性原则
safety aspects 180	安全方面
street connectivity 114, 122, 123, 127, 195	街道连接度
stress 1, 17	压力
green cities and space, effects of 24-5	绿色城市和空间，影响
noise and sound, effects of 69-70	噪音和声音，影响
reduction of, in active cities 119	缓解，在活力城市
reduction of, in playable cities 141, 142	缓解，在可玩城市
stress reduction theory (SRT) 10, 11, 20, 44	压力减轻理论
substance abuse 6, 146, 181	药物滥用
suicide 7, 23, 45, 73, 91	自杀
prevention 82-4, 97	防止
superblock model (Barcelona) 127-9	超级街区模式(巴塞罗那)
Sustainable Development Goals (SDGs) 9	可持续发展目标
Sweden 31	瑞典
Switzerland	瑞士
Zurich 107-8	苏黎世

T

Tacoma (US) 178-9	塔科马(美国)
tactical urbanism 128, 129, 132, 199	战术城市主义
tastes 73-4	味觉/味道
and belongingness 80-1, 195	与归属感
third spaces 103-4, 109	第三空间
toilets. *See* washing and hygiene/toilets	厕所. 见盥洗和卫生/厕所
touch 194-5	触觉/触摸
effects on depression and anxiety 72-3	对抑郁和焦虑的影响
and haptic experience 80	与触觉体验
traffic 10, 56, 68, 69, 77, 86-7, 121, 122, 126, 180	交通

superblock model (Barcelona) 127-9　超级街区(巴塞罗那)
travel　出行/移动
　　active travel 114, 119-20, 125-7　活力出行
　　movement and use of the city, patterns of 172-3　城市移动和使用,模式
　　public transport 121, 122, 131, 172-3, 179, 187, 195, 200　公共交通

U

Ulaanbaatar (Mongolia) 30　乌兰巴托(蒙古国)
Ulrich, Roger S. 11　罗杰·S. 乌利齐
unemployment 97, 178, 192, 193　失业
UNICEF, child-friendly city initiative 125, 136　联合国儿童基金会,儿童友好城市倡议
United Kingdom (UK) 2, 14, 23, 24, 29, 33-4, 81, 115, 145-6, 149, 171　英国
　　Bradford 54-5, 151　布拉德福德
　　Derry/Londonderry 82-3　德里/伦敦德里
　　Ebbsfleet 2　艾贝斯费特
　　Exeter 34　埃克塞特
　　Sheffield 49, 55-6　谢菲尔德
　　Welwyn Garden City 2　韦林花园城
　　York, help for people with dementia 183-4　约克,帮助痴呆症患者
United Nations (UN)　联合国
　　Agenda for Sustainable Development 9　《可持续发展议程》
　　Declaration of the Rights of the Child 140　《儿童权利宣言》
　　Habitat III Quito Conference 9　人居三基多会议
　　New Urban Agenda 9　《新城市议程》
　　tools for supporting urban health planning 182　支持城市健康规划的工具
United States 2, 12, 26, 29, 32, 33, 42, 48, 53-4, 115, 129, 144, 145, 166, 167, 168, 171, 178　美国
　　Boulder, Growing Up Boulder initiative 182-3　博尔德,成长的博尔德计划
　　Chicago, Cloud Gate 138, 147-8　芝加哥,"云门"
　　　　Detroit, Heidelberg Project 149, 150　底特律,海德堡项目
　　　　Illinois University 26　伊利诺斯大学
　　　　Los Angeles 53　洛杉矶

New York City 18, 30, 79, 136, 175　　　　纽约
Philadelphia 32　　　　费城
San Francisco 171　　　　旧金山
Tacoma 178-9　　　　塔科马
West Palm Beach, Florida 48　　　　西棕榈滩,佛罗里达州
urban farms 73, 81, 82, 195　　　　城市农业/城市农场

V

Valencia (Spain) 50　　　　瓦伦西亚(西班牙)
vertical cities 2, 3　　　　垂直城市
Vienna (Austria), gender inclusiveness 185-6　　　　维也纳(奥地利),性别包容
Ville Radieuse (Le Corbusier) 2　　　　光辉城市(勒·柯布西耶)
volunteering 89, 105-6　　　　志愿

W

walking/walkability 8, 11, 20, 24, 25-6, 27, 33, 37-8, 45, 48, 89, 99-100, 101, 109-10, 115, 119, 121, 179, 199　　　　步行/宜步行性
    physical accessibility 173-4　　　　物理可达性
    safe routes 123　　　　安全路线
    urban walking 126-7　　　　城市步行
washing and hygiene/toilets 80, 98, 111, 125, 162, 173, 174, 180-1, 187　　　　盥洗和卫生/厕所
water misters 52, 198　　　　喷雾/喷雾器
water settings. *See* blue cities and water settings　　　　水环境.见蓝色城市和水环境
wayfinding 120, 175, 199　　　　寻路/路线识别
We Are Undefeatable campaign 115　　　　"我们是不可战胜的"活动
wellbeing 68　　　　幸福/幸福感/福祉/完备
    curiosity and novelty seeking 141　　　　好奇和求新
    eudaimonic wellbeing 5, 6　　　　实现型幸福感
    gross national wellbeing 7　　　　国民幸福总值
    hedonic wellbeing 5, 6　　　　享乐型幸福感
    links with green space 18　　　　与绿化空间的联系
    psychological wellbeing/health 5-7, 96, 174-5　　　　心理幸福感/健康

social wellbeing 5, 6, 7, 121	社会幸福感
Welwyn Garden City (UK) 2	韦林花园城(英国)
West Palm Beach, Florida (US) 48	西棕榈滩,佛罗里达州(美国)
Wirth, Louis, *Urbanism as a Way of Life* 91	路易斯·沃思,《作为一种生活方式的城市主义》
women 29, 31, 54, 122, 141, 143, 161, 172	女性/妇女
and cycling 162	与骑行
gender inclusiveness in Vienna (Austria) 185–6	维也纳(奥地利)的性别包容
gender segregation 175	性别隔离
safety concerns 176	安全担忧
World Health Organization (WHO) 5, 6, 69	世界卫生组织
age-friendly city initiative 125	老年友好城市倡议
global strategy on physical activity and health 141	体育活动与健康的全球战略
Health Cities Program 9	健康城市计划
tools for supporting urban health planning 182	支持城市健康规划的工具

Y

York (UK), help for people with dementia 183–4	约克(英国),帮助痴呆症患者
young people. See children and young people	年轻人. 见儿童和年轻人

Z

Zurich (Switzerland) 107–8	苏黎世(瑞士)

插图说明

图1.1 新加坡市中豪亚（Oasia）酒店，重现的高层"光辉城市"。第5页。

图1.2 城市的恢复性生态单元使人亲近自然并有助于心理健康。第5页。

图1.3 恢复性城市的框架。第16页。

图2.1 绿化空间对心理健康和福祉的影响。第26页。

图2.2 绿色城市对心理健康和福祉的益处。第29页。

图2.3 法国巴黎的校园绿洲项目。第44页。

图2.4 俄罗斯莫斯科的河堤。第44页。

图2.5 绿色城市：社区尺度。第46页。

图2.6 绿色城市：城市尺度。第47页。

图3.1 蓝色空间对心理健康和福祉的影响。第54页。

图3.2 蓝色空间对心理健康和福祉的益处。第57页。

图3.3 中国上海世博园的冷却水喷雾器。第63页。

图3.4 英国布拉德福德水上公园的每日循环水景和灯光秀。第66页。

图3.5 英国谢菲尔德市谢福广场（Sheaf square）上的不锈钢雕塑和瀑布。第67页。

图 3.6 丹麦米泽尔法特的水道。第 68 页。

图 3.7 韩国首尔的清溪川公园。第 68 页。

图 3.8 蓝色城市：社区尺度。第 70 页。

图 3.9 蓝色城市：城市尺度。第 71 页。

图 4.1 感官城市设计对心理健康和福祉的影响。第 78 页。

图 4.2 感官城市对心理健康和福祉的益处。第 81 页。

图 4.3 英国西米德兰兹郡的萨安吉计划（Saanjihi programme）。第 95 页。

图 4.4 北爱尔兰德里 / 伦敦德里的福伊尔芦苇桥，在夜晚通过手机 App 控制照明。第 96 页。

图 4.5 日本的车站使用蓝光来防止自杀。第 97 页。

图 4.6 意大利都灵的 107 种配色和城市历史中轴线色彩示意图。第 98 页。

图 4.7 感官城市：社区尺度。第 100 页。

图 4.8 感官城市：城市尺度。第 101 页。

图 5.1 睦邻设计对心理健康和福祉的影响。第 109 页。

图 5.2 睦邻城市对心理健康和福祉的益处。第 112 页。

图 5.3 中国香港市中心的户外休憩处。第 122 页。

图 5.4 瑞士苏黎世的卡尔克布莱特社区。第 126 页。

图 5.5 睦邻城市：社区尺度。第 128 页。

图 5.6 睦邻城市：城市特征。第 129 页。

图 6.1 体育活动对心理健康和福祉的影响。第 136 页。

图 6.2 活力城市对心理健康和福祉的益处。第 139 页。

图 6.3 西班牙巴塞罗那的超级街区。第 150 页。

图 6.4 活力城市：社区尺度。第 153 页。

图 6.5 活力城市：城市尺度。第 154 页。

图 7.1 可玩城市对心理健康和福祉的影响。第 166 页。

图 7.2 可玩城市对心理健康和福祉的益处。第 169 页。

图 7.3 哥伦比亚波哥大的游戏街道。第 173 页。

图 7.4 美国芝加哥的"云门"。第 175 页。

图 7.5 美国底特律的海德堡项目。第 177 页。

图 7.6 德国柏林的"网绳"。第 182 页。

图 7.7 德国法兰克福的青少年正在玩基于定位的健康游戏"城市飞行"。第 183 页。

图 7.8 可玩城市：社区尺度。第 184 页。

图 7.9 可玩城市：城市特征。第 186 页。

图 8.1 包容性城市对心理健康和福祉的影响。第 193 页。

图 8.2 包容性城市对心理健康和福祉的益处。第 195 页。

图 8.3 1938 年，美国餐厅橱窗标语"仅招待白人"。第 199 页。

图 8.4 2000 年，日本澡堂标语"仅招待日本人"。第 199 页。

图 8.5 美国科罗拉多州的博尔德市，儿童在参与构想过程。第 215 页。

图 8.6 英国约克的老年人力车。第 215 页。

图 8.7 包容性城市：社区尺度。第 218 页。

图 8.8 包容性城市：城市尺度。第 219 页。

图 9.1 恢复性城市：社区尺度。第 236 页。

图 9.2 恢复性城市：城市尺度。第 237 页。